FRANKFURTER
GEOWISSENSCHAFTLICHE ARBEITEN

Serie D · Physische Geographie

Band 25

Geomorphologie und Paläoökologie
**Festschrift für Wolfgang Andres
zum 60. Geburtstag**

herausgegeben
von
Andreas Dittmann und Jürgen Wunderlich

Herausgegeben vom Fachbereich Geowissenschaften
der Johann Wolfgang Goethe-Universität
Frankfurt am Main 1999

Frankfurter geowiss. Arb.	Serie D	Bd. 25	278 S.	48 Abb.	12 Tab.	31 Fot.	Frankfurt a. M. 1999

ISSN 0173-1807
ISBN 3-922540-64-3

Schriftleitung

Dr. Werner-F. Bär
Institut für Physische Geographie der Johann Wolfgang Goethe-Universität,
Postfach 11 19 32, D-60054 Frankfurt am Main

Die Deutsche Bibliothek - CIP Einheitsaufnahme

Geomorphologie und Paläoökologie:

Festschrift für Wolfgang Andres zum 60. Geburtstag / hrsg. vom Fachbereich Geowissenschaften der Johann-Wolfgang-Goethe-Universität Frankfurt am Main. Hrsg. v. Andreas Dittmann und Jürgen Wunderlich. - Frankfurt am Main: Inst. für Physische Geographie, 1999
(Frankfurter geowissenschaftliche Arbeiten: D; Bd. 25)
ISBN 3-922540-64-3

Alle Rechte vorbehalten

ISSN 0173-1807

ISBN 3-922540-64-3

Anschrift der Herausgeber

Dr. Andreas Dittmann: Geographische Institute der Rheinischen Friedrich-Wilhelms-Universität Bonn, Meckenheimer Allee 166, D-53115 Bonn
PD Dr. Jürgen Wunderlich: Institut für Physische Geographie, Johann Wolfgang Goethe-Universität, Senckenberganlage 36, D-60325 Frankfurt am Main

Bestellungen

Institut für Physische Geographie der Johann Wolfgang Goethe-Universität,
Postfach 11 19 32, D-60054 Frankfurt am Main
Telefax (069) 798 - 2 83 82

Druck

folio Druck & Verlag GmbH, D-61440 Oberursel (Ts)

Wolfgang Andres, zur Vollendung seines 60. Lebensjahres

Die Persönlichkeit des Hochschullehrers und Forschers **Wolfgang Andres** wird wissenschaftlich am ehesten in Verbindung gebracht mit physisch-geographischen, vor allem geomorphologisch-paläoklimatischen Arbeiten zum Rheinischen Schiefergebirge sowie zur südlichen Mediterraneïs (Ägypten, Marokko) und neuerdings mit Beiträgen zur ökologisch-paläoklimatisch ausgerichteten Global Change-Forschung. Gleichzeitig verknüpft sich aber mit seinem Namen eine sehr subtile, methodisch-didaktisch durchdacht vorbereitete Lehre und - was hier besonders hervorgehoben werden soll - ein immer faires, freundliches Verhältnis zu seinen Kollegen, Mitarbeitern und Studierenden, für deren Belange er stets Verständnis hat und für die er sich immer wieder engagiert einsetzt.

So sind die hier präsentierten Beiträge vor allem als eine Danksagung seiner ehemaligen und derzeitigen Schüler, Mitarbeiter, Freunde und Kollegen zu verstehen, die ihm unter Mitwirkung der Schriftleitung der Frankfurter geowissenschaftlichen Arbeiten den Band 25 der Serie D · Physische Geographie aus Anlaß seines 60. Geburtstages widmen. Der Autor dieser Zeilen, Wolfgang Andres seit vielen Jahren freundschaftlich verbunden, sieht seinen Beitrag daher auch weniger als "Laudatio" im akademischen Sinne (dazu fühlt sich wissenschaftlich - als Kulturgeograph - auch gar nicht in der Lage), sondern als den Versuch einer Zwischenbilanz und einer zusammenfassenden Dokumentation der bisherigen Leistungen von Wolfgang Andres im universitären Bereich.

Wolfgang Andres wurde am 25. April 1939 in Berlin geboren. Noch vor Kriegsende übersiedelte die Familie nach Butzbach, der Heimat der Mutter, wo er - "wohlbehütet" unter anderem durch seine drei älteren Schwestern - aufwuchs und im März 1958 das Abitur am dortigen Weidig-Realgymnasium bestand.

Zum Sommersemester 1958 schrieb er sich an der Justus-Liebig-Universität Gießen für Physik ein, wechselte aber zum Wintersemester 1960/61 an die Johann Wolfgang Goethe-Universität in Frankfurt am Main. Damit verbunden war auch eine studienmäßige Schwerpunktverlagerung zu den Fächern Geographie, Geologie und Meteorologie, die seinerzeit in Gießen noch nicht wieder vertreten waren bzw. sich in der Wiederaufbauphase befanden.

Studienmäßig hat sich Wolfgang Andres in Frankfurt am Main zielgerichtet auf die Promotion und damit letztlich auf die Hochschullaufbahn hin orientiert. Bereits die von 1964 bis 1966 durchgeführten Arbeiten an seiner Dissertation über die geomorphologische Entwicklung des Limburger Beckens und der Idsteiner Senke wurden methodisch stark beeinflußt von **Arno Semmel**, der seinerzeit als Regierungsgeologe am Hessischen Landesamt für Bodenforschung tätig war, gleichzeitig aber einen Lehrauftrag am Geographischen Institut in Frankfurt am Main hatte, und der de facto seine Dissertation betreute. Offiziell wurde die Dissertation bei **Herbert Lehmann** angefertigt, der ihn auch im Sommersemester 1966 zum Dr. phil. nat. promovierte. An seinem Doktorvater schätzte Wolfgang Andres neben der überragenden wissenschaftlichen Qualifikation besonders die methodische Prägnanz und vor allem die Gabe, ein harmonisches Institutsklima zu schaffen, das jeglicher wissenschaftlichen Arbeit und Kommunikation förderlich ist; eine Leitlinie auch später für sein eigenes universitäres Wirken.

Semmels Auffassung von geomorphologischer Geländearbeit unter starker Berücksichtigung geologischer und bodenkundlicher Aspekte sowie unter gezielter Anwendung von Laboruntersuchungsmethoden hat den weiteren wissenschaftlichen Werdegang von Wolfgang Andres entscheidend beeinflußt. Das betrifft sowohl den Forschungs- als auch den Lehrbereich, wobei der Jubilar - wie der Verfasser von gemeinsam durchgeführten Exkursionen und Geländepraktika weiß - es methodisch-didaktisch immer wieder hervorragend versteht, selbst komplexe physiogeographische Zusammenhänge und Prozesse anschaulich-plausibel zu erklären und zu interpretieren.

Die wissenschaftliche Verbindung zu Arno Semmel blieb stets bestehen. Daß Wolfgang Andres schließlich sein Nachfolger in Frankfurt am Main wurde, ist Ausdruck dieser engen wissenschaftlichen wie menschlichen Verbindung zwischen beiden sowie zu dem Frankfurter Institut und kann sicherlich dahingehend ausgelegt werden, daß er den Frankfurter Kollegen als der Geeignetste erschien, die Arbeitsrichtungen und Arbeitsmethoden von Arno Semmel zu vertreten und weiterzuentwickeln.

Im Wintersemester 1966/67 begann dann die **akademische Laufbahn** mit der ersten Station am Geographischen Institut der Universität Mainz, wo er die "Mittelbauleiter" zügig emporstieg: Wissenschaftlicher Assistent - Akademischer Rat (1969) - Akademischer Oberrat (1972) und Akademischer Direktor (1975). Zu den vielfältigen Aufgaben der neuen Position zählten - neben der Lehre - die zentralen Aufgaben in der Wissenschaftsverwaltung des Geographischen Instituts und des Fachbereichs Geowissenschaften. Wie Wolfgang Andres stets betont hat, "lernte" er dort die intra- wie interdisziplinäre Organisation und die Koordination unterschiedlicher, nicht selten sogar entgegengesetzter Vorhaben und Bestrebungen, was ihm später - auch in anderen wissenschaftlichen wie organisatorischen Kontexten - zugute kam.

Nach der zu Beginn des Wintersemesters 1974/75 erfolgten Habilitation wurde Wolfgang Andres dort schon am 31. Januar 1975 zum Professor ernannt, bevor er zum Wintersemester 1976/77 einem Ruf auf eine C3-Professur für Physische Geographie am Fachbereich Geographie der Philipps-Universität Marburg folgte, der zweiten Station seiner akademischen Laufbahn. Die Marburger Zeit war gekennzeichnet durch ein harmonisches, freundschaftliches Zusammenwirken mit seinen Kollegen, wobei es gemeinsam gelang, das Profil des Fachbereichs Geographie zu gestalten und ihm innerhalb der Marburger Universität eine interdisziplinär anerkannte Position zu verschaffen. Dazu hat Wolfgang Andres mit seiner überlegt-geschickten Verhandlungsführung und seinem stets ausgleichend-kompromißbereiten Handeln, aber auch durch seine engagierte Außendarstellung unseres Faches sowie durch seine effiziente Mitarbeit in zahlreichen Universitätsgremien entscheidend beigetragen.

Nachdem er im Oktober 1984 den Ruf auf eine C4-Professur für Physikalische Geographie an der Universität des Saarlandes in Saarbrücken abgelehnt hatte, folgte er nach fast fünfzehnjähriger Tätigkeit in Marburg zum 1. August 1992 dem Ruf auf die Nachfolge von Arno Semmel nach Frankfurt am Main, der dritten Station seiner akademischen Laufbahn, womit sich aber auch gleichzeitig der Kreis der akademischen "Migration" von Wolfgang Andres schließt.

Standen zunächst Themen der jungtertiären und quartären Reliefentwicklung im Limburger Becken und in der Idsteiner Senke sowie zur Gliederung und Alterseinstufung quartärer äolischer und fluvialer Deckschichten in Rheinhessen im Mittelpunkt des **wissenschaftlichen Arbeitens** von Wolfgang Andres, so wandte er sich in Mainz - unter dem Einfluß und der Förderung des von ihm hochgeschätzten **Konrad Wiche** - dann den Trockengebieten Nordafrikas zu, seinem zweiten thematischen und regionalen Arbeitsschwerpunkt. Als erstes größeres Ergebnis ging daraus seine Habilitationsschrift zur jungquartären Reliefentwicklung des südwestlichen Anti-Atlas und seines saharischen Vorlandes (Marokko) hervor, wobei er die weitgehend paläoklimatischen Fragestellungen mit sedimentologischen und bodenkundlichen Methoden verfolgte, die auch in späteren Forschungsprojekten einen zentralen Bestandteil bildeten.

Die Marburger Zeit stand wissenschaftlich ganz im Zeichen der Vertiefung und Ausweitung der in Dissertation und Habilitation vorgezeichneten Forschungen. Dabei lagen die Schwerpunkte eindeutig auf zwei Bereichen: Einmal eigene Teilprojekte im Rahmen der DFG-Schwerpunktprogramme "Geomorphologische Detailkartierung in der Bundesrepublik Deutschland" und "Vertikalbewegungen und ihre Ursachen am Beispiel des Rheinischen Schildes"; zum anderen - im Rahmen des Schwerpunktprogramms "Archäometrie" der Volkswagen-Stiftung und in enger Kooperation mit Kollegen der Archäologie - Untersuchungen zur Paläogeographie des Nildeltas. Hinzu kamen zwischen 1981 und 1985, zum Teil in enger Kooperation mit **Klaus-Werner Tietze** (Fachbereich Geowissenschaften, Marburg), Arbeiten zur jungquartären Klima- und Reliefentwicklung in der Eastern Desert, die den Einstieg in die "ägyptische Forschungsphase" bildeten. Vor allem hier treten die Fähigkeit und die Bereitschaft zur **interdisziplinären Zusammenarbeit** deutlich hervor, die nicht nur für die nachfolgenden Forschungsprojekte von Wolfgang Andres kennzeichnend werden sollten, sondern auch Grundlage seiner heute vielfältigen Aktivitäten im fächerübergreifenden Forschungsmanagement sind.

Mit der Rückkehr nach Frankfurt am Main ergaben sich seit 1992 wissenschaftlich zum Teil völlig neue Betätigungsfelder. Das gilt räumlich wie thematisch für die Mitarbeit im Sonderforschungsbereich 268 der DFG ("Kulturentwicklung und Sprachgeschichte im Naturraum Westafrikanische Savanne"), in dem er die Leitung des Teilprojekts "Naturraumpotential und Landschaftsentwicklung im Sahel und der Sudanzone von Burkina Faso (Westafrika)" übernahm. Dagegen wird mit einem anderen Großprojekt "Fluviale Sedimente als Indikatoren sich verändernder Umweltbedingungen im Spätpleistozän und Holozän" (im Rahmen des DFG-Schwerpunktprogramms "Wandel der Geo-Biosphäre während der letzten 15 000 Jahre") mit den Untersuchungsregionen Amöneburger Becken und nördliche Wetterau die räumliche Forschungspersistenz gewahrt, gleichzeitig jedoch erheblich intensiviert.

Bereits in seinen letzten Marburger Jahren beginnt das, was eigentlich erst von Frankfurt am Main aus für das wissenschaftliche Engagement von Wolfgang Andres prägend wurde: Er übernimmt mehr und mehr über das eigene Fach weit hinausgreifende Aufgaben der **Wissenschaftsorganisation und -koordination**, die ihm breite, gerade auch interdisziplinäre Anerkennung einbrachten. Vor allem verdienen genannt zu werden: die federführende Vorbereitung (im Auftrag der Alfred-Wegener-Stiftung) und die Koordination des DFG-Schwerpunktprogramms "Wandel der Geo-Biosphäre während der letzten 15 000 Jahre" (Deutscher Beitrag zum Kernprojekt "Past Global Changes" des Internationalen Geosphären-Biosphären-Programms; IGBP), seine Mitgliedschaft im "Nationalen Komitee für Global Change Forschung", im Zentralausschuß für deutsche Landeskunde, in der Senatskommission der DFG für "Geowissenschaftliche Gemeinschaftsforschung" und im Wissenschaftlichen Beirat des Deutschen Programms für die "International Decade of Natural Disaster Reduction" (IDNDR). Daß Wolfgang Andres "daneben" seit mehreren Jahren noch DFG-Fachgutachter für Physische Geographie ist, tritt fast schon etwas in den Hintergrund, wenngleich dieses als ungleich zeitintensiver zu veranschlagen ist. Sicherlich sind hier nicht alle Ämter und Aufgaben von Wolfgang Andres in der Wissenschaftsorganisation und Wissenschaftskoordination aufgeführt; er wird diese unvollständige "Liste" verzeihen. Aber die Nennungen kennzeichnen mehr als deutlich zum einen das

Engagement von Wolfgang Andres für die Geographie und zum anderen die Bereitschaft, weit über das normal übliche Maß hinaus, Arbeit und Verantwortung, gerade auch im interdisziplinären Kontext, zu übernehmen.

Sicherlich werden die Aufgaben im **Wissenschaftsmanagement** auf nationaler wie internationaler Ebene - neben seinem fachwissenschaftlichen Engagement - auch die letzten Universitätsjahre von Wolfgang Andres entscheidend bestimmen. Wir wünschen ihm, daß er bei bester Gesundheit alle diese mannigfaltigen Aufgaben in gewohnter Ruhe, Ausgewogenheit und Effizienz bewältigen kann.

Im April 1999   Günter Mertins

Inhaltsverzeichnis

Seite

MERTINS, Günter:
Wolfgang Andres, zur Vollendung seines 60. Lebensjahres... 5

AMBOS, Robert & KANDLER, Otto:
Über Lößhohlwege und Reche an der ostrheinhessischen Rheinfront zwischen Mainz und Guntersblum (mit 1 Abb.).. 13

BRÜCKNER, Helmut:
Paläogeographische Küstenforschung am Golf von Aqaba im Bereich des Tell el-Kheleifeh, Jordanien (mit 6 Abb., 1 Tab. und 1 Foto).. 25

DITTMANN, Andreas:
Paläogeographie und Petroglyphen - Neuere Ergebnisse zur Synopse geomorphologischer und prähistorischer Befunde aus dem Bereich des Gebel Galala-el-Qibliya (Ägypten) (mit 6 Abb. und 8 Fotos)... 43

DONGUS, Hansjörg:
Südwestdeutsche Schichtstufen... 75

EHLERS, Eckart:
Geosphäre - Biosphäre - Anthroposphäre: Zum Dilemma holistischer globaler Umweltforschung (mit 8 Abb.).. 87

GRUNERT, Jörg:
Paläoklimatischer Aussagewert von Binnendünen im Uws Nuur Gebiet (nördliches Zentralasien) (mit 6 Abb. und 4 Fotos).. 105

MAHANEY, William C.:
Paleoclimate and Paleonutrition - Paleozoopharmacognosy: A Timely Connection (with 3 figures)... 123

METZ, Bernhard:
Permafrost und Mensch - Interessenskonflikte zwischen Ökologie und Ökonomie im subarktischen Nordamerika - (mit 1 Abb. und 1 Tab.).. 135

Seite

MÜLLER-HAUDE, Peter:
Über den Naturraum und seine Inwertsetzung in Burkina Faso (mit 5 Abb. und 1 Tab.).. 149

PREUSS, Johannes:
Vorstudien zu geomorphologischen Arbeiten im Permafrostgebiet des North Slope (Nord-Alaska) (mit 2 Abb. und 5 Fotos)... 163

RIES, Johannes B.:
Schluchterosion im Ebrobecken - Großmaßstäbiges Luftbildmonitoring am Barranco de las Lenas und mikromorphologische Beobachtungen an Barranco-Wänden (mit 2 Abb., 1 Tab. und 13 Fotos).. 177

RITTWEGER, Holger:
Eine boreale-subboreale Molluskensukzession als Spiegel der Vegetationsgeschichte in der Ohmniederung bei Marburg/Lahn (mit 3 Abb. und 1 Tab.)............................ 197

SCHMID, Stefan:
Der Einfluß von Oberflächen- und Standortfaktoren auf das Spektralsignal von multitemporalen Satellitendaten an einem Beispiel aus der Sudanzone von Burkina Faso (Westafrika) (mit 1 Abb. und 4 Tab.)... 221

SEMMEL, Arno:
Die pleistozänen Terrassen des Mains in der Isenburger Pforte südlich Frankfurt am Main (mit 1 Abb. und 2 Tab.)... 237

WUNDERLICH, Jürgen:
Informationssysteme zur Integration von Paläodaten (mit 3 Abb. und 1 Tab.)............ 257

Anschriften der Autoren.. 273

Schriftenverzeichnis von Wolfgang Andres... 275

Über Lößhohlwege und Reche an der ostrheinhessischen Rheinfront zwischen Mainz und Guntersblum

Robert Ambos und Otto Kandler, Mainz

mit 1 Abb.

1 Vorbemerkung

Bei der Suche nach Lößhohlwegen im nördlichen Rheinhessen wird es zunehmend schwieriger, für Demonstrationszwecke geeignete Beispiele aufzufinden. Durch ausufernde Siedlungserweiterungen, Straßenbau und bis vor wenigen Jahren auch durch Flurbereinigungsverfahren sind die meisten Hohlwege entweder ganz verschwunden und nur noch aus ehemaligen Flurnamen abzuleiten oder zu winzigen Reststücken geschrumpft. Bereits in einer der frühen Arbeiten zu dieser "bisher wenig beachtete(n) Art und Form der Abtragung im Rheinhessischen" (BRÜNING 1973: 8) beschreibt BRÜNING u. a. mit der "Mohdern-Hohl" einen bereits zu damaliger Zeit durch die Flurbereinigung in der Gemarkung Ludwigshöhe 1971 endgültig beseitigten Hohlweg und beklagt, "daß dann ein interessantes und überraschend wenig bekanntes Stück Feldflur (...) verschwunden sein wird, ohne daß genauere Untersuchungen erfolgten" (BRÜNING 1973: 9). Leider betrifft dies auch die Dokumentation ehemals existierender Hohlwege. Obwohl die heute noch erhaltenen Hohlwege in der Regel als geschützte Landschaftsbestandteile ausgewiesen sind, sind sie ohne ihre ursprüngliche Nutzung nur bei recht aufwendiger Pflege überlebensfähig. Nur wenige von ihnen genießen diesen Vorteil - und dies zumeist durch ausschließlich botanisch-zoologisch motivierte landespflegerische Tätigkeit.

Der vorliegende Beitrag versteht sich als ein Bericht über eine jüngst in Gang gesetzte Bestandsaufnahme dieser geomorphologisch-kulturlandschaftlich und biologisch-ökologisch wertvollen Relikte, zunächst entlang der Rheinfront zwischen Mainz und Guntersblum, da hier noch einige gut erhaltene, bis hin zu mehr oder weniger umgestaltete oder sogar künstlich neu angelegte Hohlwege existieren. Mit der Beschreibung der Enggaßhohl bei Guntersblum wird ein außergewöhnlich wertvolles Beispiel vorgestellt. Die zu ihrer Erhaltung im Rahmen des Flurbereinigungsverfahrens zu überwindenden Schwierigkeiten werden erläutert, da sie in ähnlicher Form überall auftreten.

2 Zu den Begriffen Lößhohlweg und Reche

Weniger Natur-, eher typische Kulturlandschaftsrelikte stellen die im lößbedeckten Bereich des Rheinhessischen Tafel- und Hügellandes v. a. durch Maßnahmen im Zuge der älteren Phasen der Flurbereinigung immer seltener gewordenen Lößhohlwege dar. Solche Hohlwege oder - mundartlich "Hohlen" waren neben Ackerterrassen und Rechen (Terrassenstufen aus standfestem Löß oder Lesesteinen) charakteristische Landschaftselemente weiter Teile der alten, stellenweise etwas eintönig wirkenden Kulturlandschaft Rheinhessens und hier insbesondere der Weinbaulandschaft an der rheinhessischen Rheinfront.

Ein Hohlweg wird häufig definiert als "ein beiderseits so tief ins Gelände eingeschnittener Weg, daß ein darin befindlicher Mensch nicht mehr hinausschauen bzw. von außen nicht gesehen werden kann" (STANJEK 1993: 349). Dies bedeutet eine Einschnittiefe von meist mehr als zwei Metern. Als untere Grenze der Tiefe wird für die Definition eines Hohlweges nach landschaftsästhetischen Gesichtpunkten 1,6 Meter angesehen, da "die Sichtfeldbegrenzung (Horizontabschirmung) durch die seitlichen Steilwände" mit auf deren Oberkante stehender Vegetation "das wesentliche visuelle Unterscheidungsmerkmal eines Hohlweges im Vergleich zu anderen Wegen" ergibt (SCHWAHN & STÄHR 1985: 39). Zusätzlich ist eine gewisse Länge des Weges erforderlich, die mindestens einer Gewannlänge entsprechen sollte. Bereits begrifflich sind die Hohlwege zumeist an den Löß gebunden, dessen Standfestigkeit - neben hohen Niederschlagsintensitäten und vorhandener Hangneigung (notwendige mittlere Hangneigung 2° - 6°, BRÜNING 1973: 12) - die wichtigste natürliche Voraussetzung zu ihrer Entstehung ist. Ohne menschliche Einwirkung gehören die Eintiefung der Leitbahnen der Abtragung im Löß zu mehr oder weniger großen "Lößschluchten" ebenso wie deren Wiederverfüllung bei sich ändernden Abflußverhältnissen zu den auch im Rahmen natürlicher Bodenerosion stattfindenden und hinlänglich gut untersuchten Prozessen (PÉCSI & RICHTER 1996: 267ff.).

Erst mit dem Hinzutreten des menschlichen Einflusses als auslösendes Moment durch die Anlage von zumeist mit dem natürlichen Gefälle, nicht selten aber auch - wie z. B. im Falle der Engaßhohl (s. u.) - quer dazu oder sogar hangparallel (BRÜNING 1973) verlaufenden Wirtschaftswegen sind seit der Verwendung von Karren, deren mit Eisen beschlagenen Räder zu verstärkter Spurenbildung führten, definitionsgemäß "Lößhohlwege" entstanden. Auch hierbei sind die ablaufenden Prozesse gut dokumentiert (u. a. FISCHER 1982; HAUSTEIN 1983; WOLF & HASSLER 1993).

Durch die Nutzung unbefestigter Trassen als Verkehrswege - bis zum Beginn des Strassenbaues im ersten Drittel des 19. Jahrhunderts als Fern- und Nahverkehrswege, später nur noch als landwirtschaftlich genutzte Wege - wurde durch die Wirkung von Tritt oder Befahren mit Wagenrädern die vorhandene Vegetationsdecke verletzt und die ursprüngliche Lößstruktur zerstört. Abfließendes Wasser spülte das Lockermaterial weg und schuf so immer größer werdende Rinnen in den Radspuren, weshalb die Hohlwegsohle in der Regel immer wieder planiert werden mußte. In den Hohlwegen war gleichzeitig eine Zwangsbahn für den Oberflächenabfluß geschaffen, was in immer stärkerem Maße zur Eintiefung bis hin zur Schluchtbildung führte. Während Messungen im Kraichgau eine Eintiefung von einem Meter in zehn Jahren belegen, sollen einzelne Gewitter sogar 1 - 2 Meter Tieferlegung der Hohlwegsohle bewirkt haben (BRÜNING 1973; HAUSTEIN 1983). Mit zunehmender Eintiefung erwuchsen immer größere Nachteile für solche Wegstrecken. Bei Unwettern wurden die Lößhohlwege zu reißenden Bächen, die neben der beschleunigten Eintiefung durch das mitgeführte Abtragungsmaterial erhebliche Schäden in den Bereichen unterhalb der Hohlwege bewirkten. So wurde der Nordteil des Ortes Ludwigshöhe durch die durch die Mohdern-Hohl abgespülten Lößmassen manchmal drei- bis viermal pro Jahr nach schweren Gewittern mit Schlamm überschüttet und unpassierbar gemacht (BRÜNING 1973: 10). Gleichzeitig erlaubten die engen und tiefen Wegstrecken keinen Begegnungsverkehr. Als Folge wurden neue Wege neben dem alten Hohlweg angelegt (Hohlwegbündel). Die funktionslos gewordenen Hohlwege wuchsen zu und wurden zu Hohlgräben oder zu natürlichen und teilweise schluchtartigen Wasserläufen.

In Weinbaugebieten wie in großen Teilen Rheinhessens kamen weitere gravierende Mängel hinzu. Hohlwegsböschungen lagen im Privateigentum und verringerten durch die ungenutzte Grundfläche den Ertrag des Winzers, denn Steuern und Abgaben mußten für die gesamte Fläche entrichtet werden. Um überhaupt aus einem tiefen Hohlweg heraus die angrenzenden Weinberge zu erschließen, mußten Mauern mit Treppen errichtet werden. Nicht selten zerschnitten außerdem Hohlwege zusammenhängende Flurstücke. Von den verschiedenen Gegenmaßnahmen sind im wesentlichen die im Dritten Reich (durch Arbeitsdiensteinsatz) und später durchgeführte Pflasterung oder Betonierung der Sohle der meisten Hohlwege zu nennen (SCHWAHN & STÄHR 1985: 36).

In jüngerer Zeit wurden im Rahmen der älteren Flurbereinigungsverfahren in der Regel die Lößhohlwege einfach beseitigt und durch ein ebenerdiges Wegenetz ersetzt. Ein hervorragendes Beispiel liegt in der Flurbereinigung Guntersblum Süd vor. Erst allmählich setzte sich im Zuge des wachsenden Umweltbewußtseins die Erkenntnis durch, daß die Lößhohlwege nicht nur als historisch gewachsene Landschaftselemente, sondern auch als quasinatürliche, zur Lößlandschaftsstruktur gehörende Elemente zu erhalten seien.

Dies führte dazu, daß bei den umweltverträglichen Planungen der jüngeren ("sanften") Flurbereinigungen manche Hohlwege als "Wasserhohle" zur gesteuerten Ableitung von Oberflächenabfluß erhalten blieben. Bei anderen Hohlwegen, die im unteren Teil ihres Querprofils zu eng für ein Befahren geworden waren, wurde die Sohle höhergelegt und damit die Fahrbahn verbreitert. Die Fahrbahn selbst wurde in aller Regel gepflastert, um eine Wiedereintiefung zu verhindern. In Fällen, bei denen die Mängel so gravierend waren, daß sich der Hohlweg nicht integrieren ließ, wurde sogar als Ersatz ein völlig neuer Hohlweg künstlich geschaffen. Ein schönes Beispiel hierfür ist der N-S verlaufende Hohlweg ca. 0,5 km westlich Guntersblum nördlich der Straße nach Eimsheim.

Wichtigstes Problem stellte und stellt die Finanzierung sowohl der Maßnahmen im Zuge des Flurbereinigungsverfahrens selbst (Umbau und Ausbau der Hohlwege) als auch ihrer sich später anschließenden Erhaltung und Pflege dar. Das Beispiel der Gemeinde Guntersblum zeigt diese Schwierigkeiten auf. Fast alle verbleibenden Lößhohlwege wurden zwar in Gemeindeeigentum überführt, doch sieht sich die Gemeinde aus personellen und finanziellen Gründen nicht in der Lage, die nicht maschinell zu unterhaltenen Böschungen der Hohlwege zu pflegen. Anderen Gemeinden mußten zwangsweise die Hohlwege als landespflegerische Anlagen in Eigentum und zur Unterhaltung übertragen werden. In einigen Fällen sind es Naturschutzverbände, die sich der dann meist als geschützte Landschaftsbestandteile ausgewiesenen Hohlwege annehmen.

Als Beispiel für eine solche Pflegeaktion sei die über lange Jahre als wilde Mülldeponie genutzte "Hengstäcker Hohl" in der Gemarkung Nackenheim angeführt: "Bürger, Kommune und Verbände arbeiten Hand in Hand für den Erhalt unserer Kulturlandschaft. Gemeinsam wurde in mehrjähriger Arbeit von Nackenheimer Bürgern, dem Verein Lebenswertes Nackenheim (VLN), den Nackenheimern Jagdpächtern, der Gesellschaft für Naturschutz und Ornithologie (GNOR), Schülern des Katharinen-Gymnasiums in Oppenheim und mit tatkräftiger Unterstützung der Gemeinde ein Zeugnis unserer Kulturlandschaft wiederhergestellt." ... "Der Hohlweg ist kein Denkmal, welches nicht gestört werden soll, sondern lebt von der Nutzung. Es ist nun notwendig, daß er wieder seiner Bestimmung gemäß von Landwirten befahren wird, ..." (TAUCHERT 1998).

Auch die Entstehung der Böschungen ist in der alten Kulturlandschaft Rheinhessens häufig durch den Menschen bedingt. Die unterschiedlich mächtige Lößauflage wurde bei der Inkulturnahme in kleine Terrassen umgeformt, wodurch sich mehr oder weniger hohe und steile Terrassenkanten ergaben. Diese Böschungen sind somit oft entweder im anstehenden primären oder sekundären Löß oder in Aufschüttungsmaterial angelegt. Auf ihnen bildete sich typische Böschungsvegetation heraus, deren krautige Anteile bis zum 2. Weltkrieg wie Grünland genutzt wurden (OTTO 1985: 38). Diese in rheinhessischer

Mundart "Reche" genannten Böschungen wurden häufig auch für die Ablage von Lesesteinen genutzt, was gleichzeitig zur Hangstabilität beitrug. Genauso häufig sind jedoch die heute vorhandenen Löß-Steilstufen als Folge von Flurbereinigungsmaßnahmen anzusehen, indem eine Seite eines Lößhohlweges abgetragen wurde und die andere stehenblieb. An der Gemarkungsgrenze Ludwigshöhe/Guntersblum entstand 1971 mit der teilweisen Einebnung der Hasenwegshohl ein solcher Böschungstyp (BRÜNING 1973: 10). Als Folge unterschiedlicher Entstehungsmöglichkeiten für solche Böschungen ergeben sich im Gelände zunehmend Zuordnungsprobleme, die dementsprechend nur unter Einbeziehung historischer Quellen gelöst werden können.

Festzuhalten bleibt, daß Hohlwege und Reche in der Lößlandschaft zu Kleinformen gehören, die entweder wie Terrassenkanten direkt vom Menschen geschaffen wurden (anthropogene Formen) oder wie Gräben und Schluchten zwar durch natürlich ablaufende Prozesse entstanden sind, indirekt aber auf das - meist unbeabsichtigte - Einwirken des Menschen in der Landschaft zurückzuführen sind (quasinatürliche Formen).

3 Das Beispiel Enggaßhohl - ein Exkursionsvorschlag

Ein besonders eindrucksvolles Beispiel für einen noch gut erhaltenen Lößhohlweg findet sich am südlichen Ende der Rheinfront kurz vor der Grenze des Kreises Mainz-Bingen bei Guntersblum. Sehr gut lassen sich hier die Veränderungen nachvollziehen, die das in sechs Phasen durchgeführte Flurbereinigungsverfahren Guntersblum bewirkt hat.

Guntersblum liegt etwa 25 km südlich von Mainz und 20 km nördlich von Worms am Fuß des N-S verlaufenden, hier noch recht markanten, aber nicht mehr so hohen (ca. 60 m) Steilabfalles des Rheinhessischen Tafel- und Hügellandes zur Oberrheinischen Tiefebene. An den Hangpartien stehen im Untergrund oligozäne Cyrenenmergel und Cerithienkalke an, die hier jedoch neben Kalk auch mergelige und sandige bis hin zu konglomeratischen Lagen aufweisen. Darüber finden sich stellenweise pliozäne Sande. Der gesamte Hangbereich ist von unterschiedlich mächtigen (2 m bis 15 m) Lößablagerungen (meist primärem Löß) bedeckt. Der Hangfuß wird aus abgeschwemmten Lößmassen gebildet, die den quartären Ablagerungen des Rheines aufliegen. Auf diesem Schwemmlöß liegt der Ort Guntersblum. Westlich des Ortes traten beiderseits der in einem Tälchen steil ("Die Steig") auf die Höhe hinaufführenden Straße nach Eimsheim früher zahlreiche besonders markant entwickelte Hohlwege auf. Diejenigen der Südseite Richtung Alsheim wurden in den ersten Phasen des Flurbereinigungsverfahrens Guntersblum entweder beseitigt, zu Wasserhohlen umfunktioniert (Wohnwegshohl und Rosthohl) oder wie im Falle des Spiegelhöhlchens durch Hohlwegwandversetzung verbreitert erhalten. Auf der nordwärtigen Seite der Straße wurde im Projekt V des Planungsjahres 1989 als Ausgleich für die notwendige Beseitigung der Ülversheimer Hohl ein völlig neuer, ca. 200 m langer und bis zu 4 m tiefer Hohlweg mit senkrechten Lößwänden maschinell geschaffen und die Sohle gepflastert. Die Wände blieben der natürlichen Sukzession überlassen. Die ersten Jahre wurden von ökologischen Untersuchungen begleitet, diese mittlerweile jedoch leider eingestellt. In der letzten Phase der Flurbereinigung - "Guntersblum Rest" - wurde in Übereinstimmung zwischen der Teilnehmergemeinschaft, der unteren Landespflegebehörde, der Gemeinde und den Naturschutzverbänden die "Enggaßhohl" nicht nur erhalten, sondern sogar dahingehend geschützt, daß nur bis zu 2,5 m breite Fahrzeuge hindurchfahren können. Für größere Fahrzeuge wie Traubenvollernter wurde ein befestigter Parallelweg neben der Böschungsoberkante angelegt (STANJEK 1993).

Diese Enggaßhohl zeigt besonders schön die wesentlichen Merkmale eines Hohlweges und kann daher als "Klassischer Hohlwegstyp" (HAUSTEIN 1983) bezeichnet werden. Im Querprofil zeigt der Hohlweg fast durchweg ein typisches U-Profil, da sich auch heute wieder wie vor den Flurbereinigungsmaßnahmen am Wandfuß kleine Böschungen von abgebrochenem Material der Steilwand gebildet haben. Während sich im Kronenbereich der Wände humusreiche Pararendzinen und basenreiche Braunerden befinden, steht im Wandmittebereich meist der noch völlig unveränderte rohe Löß an. Bei Niederschlägen fließt das Wasser ohne Vorrichtungen zur Wasserführung oberflächlich auf der gepflasterten Sohle ab. Aufgrund der quer zum Gesamtverlauf einmündenden Seitenwege erhält die Enggaßhohl eine besondere Bedeutung durch die sich nach beiden Seiten anschließenden Wände der Seitenwege, die nördlich und südlich exponiert sind. Die Folge ist ein besonders hoher floristischer und faunistischer Artenreichtum, der zu einer Einstufung der Enggaßhohl als einen bundes- und landesweit seltenen und nicht ersetzbaren Biotoptyp geführt hat (WIENHAUS & KÖSTER & REICHARD 1988).

Beispielhaft kann dieser Hohlweg als Biotoptyp wie kaum ein anderer Pflanzen und Tieren mit ganz unterschiedlichen Ansprüchen als Lebensraum dienen. Südexponierte Steilwände als trocken-heiße Extremstandorte wechseln mit schattigen Hohlwegteilen, in denen kapillar aus dem Löß kommende Feuchtigkeit zur Kühlung beiträgt. Im Winter verhindert die geschützte Lage allzu starke Auskühlung. Hohe Kapillarkräfte bewirken eine gute Wasserversorgung in ungestörtem Löß, wogegen an trockenheißen Wänden zumindest an der Oberfläche Wassermangel herrscht. Im Hinblick auf das Nährstoffangebot der Lößböden sind Stickstoff und Phosphor eigentlich Mangelelemente, doch trifft dies aufgrund von Düngung in den Weinbergen für die Enggaßhohl nicht zu. Ergebnis ist ein reich verzahntes und artenreiches Lebensraumgefüge. Das räumliche Nebeneinander läßt sich gut auch in zeitlicher Abfolge in Form einer Sukzession darstellen: An einer südexponierten offenliegenden Lößsteilwand wandern Pionierarten wie Spezialisten für heiß-

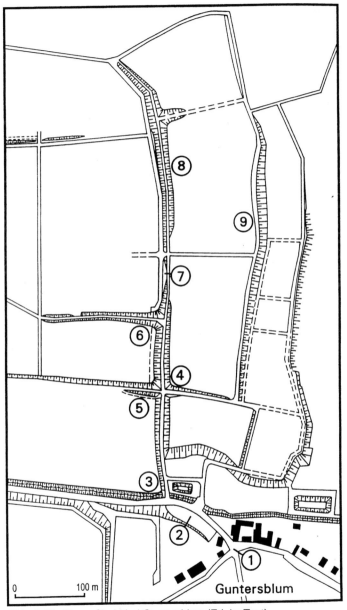

Abb. 1 Die Enggaßhohl bei Guntersblum (Erl. im Text)

trockene, nährstoffarme Biotope ein. Aufgrund von Nährstoffeintrag, Erosion durch Wurzeldruck, Grabetätigkeit (z. B. Kaninchen) etc. können sich Spezialisten für Nischen ansiedeln. Spinnen, Bienen, Wespen und Vögel besiedeln Löcher, Samen werden eingetragen und Pflanzen besiedeln Klüfte und Ritzen. Durch weiteren Nährstoffeintrag und beginnende Humusbildung können andere Pflanzen mit höherem Nährstoffbedarf folgen. Hierdurch steigt die Beschattung, wodurch die Temperatur sinkt. Wurzelerosion und Humusbildung nehmen dagegen zu, so daß langsam höhere Pflanzen bis hin zu Büschen folgen können. Aufgrund der nun stärkeren Beschattung ändert sich das Kleinklima (kühler, feuchter), so daß sich trockenheitsempfindlichere Pflanzen ansiedeln können (WOLF & HASSLER 1993: 123ff.). Je nach Jahreszeit lassen sich solche Sukzessionsstadien auf einer Wanderung durch die Enggaßhohl gut beobachten (vgl. Abb. 1).

Am nordwestlichen Ortsausgang stößt die Eimsheimer Straße auf den von links kommenden Kellerweg (Pkt. 1), der wegen des Kellerwegfestes, das seit 1964 hier gefeiert wird, berühmt geworden ist. Weiter auf der Straße nach Eimsheim liegt direkt am Ortsende linker Hand der alte 1850 eröffnete, heute nicht mehr genutzte jüdische Friedhof (Pkt. 2). Gegenüber führt ein gepflasterter Weg über ein Brückchen (Pkt. 3) in nördliche Richtung nach 100 m direkt in die Enggaßhohl. Diese verläuft in Nord-Süd-Richtung, also eigentlich quer zum Plateauhang und besteht aus zwei aneinandergereihten Hohlwegsabschnitten. Der südliche ansteigende Abschnitt ist etwa 220 m lang und bis zu 5 m eingeschnitten. Mehrere Seitenhohlwege münden von den Seiten in ihn hinein. An der ersten Kreuzung (Pkt. 4) sieht man auf der südexponierten Seite des nach Osten abgehenden Weges ein typisches Profil. Es beginnt mit den anstehenden Sanden und Kalkbrocken der Cerithienschichten. Darüber steht eine senkrechte Lößwand mit deutlich ausgeprägten senkrechten Kapillaren, Wurzelröhren, weißen Schneckengehäusen und zahlreichen kleinen Löchern von Wespen und Bienen. Gegenüber wächst eine Art der Roten Liste: Schleichers Erdrauch (*Fumaria schleicheri*). In dem hier von Westen kommenden 84 m langen Hohlweg "Mittlerer Steigweg" (Pkt. 5) finden sich artenreiche Halbtrocken- und Trockenrasen mit Feldmannstreu (*Eryngium campestre*) und Österr. Hundskamille (*Anthemis austriaca*). Daneben ist hier der regionaltypische Sichelmöhren-Queckenrasen gut ausgebildet.

Für die gesamte südliche Hälfte der Enggaßhohl ist typisch, daß sich an den oberen, gut drainierten und windexponierten Hangkanten Schlehen-Liguster (*Prunetalia*)-Gebüsch mit Heckenrosen ausgebreitet hat, während an den tiefer gelegenen Wandteilen sowie dem feuchteren aus abgerutschtem Lößmaterial bestehenden Wandfuß Holunder (*Sambuco-Salicon*)-, z. T. auch Feldulmen-Gebüsch steht. Auf den Steilwänden wachsen mit Magerrasen- oder Saumarten durchsetzte Halbtrocken- und Trockenrasen. Die in weiten Teilen starke Beschattung mindert hier zwar die Qualität als Insektenstandort, führt jedoch zu reichem Brutvogelvorkommen.

Etwa 100 m weiter mündet von links der ca. 140 m lange Obere Steigweg (Pkt. 6) ein. Hier stehen ideal ausgebildete, ca. 5 m hohe Lößsteilwände mit z. T. gut abgrenzbaren, senkrecht abgegangenen Absturzpartien. Kleine Trockenmauerabschnitte sind noch vorhanden. Die südexponierte Seite ist von Halbruderalem Halbtrockenrasen - mit Vorkommen von Karthäusernelke - bewachsen. Teilweise finden sich Klimmpflanzen wie die Waldrebe.

Nach weiteren ca. 50 m Anstieg sieht man links (Pkt. 7) in einer mit Natursteinen gemauerten Wand den Rest einer ehemaligen Abstiegstreppe für die Winzer.

Nach dem Erreichen des auf wenigen Metern nicht eingetieften höchsten Punktes - hier wurde 1998 ein kleiner Aussichtsturm errichtet - führt der nördliche Teil ca. 240 m lang wieder abwärts und knickt schließlich leicht nach Nordwesten ab. Im mittleren Teil (Pkt. 8) finden sich auch hier ausgeprägte Steilwandbereiche mit über 6 m hohen Lößsteilwänden und überhängenden Böschungsoberkanten. Der untere Teil besitzt dagegen nur eine geringere Böschungshöhe und ist teilweise mit Trockenmauern befestigt. Dieser Teil der Enggaßhohl weist artenreiche und standortspezifisch gereifte Halbruderale Halbtrocken- und Trockenrasen und Beifußgesellschaften auf. Optimal entwickelt sind daneben das von Schattenarten durchsetzte Xerothermgebüsch. Reichhaltige Insektenvorkommen (u. a. zwei Rote Liste-Arten, Ameise: *Mymica sulcinodis* - Biene: *Andrena hattorfina*) und der Brutvogelbestand führen zusätzlich zu einer sehr hohen Bewertung des Bestandes. Einmalig ist eine mit Fiederzwenke bewachsene Lößsteilwand.

4 Nachbemerkung

Wie schon eingangs erwähnt, ist dieser Bericht Ergebnis einer in Gang gesetzten Bestandsaufnahme, mit der Verbreitung und Zustand von Lößhohlwegen und Rechen im nördlichen Rheinhessen erfaßt werden sollen. Ziel ist eine Dokumentation, anhand derer man entsprechende Zielpunkte anlaufen kann.

Ergänzender Hinweis für Besucher der Enggaßhohl:

Folgt man für den Rückweg einem der östlich parallel zur Enggaßhohl verlaufenden Wirtschaftswege, bieten sich dem Wanderer wunderschöne Ausblicke (Pkt. 9) an: Nach Norden sieht man Oppenheim mit der Katharinenkirche und bei klarer Sicht am Horizont den Taunus mit Großem Feldberg und Altvater. Nach Süden reicht der Blick bis Worms und seinem Dom, etwas nach Südosten bis zu den Kühltürmen des Atomkraftwerkes Biblis. Im Osten erstreckt sich der Odenwald mit dem Melibocus. Der Vordergrund zeigt neben der fast geschlossenen Front der Rheinauewälder den in breitem Bogen verlaufenden, durch die landwirtschaftliche Nutzung erkennbaren Eich-Gimbsheimer Altrheinarm. Ein schöner Blick auf Guntersblum mit seinen beiden Kirchen (12. und 19. Jh.), dem "Alten" und dem "Neuen Schloß" (17. und 18. Jh.) lädt zu einem abschließenden Gang durch den Ort ein.

Literatur

AMBOS, R. (1997): Die Enggaßhohl - ein Lößhohlweg bei Guntersblum. - In: KANDLER, O. & LICHT, W. & RETTINGER, E.: Der Landkreis Mainz-Bingen. - Region und Unterricht, PZ-Information, **1/97**: 40-45; Bad Kreuznach.

BRÜNING, H. (1973): Beispiele für junge bis jüngste Formung von Hängen im nördlichen Rheinhessen und ihre Bedeutung für Wirtschaft und Siedlung. - Geschichtl. Landeskde., **9**: 1-16; Wiesbaden.

FISCHER, A. (1982): Hohlwege im Kaiserstuhl. - Natur u. Landschaft, **57** (4): 115-119; Stuttgart.

FREY, F. (1991): Guntersblum in Vergangenheit und Gegenwart. - 68 S.; Guntersblum.

HAUSTEIN, B. (1983): Konzeption zum Aufbau eines Biotop-Systems für den Biotoptyp Lößhohlweg und -wand im nördlichen oberrheinischen Tiefland. - L.-Amt Umweltschutz: 111 S.; Oppenheim.

KLUG, H. (1964): "Reche" und "Rosseln" in Rheinhessen. Anthropogene Kleinformen in der morphologischen Hanggestaltung einer Agrarlandschaft. - Mitt.-Bl. rheinhessischen Landeskde., **13** (1): 131-134; Mainz.

OTTO, A. (1985): Die Böschungen und Hohlwege der Weinberge bei Guntersblum. - In: REUTHER, G. [Hrsg.]: Entwicklung einer Konzeption für den landespflegerischen Beitrag zum Flurbereinigungsverfahren Guntersblum als Modell für vergleichbare Weinbergsflurbereinigungen unter besonderer Berücksichtigung ökologischer und ökonomischer Probleme. 2. Hauptteil, Bd. **1** - Geobot. Untersuchungen, Teil 1. - Gutachten: 53 S.; Geisenheim. - [Unveröff.].

PÉCSI, M. & RICHTER, G. (1996): Löss: Herkunft - Gliederung - Landschaften. - Z. Geomorph., N. F., Suppl., **98**: 391 S.; Berlin, Stuttgart.

PLANUNGSBÜRO REICHARD (1992): Guntersblum - Enggaßhohl. Ökologische Studie zu möglichen Veränderungen des Hohlweges im Rahmen der Flurbereinigung. - Ber. f. Kulturamt Worms: 55 S.; Brombachtal. - [Unveröff.].

RUPPERT, K. (1952): Die Leistung des Menschen zur Erhaltung der Kulturböden im Weinbaugebiet des südlichen Rheinhessens. - Rhein-Main. Forsch., **34**: 44 S.; Frankfurt a. M.

SCHWAHN, C. & STÄHR, E. (1985): Untersuchungen zum Landschaftsbild. - In: REUTHER, G. [Hrsg.]: Entwicklung einer Konzeption für den landespflegerischen Beitrag zum Flurbereinigungsverfahren Guntersblum als Modell für vergleichbare Weinbergsflurbereinigungen unter besonderer Berücksichtigung ökologischer und ökonomischer Probleme. 2. Hauptteil, Bd. **5** - Gutachten: 53 S.; Geisenheim. - [Unveröff.].

STANJEK, U. (1993): Historische Hohlwege in der neuzeitlichen Weinbergsflurbereinigung. Beispiele aus zwei rheinhessischen Weinbaugemeinden. - Z. Kulturtechnik und Landentwicklung, **34**: 349-356; Berlin, Hamburg.

STANJEK, U. (1995): Hohlwege im Flurbereinigungsverfahren. - Kulturlandschaft - Z. Angew. Historische Geographie, **5** (1): 26-28; Bonn.

STEUER, A. (1911): Erläuterungen zur Geologischen Karte des Großherzogtums Hessen im Maßstabe 1 : 25 000, Blatt Oppenheim. - 33 S.; Darmstadt.

TAUCHERT, J. (1998): Die Hengstäcker Hohl. - Presseinformation 19.05.1998 - [vgl. MAZ 23.05.1998].

WIENHAUS, H. & KÖSTER, H. - J. & REICHARD, V. (1988): Materialien zur Biotopbewertung - Erhebungs- und Bewertungsbögen der Biotopbestände in den Flurbereinigungsabschnitten IV und VI. - In: REUTHER, G. [Hrsg.]: Entwicklung einer Konzeption für den landespflegerischen Beitrag zum Flurbereinigungsverfahren Guntersblum als Modell für vergleichbare Weinbergsflurbereinigungen unter besonderer Berücksichtigung ökologischer und ökonomischer Probleme. - Gutachten: 189 S.; Geisenheim. - [Unveröff.].

WOLF, R. & HASSLER, D. [Hrsg.] (1993): Hohlwege: Entstehung, Geschichte und Ökologie der Hohlwege im westlichen Kraichgau. - Beih. Veröff. Naturschutz Landschaftspflege Bad.-Württ., **72**: 416 S.; Karlsruhe.

| Frankfurter geowiss. Arbeiten | Serie D | Band 25 | 25-41 | Frankfurt am Main 1999 |

Paläogeographische Küstenforschung am Golf von Aqaba im Bereich des Tell el-Kheleifeh, Jordanien

Helmut Brückner, Marburg/Lahn

mit 6 Abb., 1 Tab. und 1 Foto

> Salomo baute Schiffe in Ezjon-Geber,
> das bei Eilat liegt am Ufer des Schilfmeeres
> im Lande der Edomiter.
> 1. Könige 9, 26

1 Einleitung

Ein Ziel der geoarchäologischen Studien in der Umgebung von Aqaba, Südjordanien, war es, die paläogeographische Situation der Küstenregion am Nordufer des Golfs von Aqaba zu klären. Vor allem sollte die Frage der Küstenveränderung im Holozän thematisiert werden: Reichte der Golf jemals weiter nordwärts und wenn ja, wie weit? Dies ist archäologisch mit Blick auf die seit dem Chalkolithikum (z. B. Tell Magass, ca. 3500 v. Chr.) existierenden Siedlungen überaus bedeutsam: Wo lagen die zugehörigen Häfen? Dabei kommt dem 550 m von der heutigen Küste entfernten Siedlungshügel Tell el-Kheleifeh, in dem Kupferverarbeitung stattfand und der von einigen Forschern mit Salomos Hafenstadt Ezjon-Geber identifiziert wird, besondere Bedeutung zu (s. Abb. 1, Foto 1 u. Kastentext).

Im folgenden sollen die ersten Ergebnisse der im Februar 1998 durchgeführten Geländearbeiten in der Umgebung dieses Tells vorgestellt werden, da das Problem der Küstenverlagerung paläogeographisch bedeutsam und für die derzeit in und um Aqaba tätigen Ausgräber (z. B. KHALIL 1995; PARKER 1997; SMITH et al. 1997; EICHMANN & KHALIL 1998; NIEMI 1999) von großem Interesse ist. Außerdem eignet sich die Festschrift für Wolfgang Andres gut für diese Publikation, weil der Jubilar selbst ähnlichen Fragestellungen in einer benachbarten Region, dem Nildelta, nachgegangen ist (vgl. ANDRES & WUNDERLICH 1991, 1992; WUNDERLICH & ANDRES 1991). Aufgrund der schönen gemeinsamen Zeit am Fachbereich Geographie der Philipps-Universität Marburg und der jahrelangen fachlichen Verbundenheit freue ich mich, einen kleinen Beitrag zu seiner Festschrift leisten zu können.

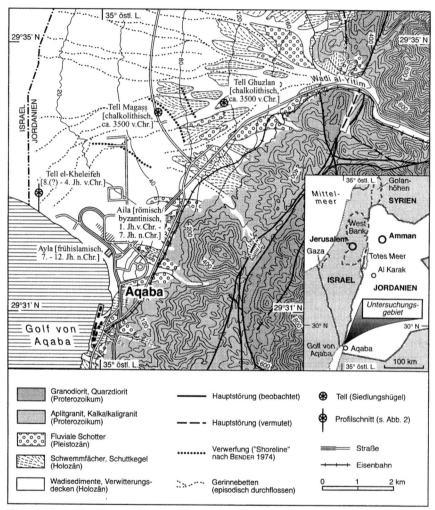

Abb. 1 Lage des Untersuchungsgebietes am Golf von Aqaba mit Angaben zur Topographie, Geologie und Archäologie

Quellen: Geological Map of Jordan 1:100,000, Sheet 9: Aqaba (Author: F. BENDER) (hrsg. v. Geological Survey of the Federal Republic of Germany, Hannover 1974); erg. durch: Geological Map of Jordan, 1:50,000, Sheets 2949 II (Wadi 'Araba) & 3049 III (Al 'Aqaba), Geology by M. RASHDAN 1987, hrsg. v. Hashemite Kingdom of Jordan, Ministry of Energy and Mineral Resources; S. T. PARKER (1997: Fig. 2 u. S. 23f.), T. M. NIEMI (1999: Fig. 6); leicht verändert.

Foto 1 Der Siedlungshügel Tell el-Kheleifeh am Golf von Aqaba
Er liegt an der Grenze zwischen Jordanien und Israel, 550 m landeinwärts der heutigen Küste. Einige Forscher vermuten, daß es sich dabei um König Salomos Hafenstadt Ezjon-Geber handelt. Der Unterstand wurde erst vor wenigen Jahren errichtet.

2 Zur Geologie im Raum Aqaba

Die Region um die südjordanische Hafenstadt Aqaba ist tektonisch gesehen Teil der grossen NNE-SSW verlaufenden Transformstörungszone, die sich vom Golf von Aqaba über Wadi Araba und Totes Meer bis zum Jordan-Tal erstreckt. Die Tektogenese hat zu lateralem Versatz von über 100 km geführt und einen Graben entstehen lassen. Geologisch ist das Gebiet durch einen starken Gegensatz geprägt: die Grabenflanken werden von proterozoischen magmatischen Gesteinen (Granit- und Diorit-Varietäten des Aqaba-Granit-Komplexes) gebildet, während die oberste terrestrische Füllung des Grabens selbst aus pleistozänen (Lisan-Mergel, fluviale Schotter) und holozänen (Schwemmfächer, Schuttkegel, Wadisedimente, Sebkha-Füllungen, äolische Sande) Ablagerungen besteht (Abb. 1; vgl. auch BENDER 1968, 1974).

In unserem Zusammenhang interessiert besonders das Holozän. Auf dem geologischen Kartenblatt "Aqaba" (BENDER 1974) sind nördlich der namengebenden Stadt drei ehemalige Strandlinien ("shorelines") kartiert, die etwa parallel zur Küste in NW-SE-Richtung verlaufen und heute 2,8 km, 4,3 km und 4,7 km landeinwärts liegen (vgl. Abb. 1). Die mittlere erodiert einen Schwemmfächer, der ins Holozän gestellt wird. Damit ist sie selbst holozänzeitlich; gleiches gilt für die noch jüngere meerwärts liegende Strandlinie. In der Tat sind auf Luftbildern deutlich Lineamente zu erkennen. Dr. Bender kartierte sie als Fortsetzung der gehobenen Korallenriffe, die an der Ostflanke des Golfs zwischen der Stadt Aqaba und der Grenze zu Saudi-Arabien erhalten sind (Telefonat mit Dr. Bender, Spangenberg, vom 07.05.98).

Die Geländebegehung sowie ein 3 m tiefer Aufschluß in unmittelbarer Nähe zur mittleren "Shoreline" lassen Zweifel an dieser Interpretation aufkommen: (a) weder an der Oberfläche noch im Aufschluß findet man marine Fossilien oder Gerölle, es tritt nur kantiger, selten kantengerundeter Schutt auf; (b) auch eine Deutung der kleinen Geländestufen als alte Kliffe ist viel zu gewagt. Stattdessen handelt es sich um verschiedene Generationen von Schwemmfächern, die aus dem Wadi al-Yitim (= Yutim, Yutum) kommen; das bezeugt auch ihr petrographisches Spektrum aus Graniten und Dioriten. Die Geländekanten sind Verwerfungen, wie Aufgrabungen senkrecht zu den beiden unteren durch Dr. Tina M. Niemi, University of Missouri-Kansas City (USA), im Sommer 1998 ergaben (E-mail vom 17.07.98). Ihre Bildung steht im Zusammenhang mit der auch im Holozän aktiven Transformstörungszone.

Damit sind die Fragen nach der maximalen Ausdehnung des Golfs von Aqaba, der nachfolgenden Verlandung sowie den ehemaligen Häfen weiter offen. Sie können in diesem an Aufschlüssen armen Gebiet nur mit Hilfe von Bohrungen beantwortet werden (vgl. Kap. 4).

3 Zur Archäologie im Raum Aqaba

Die ältesten Siedlungshügel in dieser Region datieren aus dem späten Chalkolithikum (ca. 3500 v. Chr.). Es sind dies der 4 km nördlich der heutigen Küste und 68 m hoch gelegene Tell Magaṣṣ (= Maquṣṣ) sowie der Tell Hujayrat el-Ghuzlan, 1,5 km östlich davon, 114 m ü. M. (vgl. Abb. 1). Diese kupferverarbeitenden Siedlungen (Schmelztöpfe für den häuslichen Gebrauch sind bezeugt) wurden auf verschiedenen Generationen des grossen, aus dem Wadi al-Yitim kommenden Schwemmfächer-Komplexes gegründet. Schon ih-re Höhenlage läßt einen Hafen in unmittelbarer Nähe zu beiden Siedlungen ausschliessen.

Das ist bei dem aus der Eisen- bis zur Perserzeit stammenden Tell el-Kheleifeh anders. Er liegt nur 550 m nördlich der heutigen Küste und wenige Meter über dem Meer (vgl. auch den Kastentext).

Aspekte der Paläogeographie von Tell el-Kheleifeh

Der deutsche Architekt und Baugeschichtler FRITZ FRANK (1934: 243f.) äußerte als erster die Vermutung, daß es sich bei dem an der heutigen Grenze Jordanien/Israel gelegenen Tell el-Kheleifeh, in dem Kupferverarbeitung belegt ist, um König Salomos Hafenstadt Ezjon-Geber handle (Foto 1). Der Siedlungshügel (= Tell) wurde dann 1938-1940 in drei Geländekampagnen von dem amerikanischen Archäologen NELSON GLUECK (1938a, 1938b, 1938c, 1939, 1940) ausgegraben, der sich - wenn auch mit Vorbehalt - FRANKs Urteil anschloß. Bei einer Neubearbeitung der Funde kam GARY D. PRATICO (1985, 1993) allerdings zu dem Ergebnis, daß die Keramik zu jung sei: König Salomo lebte um 950 v. Chr., während die älteste Keramik des Tells nach PRATICO aus dem 8. Jh. v. Chr. datiert. Neueren Forschungen zufolge ist dies wiederum strittig, da die in Tell el-Kheleifeh gefundene sog. Negev-Ware weiter zurückzureichen scheint als bisher angenommen. Allerdings gibt es auch einen anderen Ort, an dem Salomos Hafenstadt Ezjon-Geber vermutet wird, nämlich Jezirat Far'un (FLINDER 1989). In seiner jüngsten Stellungnahme kommt PRATICO (1997: 294) zu dem wenig befriedigenden Urteil: "... the identification of Tell el-Kheleifeh is both an archaeological and a historical problem."

Mit geomorphologisch-geologischen Mitteln kann dieses Problem natürlich nicht gelöst werden. Doch ist unter paläogeographischem Aspekt folgendes interessant: Gemäß der biblischen Überlieferung wurde zur Zeit König Salomos in der Nähe von Eilat eine Handelsflotte zum Export von Kupfer und Import vor allem von Gold aufgebaut (Ofirflotte; 1. Könige 9, 26-28). Wenn das Holz zum Bau der Schiffe aus der näheren Umgebung stammte, bezeugt dies einen deutlichen klimatisch und/oder anthropogen bedingten Wandel. Denn heute ist es in diesem hyperariden Gebiet (unter 50 mm Jahresniederschlag) unmöglich, für den Schiffsbau geeignete Bäume zu finden.

Die Bezeichnung "Schilfmeer" deutet auf eine Versumpfungszone mit entsprechender Vegetation im Uferbereich des Golfs von Aqaba hin, die wahrscheinlich im Zuge der marinen Regression nach dem holozänen Transgressionsmaximum entstand. Noch heute ist ein kleines, mit Schilfröhricht bestandenes Gebiet auf israelischer Seite nahe der Grenze zu Jordanien erhalten.

Interessant ist auch, daß die bisher vorliegenden Daten zur Chronostratigraphie (vgl. 4.2) belegen, daß der Stranddurchgang an der Stelle des Tell el-Kheleifeh spätestens um 1500 v. Chr. (Datierung von AQ 5/11F, 2-Sigma-Fehlerspanne; vgl. Tab. 1) erfolgte, somit also um 950 v. Chr. prinzipiell eine Besiedlung möglich war.

Ist dort eine "Hafen"-Situation denkbar? Nach dem Transgressionsmaximum könnte sich ein Nehrungs-Lagunen-System entwickelt haben. Eine Lagune mit Verbindung zum Meer käme als potentieller Hafen in Frage. Allerdings fehlten in allen Bohrungen des Profilschnitts (vgl. 4.1) faunistisch oder sedimentologisch als lagunär zu deutende Schichten. Das schließt aber nicht aus, daß sie an anderer Stelle vorhanden sind. Gerade das z. Z. noch verminte Gebiet im Grenzbereich zwischen Jordanien und Israel unmittelbar westlich des Tells scheint potentiell geeignet, zumal es der topographisch tiefste Bereich ist. Andererseits muß man bedenken, daß in der Eisenzeit (und auch noch später) Schiffe lediglich auf den Strand gezogen wurden; ein großer Hafen war dazu nicht notwendig.

Es ist bemerkenswert, daß die Siedlungen immer weiter meerwärts verlagert wurden: Tell Magass (ca. 3500 v. Chr.) ist 4 km, Tell el-Kheleifeh (8.? - 4. Jh. v. Chr.) dagegen nur noch 550 m von der heutigen Küste entfernt, die nabatäisch-römisch-byzantinische Stadt Aila liegt noch näher am Meer. Wanderten diese Siedlungen aufgrund der Änderung der Strandlinie oder aber aufgrund des sich verschlechternden Zugangs zum Trinkwasserangebot? Wo hatten sie ihre Häfen? Einige Lösungsansätze sollen im folgenden präsentiert werden.

4 Profilschnitt im Bereich des Tell el-Kheleifeh

4.1 Beschreibung der Bohrprofile

Die Bohrsequenz im Bereich des Tell el-Kheleifeh wurde mittels Rammkernsonde durchgeführt (Motorschlaghammer "Cobra 248" der Firma Atlas Copco, Bohrgestänge der Firma Stitz, beginnend mit 6 cm-, dann je nach Bohrfortschritt weiter mit 5 cm- und schließlich 3,6 cm-Sonde). Das Profil (Abb. 2) erstreckt sich 700 m weit von der heutigen Küste über den Siedlungshügel Richtung Wadi Araba. Es umfaßt sechs Bohrungen (AQ 2 - AQ 7) mit Tiefen zwischen 6 m und 9,75 m (Abb. 3a-3d). Die in Abb. 2 nicht dargestellte Bohrung AQ 7 liegt südlich von AQ 5 und ist 160 m vom Meer entfernt.

Das Standardprofil beginnt mit terrestrischen Sedimenten (meist Sanden). Die gut sortierten Partien sind als äolische Ablagerungen zu deuten. Zwischengeschaltete Lagen aus Lehm und Ton bezeugen ruhiges Sedimentationsmilieu, wie es z. B. in einer Salztonebene (Sebkha oder Sebcha) der Fall ist. Selten treten Grobsandlinsen und Kiesschnüre auf. Die aquatischen Schichten sind terrigener Genese. Sie lassen - je nach Körnung - auf mehr oder weniger starkes Abkommen der Wadis schließen. Gröbere Partien verdanken ihre Entstehung sog. "Jahrhundertfluten". Daß die Wadis manchmal bis zum Meer durchstoßen, ist aus Berichten von Einheimischen bezeugt: bei außergewöhnlichen Ereignissen färbt sich der Golf in Küstennähe braun. Luftbilder bestätigen, daß eine Verbindung von den Wadis bis zum Meer besteht.

Die darunterliegende Schicht kann als Küstendüne und trockener Strand bezeichnet werden. In ihr treten erste marine Fossilfragmente auf; sie sind aber sehr klein. Im Zuge der generellen Regression ist hier das obere Litoral mit trockenem Strand und "nachgewanderter" Küstendüne erhalten.

Darunter folgen dann - ausweislich der Fossilien und der Fazies - litorale und marine Schichten. Gerölle und gut sortierte Sande belegen Strandfazies. Daß fast nur Muschel-

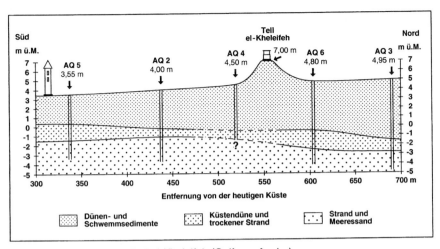

Abb. 2 Bohrsequenz am Tell el-Kheleifeh (Golf von Aqaba)
Gebäude nicht maßstabsgetreu; ü. M. = über dem heutigen Meeresspiegel (Mittelwasser).

Bemerkung zur Vermessung:
Der Kontakt zwischen den obersten Sedimenten des Tells und der Betonbodenplatte des Gebäudes auf ihm wurde mit 7,00 m ü. M. angenommen (vgl. den dortigen Pfeil). Dieser Wert paßt am besten zu den Vermessungen von J. PINKERFELD, dem Architekten und Vermesser von N. GLUECK, dessen Pläne in PRATICO (1985: Fig. 4 und 1993: Pl. 1) wiedergegeben werden. Der von ihm verwendete zentrale Vermessungpunkt ("fixed point: 3.99 m a. s. l.") ist nicht mehr vorhanden. Trotz Recherche im GLUECK-Archiv (Harvard University, Semitic Museum, Dr. J. A. Greene) konnte auch nicht ermittelt werden, wie PINKERFELD ihn bestimmt hatte (Was war sein Nullniveau? Bei welcher Tiden- und Wettersituation wurde es eingemessen?). Doch lassen sich aus der Geländesituation und der Höhenangabe des Tells die Höhen, auf die sich GLUECK bezieht, brauchbar rekonstruieren. Dieses Vorgehen ist auch deshalb sinnvoll, weil dann eine möglichst gute Vergleichbarkeit der vorliegenden Untersuchungen mit den dortigen Höhenangaben (vgl. PRATICO 1993: Plates 1-2, 9-10) gegeben ist. Eine exakte Höhenvermessung war im Rahmen der eigenen Geländearbeit nicht möglich.

und Korallenbruch auftritt, ist auf hohe Wellenenergie zurückzuführen. Der Übergang zwischen terrestrischen und marinen Sedimenten, vor allem der Beginn des definitiv litoralen bzw. marinen Sedimentationsmilieus, erfolgte im Gelände nach makrofaunistischen und sedimentologischen Kriterien. Die Grenzen können sich bei der noch ausstehenden Untersuchung der Mikrofauna (z. B. Ostracoden) ggf. leicht verschieben.

Die Bohrungen erreichten die jeweils maximalen Teufen, die mit der eingesetzten Bohrausrüstung bei dem häufig nachstürzenden Lockermaterial und der durch den hohen Sandanteil bedingten großen Reibung erreicht werden konnten. An ein Durchteufen der marinen Schicht war nicht zu denken. Brunnenbohrungen, aus denen man die Mächtigkeit ggf. hätte erschließen können, sind in der Umgebung nicht bekannt.

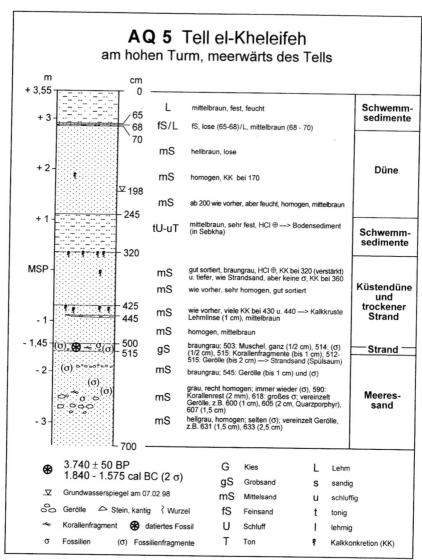

Abb. 3a Bohrprofil AQ 5 zur Bohrsequenz am Tell el-Kheleifeh
Die Reihenfolge der Profile AQ 2, AQ 3, AQ 5 und AQ 6 in den Abb. 3a bis 3d erfolgt gemäß der in Abb. 2 dargestellten Anordnung der Bohrungen von Süd nach Nord.

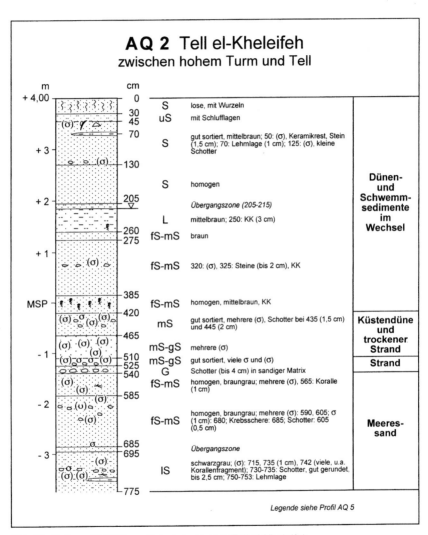

Abb. 3b Bohrprofil AQ 2 zur Bohrsequenz am Tell el-Kheleifeh

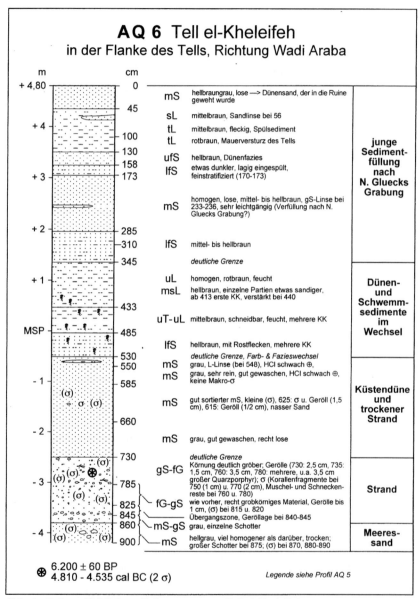

Abb. 3c Bohrprofil AQ 6 zur Bohrsequenz am Tell el-Kheleifeh

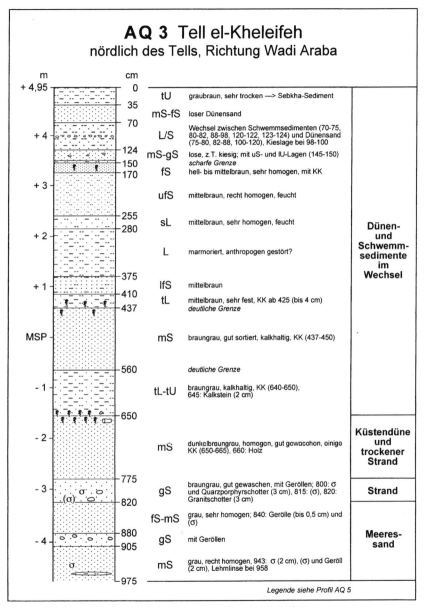

Abb. 3d Bohrprofil AQ 3 zur Bohrsequenz am Tell el-Kheleifeh

Es fällt auf, daß in den Bohrungen keine Keramik gefunden wurde, obwohl der Tell mindestens vom 8. bis 4. vorchristlichen Jahrhundert besiedelt war und seine Oberfläche mit Scherben übersät ist. Anderseits wurde er in den Jahren 1938 - 1940 von NELSON GLUECK (1938a, 1938b, 1938c, 1939, 1940) intensiv ausgegraben und dabei viel Keramikmaterial entfernt.

Die Bohrsequenz wird ergänzt durch eine Bohrung in der Baugrube für das neue Mövenpick-Hotel von Aqaba - nahe dem frühislamischen Ayla, 150 m vom Meer entfernt. Terrestrische Schichten, 6,35 m mächtig, liegen auf einer Übergangszone (ab 1 m u. M., 0,35 m mächtig). Ab 1,35 u. M. beginnen die litoral/marinen Sande (Grobsand mit Korallenfragmenten; Bohrende bei 3,10 m u. M.; u. M. = unter dem Mittelwasser des heutigen Meeresspiegels).

Heute ist im Küstenbereich südlich des Tell el-Kheleifeh ein etwa 1 - 1,5 m hoher Strandwall entwickelt, der hauptsächlich aus Sand besteht (Gerölle, Muschel- und Korallenreste sind auf den Spülsaum konzentriert). An der Pegelstation südlich Aqaba beträgt der mittlere Tidenhub 0,80 m, der mittlere Springtidenhub 1,20 m.

4.2 Datierung der marinen Sedimente

Die über den Meeressedimenten liegenden terrestrischen Schichten erschienen in den Bohrungen mehrere Meter tief verbraunt und verwittert. Da es in einem Klima mit (heute) weniger als 50 mm/a Niederschlag nicht zu starker Bodenbildung kommen kann, stellte sich die Frage, ob die Meeressedimente aus dem letztinterglazialen marinen Sedimentationszyklus mit seinem Maximum um 125 000 BP (Sauerstoffisotopenstufe 5e) stammen und die darauffliegenden Schichten dann in den nachfolgenden Feuchtphasen verwittert seien. Einer Altersbestimmung der Fossilien und einer Untersuchung der vermuteten Bodenbildung kamen somit große Bedeutung zu.

Die Radiokohlenstoff-Datierungen der marinen Fossilien ergaben eindeutig holozäne Alter: zwei Muschelfragmente sind 6200 ± 50 BP bzw. 3740 ± 50 BP ^{14}C-AMS-Jahre alt (Tab. 1, Abb. 3a u. 3c). Ein Test zweier vergleichbarer Proben mit der ESR-Methode führte ebenfalls zu holozänen Altern (E-mail von HD Dr. G. Schellmann, Essen, vom 13.08.98). Damit gehören die Meeresablagerungen zweifelsfrei zum holozänen marinen Sedimentationszyklus.

Mikromorphologische Studien der "braunen Schichten" wiesen diese als Paläoboden-Sedimente und nicht als in-situ Bodenbildung aus. Das Material war bereits verwittert, als es antransportiert wurde. Wahrscheinlich handelt es sich um Bodenhorizonte, die in der Folge von Starkregen aufgrund deren hoher Erosivität abgetragen und durch abkommende Wadis oder Schichtfluten zur Küste transportiert worden waren.

Wo aber liegen die letztinterglazialen Meeressedimente, als der Meeresspiegel glazialeustatisch bedingt weltweit einige Meter höher war als heute? An den Flanken des Golf-Grabens sind sie vermutlich - zumindest südlich von Aqaba - als Korallenriffterrassen erhalten, während sie im Zentrum des Grabens offenbar absanken; die Senkungsbewegung dauert dort an, wie Verwerfungen in den holozänen Schwemmfächern belegen.

Tab. 1 Radiokohlenstoff-Alter (^{14}C-AMS) von Muscheln aus Bohrungen am Tell el-Kheleifeh

a	b	c	d	e
AQ 5/11F (Beta-121046)	5,10 m u. F. 1,40 m u. M.	3,1	3740 ± 50 BP 1695 cal BC	1840-1575 cal BC
AQ 6/15F (Beta-121047)	7,70 m u. F. 2,60 m u. M.	3,4	6200 ± 60 BP 4695 cal BC	4810-4535 cal BC

a Probennummer / darunter: Labornummer (Beta Analytic Radiocarbon Dating Laboratory, Miami/Florida)

b Meter unter der Geländeoberfläche (u. F.) / darunter: Meter unter dem heutigen Meeresspiegel (u. M.)*

c ^{13}C/^{12}C-Verhältnis

d konventionelles ^{14}C-AMS-Alter / darunter: kalibriertes ^{14}C -Alter (Korrektur mit Reservoireffekt von 402 Jahren)**

e kalibriertes ^{14}C-Alter (Korrektur mit Reservoireffekt von 402 Jahren) (2 Sigma)**

Bei dem datierten Muschelrest AQ 5/11F handelt es sich vermutlich um eine Art der Oberfamilie Lucinacea, vielleicht um die im Roten Meer häufige Codakia punctata (LINNÉ 1767) (Bestimmung durch Dr. H. Schütt, Düsseldorf). Das Muschelfragment AQ 6/15F war unbestimmbar.

* Höhenangaben gemäß den Angaben von N. GLUECK und J. PINKERFELD, wie sie in G. D. PRATICO (1985: Fig. 4 und 1993: Pl. 1) zitiert werden. (Vgl. dazu auch "Bemerkung zur Vermessung" unter Abb. 2).

** Die Kalibrierung der ^{14}C-AMS-Alter erfolgte gemäß der Reservoirkorrektur für marine Karbonate von 402 Jahren (vgl. die Artikel in Radiocarbon 35 (1) und 35 (2), 1993). Allerdings ist zu bedenken, daß die tatsächliche Korrektur für den Golf von Aqaba unbekannt ist. Dazu müßten im Idealfall Muschelschalen der gleichen Spezies, die vor der Zündung der ersten Wasserstoffbomben 1955 gesammelt wurden und z. B. in einem Museum liegen, datiert werden.

5 Schlußfolgerungen

Die Bohrsequenz belegt, daß sich die marinen Sedimente auch unter Tell el-Kheleifeh mehr als 700 m landeinwärts Richtung Wadi Araba erstrecken. Die Transgressionsspitze konnte nicht erbohrt werden, weshalb die Frage nach der maximalen nordwärtigen Ausdehnung des Golfs von Aqaba im Holozän weiterhin offen ist.

Welche Aussagen lassen sich hinsichtlich Geschwindigkeit und Betrag der Strandverschiebung machen?

Beide ^{14}C-Alter wurden an Fossilien der litoralen Fazies ermittelt. Dabei konnte in der Bohrung AQ 5 der Übergang zwischen Strandfazies und darüberliegender Schicht recht präzise datiert werden (Abb. 3a). Bei AQ 6 liegt er dagegen ein wenig höher als das datierte Fossil, d. h., auch danach herrschte noch eine gewisse Zeit ein litorales Milieu (Abb. 3c). Trotz dieser geringfügigen Einschränkung läßt sich - zur Abschätzung einer Größenordnung - folgendes rechnen:

Um 6200 BP (4695 cal BC) lag die Küste etwa 600 m landeinwärts in Position AQ 6. Um 3740 BP (1695 cal BC) hatte sie sich um 265 m meerwärts auf Position AQ 5 verschoben, also um 265 m in 2460 Jahren (vgl. Abb. 2). Das entspricht einem durchschnittlichen Landgewinn von 11 m pro Jahrhundert. Mit den kalibrierten Werten kommt man auf 9 m/Jh. Seitdem wanderte die Strandlinie ebenfalls mit durchschnittlich 9 m/Jh. in ihre heutige Position (340 m in 3740 Jahren; die kalibrierten Zahlen ergeben einen ähnlichen Wert). Natürlich lassen zwei ^{14}C-Alter keine weitreichenden Schlüsse zu und können höchstens eine mögliche Tendenz andeuten. Sollte sie sich durch weitere Datierungen stützen lassen, dann hätte sich die Strandverschiebungsrate seit 6200 BP nicht wesentlich geändert.

Was waren die Ursachen der Verlandung?

Sicher förderte eine starke Materialzufuhr vom Land her - äolische Sande und fluviale Sedimente - die Regression. GLUECK (1938, 1939) vermutete bereits, daß der Golf früher weiter nordwärts ausgedehnt war und es zu einer meerwärtigen Verschiebung der Küste durch den südwärts wandernden Dünensand gekommen sei. Die Lokalität des Tells sei von den ersten Siedlern gerade deshalb gewählt worden, weil hier stets starke Nordwinde die Öfen zum Schmelzen des Kupfers auf natürliche Weise anfachten (GLUECK 1938b: 4f., 1939: 6). In der Tat belegen die Bohrungen mehrere Meter mächtige Dünensande über den litoralen und marinen Schichten. Eingeschaltete Linsen mit Feinsedimenten (vorwiegend Lehm) bezeugen, daß zwischenzeitlich Schichtfluten in Folge von

Starkregenereignissen Feinmaterial - bei sog. Jahrhundert-Fluten auch gröbere Sedimente - bis zur Küste transportierten.

Die Befunde gestatten keine Aussagen zu dem Problem der glazial-eustatischen Meeresspiegelschwankungen im Holozän. Erstens sind Sedimente eines Sandstrandes keine präzisen Meeresspiegelindikatoren: sie bauen sich bis zum Niveau des Wellenauslaufs bei Sturmfluten auf, das bekanntlich wesentlich höher als das Mittelwasser liegt, und sie gehen oft fließend in die Küstendüne über. Zweitens dauert die Senkungsbewegung im Zentralteil des Grabens weiterhin an (Verwerfungen in den holozänen Schwemmfächern).

Sollte sich das meerwärtige Ansteigen der Obergrenze der Meeressedimente (vgl. Abb. 2) durch weitere Bohrungen bestätigen, so kann es mit einem steigenden Meeresspiegel infolge von Senkungstektonik oder Glazialeustasie begründet werden, wobei dieser Effekt in beiden Fällen durch starken Sedimenttransport vom Land her überkompensiert worden sein muß. Denn de facto kam es zu einer meerwärtigen Strandverschiebung. Nachträgliche Kompaktion ist als Ursache unwahrscheinlich, da es sich ganz überwiegend um Sande handelt.

Bezüglich der glazialeustatischen Meeresspiegelschwankungen im Holozän existieren z. B. aus dem östlichen Mittelmeerraum Szenarien (z. B. FLEMMING & WEBB 1986), wonach der Meeresspiegel erst heute sein höchstes Niveau erreicht hat. Nach anderen Befunden geschah dies bereits etwa 5500 Jahre vor heute; danach sank er um ca. 2 m ab und stieg anschließend wieder auf den aktuellen Stand (z. B. KAYAN 1995: Fig. 3) (zu dieser Diskussion vgl. auch WUNDERLICH & ANDRES 1991 sowie PIRAZZOLI 1991).

Die vorliegende Studie ist nicht geeignet, diese Frage für den Golf von Aqaba zu klären. Dazu würde es einerseits weiterer Untersuchungen bedürfen. Anderseits überprägt im Untersuchungsgebiet Lokaltektonik die Glazialeustasie im Holozän zu stark. In diesem Zusammenhang ist der Befund interessant, daß auf der israelischen Seite vor Eilat archäologische Stätten aus dem 6. - 3. Jahrtausend v. Chr. heute ca. 4 m unter Wasser liegen (Fax von Dr. Uzi Avner, Israel Antiquities Authority, Eilat, vom 02.05.98).

In Zukunft gilt es, (a) das Bohrnetz um den Tell el-Kheleifeh zu verdichten, (b) dabei vor allem die holozäne Transgressionsspitze zu ermitteln, (c) die Sedimentationsmilieus mittels mikrofaunistischer Analyse zu präzisieren und (d) die Chronostratigraphie durch archäologische Zeugnisse und weitere Radiokohlenstoffdatierungen zu verbessern. Dann können auch die Probleme der maximalen Ausdehnung des Golfs von Aqaba und der nachfolgenden Verlandung - sowohl räumlich wie zeitlich - einer Klärung nähergebracht werden.

Danksagung

Die Forschungen wurden im Februar 1998 im Rahmen der deutsch-jordanischen Forschungskooperation "Archaeological Survey and Excavation in the Yitim and Magaṣṣ area 1998 (ASEYM 98)" unter der Leitung von Prof. Dr. Ricardo Eichmann, Direktor der Orient-Abteilung des Deutschen Archäologischen Instituts in Berlin, und Prof. Dr. Lutfi Khalil, Department of Archaeology, University of Jordan, Amman, unter Mithilfe von Dr. Heiko Kallweit, Freiburg, durchgeführt. Die finanzielle Förderung erfolgte durch das DAI Berlin. Ich danke herzlich für die Einladung zur Teilnahme und die fruchtbare Zusammenarbeit in diesem spannenden Projekt.

Literatur

ANDRES, W. & WUNDERLICH, J. (1991): Late Pleistocene and Holocene evolution of the eastern Nile Delta and comparisons with the western delta. - In: BRÜCKNER, H. & RADTKE, U. [Hrsg.]: Von der Nordsee bis zum Indischen Ozean. Erdkundl. Wissen, **105**: 121-130; Stuttgart.

ANDRES, W. & WUNDERLICH, J. (1992): Environmental conditions for early settlement at Minshat Abu Omar, eastern Nile Delta, Egypt. - In: BRINK, E. C. M. VAN DEN [Hrsg.]: The Nile Delta in transition: 4th-3rd millennium B.C.: 157-166; Tel Aviv.

BENDER, F. (1968): Geologie von Jordanien. - 230 S.; Berlin, Stuttgart.

BENDER, F. (1974): Geological Map of Jordan 1:100,000, Sheet 9: Aqaba (Author: F. Bender). - Hrsg. v. Geol. Survey of the Federal Republic of Germany; Hannover.

EICHMANN, R. & KHALIL, L. A. (1998): German-Jordanian archaeological project in Southern Jordan: Archaeological survey and excavation in the Yitim and Magaṣṣ area 1998 (ASEYM 98). - Occident & Orient, **3** (1): 14-16; Amman. - [Newsletter of the German Protestant Institute of Archaeology in Amman].

FLEMMING, N. C. & WEBB, C. O. (1986): Tectonic and eustatic coastal changes during the last 10 000 years derived from archaeological data. - Z. Geomorphologie, N. F., Suppl., **62**: 1-29; Berlin, Stuttgart.

FLINDER, A. (1989): Is this Solomon's seaport? - Biblical Archaeology Review, **15**: 30-43; Washington.

FRANK, F. (1934): Aus der 'Araba I: Reiseberichte. - Z. Dt. Palästina-Ver., **57**: 191-280; Leipzig. - [Nachdruck: Kraus Reprint, Nendeln/Liechtenstein, 1972].

GLUECK, N. (1938a): The first campaign at Tell el-Kheleifeh (Ezion-Geber). - Bull. Amer. Schools of Oriental Research, **71**: 3-17; Atlanta/Georgia.

GLUECK, N. (1938b): The topography and history of Ezion-Geber and Elath. - Bull. Amer. Schools of Oriental Research, **72**: 2-13; Atlanta/Georgia.

GLUECK, N. (1938c): Ezion-Geber: Solomon's naval base on the Red Sea. - The Biblical Archaeologist, I (3): 13-16; New Haven/Connecticut.

GLUECK, N. (1939): The second campaign at Tell el-Kheleifeh (Ezion-Geber: Elath). - Bull. Amer. Schools of Oriental Research, **75**: 8-22; Atlanta/Georgia.

GLUECK, N. (1940): The third season of excavation at Tell el-Kheleifeh. - Bull. Amer. Schools of Oriental Research, **79**: 2-18; Atlanta/Georgia.

KAYAN, I. (1995): The Troia Bay and supposed harbour sites in the Bronze age. - Studia Troica, **5**: 211-235; Mainz.

KHALIL, L. A. (1995): The second season of excavation at Al-Magaṣṣ - 'Aqaba 1990. - Annual of the Department of Antiquities of Jordan, **39**: 65-79; Amman.

NIEMI, T. M.: Initial results of the southeastern Wadi Araba, Jordan geoarchaeological study: Implications for shifts in Late Quaternary aridity. - Geoarchaeology; New York. - [In press].

PARKER, S. T. (1997): Preliminary report on the 1994 season of the Roman Aqaba Project. - Bull. Amer. Schools of Oriental Research, **305**: 19-44; Atlanta/Georgia.

PIRAZZOLI, P. A. (1991): World atlas of Holocene sea-level changes. - Elsevier Oceanography Series, **58**: 1-300; Amsterdam, London, New York, Tokyo.

PRATICO, G. D. (1985): Nelson Glueck's 1938-1940 excavations at Tell el-Kheleifeh: A reappraisal. - Bull. Amer. Schools of Oriental Research, **259**: 1-32; Atlanta/Georgia.

PRATICO, G. D. (1993): Nelson Glueck's 1938-1940 excavations at Tell el-Kheleifeh: A reappraisal (with contributions of R. A. DiVito et al.). - Amer. Schools of Oriental Research. Archaeological Reports, **03**: 211 S.; Atlanta/Georgia.

PRATICO, G. D. (1997): Kheleifeh, Tell el-. - In: MEYERS, E. M. [Hrsg.]: The Oxford Encyclopedia of Archaeology in the Near East, **3**: 293-294; New York, Oxford.

SMITH II, A. M., STEVENS, M. & NIEMI, T. M. (1997): The Southeast Araba Archaeological Survey: A preliminary report of the 1994 season. - Bull. Amer. Schools of Oriental Research, **305**: 45-72; Atlanta/Georgia.

WUNDERLICH, J. & ANDRES, W. (1991): Late Pleistocene and Holocene evolution of the western Nile Delta and implications for its future development. - In: BRÜCKNER, H. & RADTKE, U. [Hrsg.]: Von der Nordsee bis zum Indischen Ozean. Erdkundl. Wissen, **105**: 105-120; Stuttgart.

Paläogeographie und Petroglyphen

Neuere Ergebnisse zur Synopse geomorphologischer und prähistorischer Befunde aus dem Bereich des Gebel Galala-el-Qibliya (Ägypten)

Andreas Dittmann, Bonn

mit 6 Abb. und 8 Fotos

1 Einleitung

Die Gebirgsgegenden des nördlichen Teils der ägyptischen Eastern Desert sind gekennzeichnet durch flächenhaft verbreitete, teilweise ineinandergreifende Systeme von Fußflächen und Wadisedimenten. Die paläogeographische Rekonstruktion mehrfach alternierender Akkumulations- und Erosionsphasen kann hier Hinweise auf frühere ökologische Bedingungen liefern. Mitte der achtziger Jahre wurden im Rahmen eines von der DFG geförderten und von Wolfgang Andres geleiteten Projektes in mehreren Feldkampagnen Untersuchungen zur jungquartären Klima- und Reliefentwicklung der nördlichen Eastern Desert durchgeführt (ANDRES 1987; ANDRES & RADTKE 1988). Die Untersuchungen konzentrierten sich auf drei Testräume: den Bereich der SE-Abdachung des Gebel Galala-el-Qibliya, die Gebel Zeit-Region und Abschnitte der Küstenebene südlich von Safaga (Abb. 1). Einen Schwerpunkt bildeten vor allem Fragen der Altersstellung von Fußflächen und Wadisedimenten im Bereich des Wadi Deir. Als die geomorphologischen Befunde bereits weitgehend feststanden, kam es vor allem darauf an, weitere Datierungshilfen zu finden. Prähistorischen Besiedlungsspuren kam in diesem Zusammenhang eine besondere Bedeutung zu. Für eine relative Altersbestimmung der verschiedenen Akkumulations- und Erosionsphasen konnten schließlich neben zahlreichen mittelpaläolithischen und spätneolithischen Befunden vor allem auch Felsgravierungen nachgewiesen werden (DITTMANN 1990a, 1990b, 1993).

Die Auswertung neuerer Petroglyphenfunde aus dem Bereich des Wadi Deir lassen nunmehr eine Neuordnung der bisherigen vor- und frühgeschichtlichen Befunde zu und ermöglichen

44

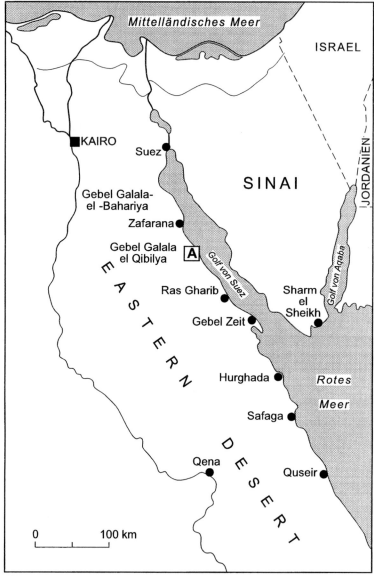

Abb. 1 Lage des Untersuchungsgebietes in der nördlichen Eastern Desert Ägyptens

eine detailliertere relative Altersbestimmung der jüngeren geomorphodynamischen Prozeßabläufe dieses Raumes.

2 Wadisedimente und Fußflächen im Wadi Deir

Im Bereich der Ostabdachung des Gebel Galala-el-Qibliya sind in eozänen und kreidezeitlichen Kalken zwei markante Steilstufen ausgebildet, an die sich nach E und SE der Bereich des Nubischen Sandsteins anschließt. Quartäre Schotter kennzeichnen die Unterläufe der Wadis und den küstennahen Bereich. Die Untersuchungen konzentrierten sich im wesentlichen auf den Bereich des Wadi Deir (benannt nach dem koptischen Kloster Deir Bolos) und mehrere Seitenwadis, deren größtes die vorläufige Arbeitsbezeichnung Nordwadi erhielt (vgl. Abb. 2).

Ausgedehnte Fußflächen unterschiedlichen Alters und verschiedener Niveaus kennzeichnen diesen Raum. Insbesondere in den oberen und mittleren Abschnitten sind diese Schotter stark zertalt. Die älteren Schotter, die von ANDRES als G1- und G2-Schotter bezeichnet werden, sind nicht mehr überall vorhanden. Hingegen bilden die Ablagerungen des G3-Niveaus das Ausgangsglacis der jüngeren Zertalung (Abb. 2). Altersstellung und Genese dieser Schotter wurden von ANDRES (1987) beschrieben; die Möglichkeiten ihrer relativen Datierung durch prähistorische Besiedlungsspuren sind bei DITTMANN (1990a: 27-46) dargestellt, so daß hier nur auf die jüngeren geomorphologischen Prozesse näher eingegangen werden soll.

Die in den Einschneidungen der Fußflächen und im Nubischen Sandstein angelegten Entwässerungssysteme sind vor allem in den mittleren und oberen Wadibereichen durch mächtige Sedimente einer jüngeren Talverfüllung gekennzeichnet. Sedimentologische Befunde belegen, daß diese, von ANDRES (1987) als Hauptwadisediment bezeichneten, Ablagerungen durch reguläre fluviatile Prozesse aufgebaut wurden. Kennzeichen dieser Prozesse waren mit heftigem Abfluß beginnende und dann rasch abflauende Abkommen mit extremer Überlastung. Demnach liegen mit dem Hauptwadisediment im Bereich der SE-Abdachung des Gebel Galala-el-Qibliya völlig andere Sedimentstrukturen vor als im bekannten Wadi Feiran des Zentral-Sinai (RÖGNER 1989: 180f.). Heute ist das Hauptwadisediment bereits wieder weitgehend zertalt. Im oberen Wadi Deir ist es reliktisch meist nur an den Talrändern, im Nordwadi dagegen noch flächenhaft verbreitet (Abb. 2). Das heutige Klimageschehen im Bereich des Gebel Galala-el-Qibliya ist gekennzeichnet durch seltene episodische Abflußereignisse, deren Materialumlagerungen sich meist auf das aktuelle Wadibett beschränken.

Das Material des Hauptwadisediments stammt aus den höheren Hangbereichen des Gebel Galala-el-Qibliya. Nach ANDRES (1987) wurde es hier während einer noch näher zu bestim-

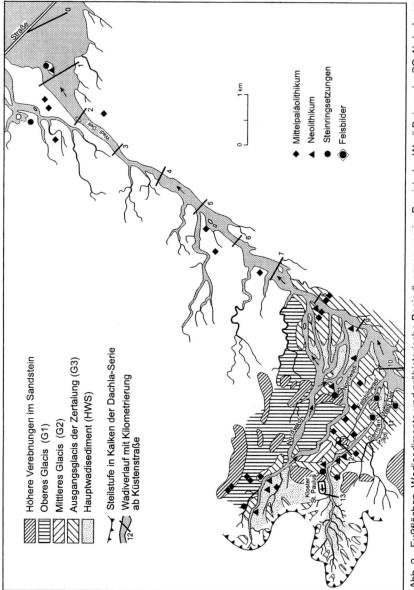

Abb. 2 Fußflächen, Wadisedimente und prähistorische Besiedlungsspuren im Bereich des Wadi Deir an der SO-Abdachung des Gebel Galala-el-Qibliya (nach DITTMANN 1990a: 124).

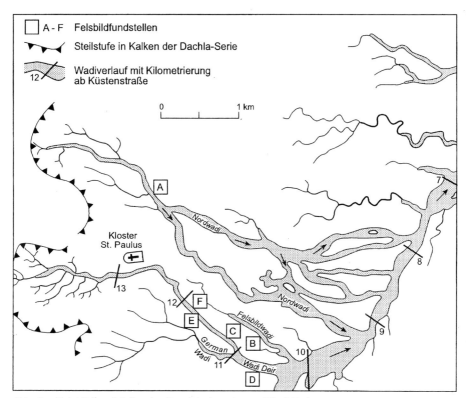

Abb. 3 Felsbildfundstellen im Bereich des oberen Wadi Deir

menden klimatischen Gunstphase zunächst von Vegetation gehalten. Nach einsetzender Austrocknung des Raumes und dem Verschwinden der Vegetationbedeckung geriet dieses Material in Bewegung und wurde durch fluviatile Prozesse vor allem in den oberen und mittleren Bereichen der Wadis akkumuliert. Danach setzte vor dem Hintergrund gleicher ökologischer Rahmenbedingungen die Zerschneidung des Hauptwadisediments ein. Wichtig ist dabei, daß für den Wechsel von Akkumulations- zu Erosionsphasen kein weiterer Klimawandel angenommen werden muß. Zu den spannenden geomorphodynamischen Fragen des Gebel Galala-el-Qibliya gehört, wann die Akkumulation des Hauptwadisediments begann, wann seine Zerschneidung einsetzte und wie lange diese andauerte bzw. bis zu welchem Zeitpunkt sie abgeschlossen gewesen sein muß.

Prähistorische Befunde belegen, daß das Hauptwadisediment zur Zeit des Mittelpaläolithikums wahrscheinlich noch nicht bestanden hat. Die im Untersuchungsgebiet mehrfach, teilweise flächenhaft nachweisbaren Spuren mittelpaläolithischer Besiedlung (DITTMANN 1993) fehlen auf der Oberfläche des Hauptwadisediments völlig. Dagegen kommen hier neolithische Werkzeuge vor. Zur Zeit des Neolithikums muß das Hauptwadisediment also bereits abgelagert gewesen sein. Dies bedeutet umgekehrt, daß die oben erwähnte klimatische Gunstphase, zu der das später im Hauptwadisediment abgelagerte Material noch an den Hangbereichen gebunden war, nicht die im nordafrikanischen Zusammenhang mehrfach beschriebene sog. "neolithische Feuchtphase" gewesen sein kann, sondern einer früheren Zeit zugeschrieben werden muß. Neolithische Spuren finden sich jedoch nicht nur auf der Oberfläche des Hauptwadisediments, sondern - und das ist der entscheidende Faktor - in situ in Einschneidungen bzw. ehemals im Hauptwadisediment ausgebildeten Überhängen. Zu den wichtigsten Datierunghilfen in diesem Zusammenhang zählt ein ehemaliges, später verstürztes Abri im oberen Wadi Deir. Die Fundlage mehrerer Siedlungshorizonte und deren ^{14}C-Datierungen belegen, daß das Hauptwadisediment nicht nur zu neolithischer Zeit bereits bestanden haben muß, sondern auch, daß es bereits zumindest bis zum Niveau der ältesten Schichten des Abris eingeschnitten gewesen sein muß. Die Position der untersten Fundschichten befindet sich heute zwischen 5,3 und 6,5 m über dem aktuellen Wadibett. Nach dendrochronologischer Korrektur liegt das ^{14}C-Alter der untersten Siedlungsschichten bei ca. 3600 bis 3350 Jahren v. Chr. (DITTMANN 1990a: 67-70). Bis zu diesem Zeitpunkt muß also das Hauptwadisediment zumindest bis ca. 5 m über dem heutigen Wadiboden eingeschnitten gewesen sein. Was aber danach geschah und mit welcher relativen Geschwindigkeit die weitere Einschneidung bis zum heutigen Niveau erfolgte, konnte bislang nur grob eingeordnet werden. Den einzigen konkreten Anhaltspunkt bildeten Felsgravierungen. Die bis 1985 entdeckten Petroglyphen waren zwar vom prähistorischen Standpunkt aus betrachtet interessant, für eine relative Datierung geomorphologischer Prozesse aber allgemein zu jung.

3 Revision der bisherigen Befunde und Möglichkeiten einer genaueren relativen Datierung geomorphologischer Prozesse

Bislang wurde angenommen, daß die Felsgravierungen im Bereich der SE-Abdachung des Gebel Galala-el-Qibliya überwiegend jüngeren Besiedlungsphasen zuzuordnen seien (DITTMANN 1990a: 112-121, 1993: 147-152). Für eine Datierung der geomorphologischen Befunde (ANDRES 1987) erschienen sie daher zunächst von nur geringer Relevanz. Ihr durch die bekannten Felsbildchronologien bestimmbares, relativ geringes Alter und die jeweilige Geländeposition der Felsbildfundstellen belegten zunächst nur, daß das Hauptwadisediment bis etwa 500 v. Chr. bereits annähernd bis zum heutigen Niveau eingeschnitten gewesen sein mußte. Aus geomorphologischer Sicht war dieses Ergebnis eher enttäuschend; kam es doch vor allem darauf an, Hinweise auf die Geschwindigkeit der Zerschneidung des Hauptwadisedimentes zu finden und damit ggf. die These vom abrupten Wechsel zwischen Akkumulations- und Erosionsphasen ohne Klimawandel zu bestätigen (ANDRES 1987: 187f.).

Vor allem drei Indiziengruppen stützten zunächst die These eines vergleichsweise geringen Alters der bis 1985 bekannten Pertroglyphen vom Gebel Galla-el-Qibliya:

Erstens waren Lage und Ausrichtung der Felsbildfundstellen auf das aktuelle Abflußniveau der Wadis ausgerichtet. Sie konnten also erst angelegt worden sein, als die Hauptwadisedimente bereits weitgehend zerschnitten waren und Abfluß- und Erosionsgeschehen bereits im wesentlichen den heutigen Bedingungen entsprachen.

Zweitens deutete auch eine inhaltliche Interpretation der Felsgravierungen auf keine grundsätzlich anderen ökologischen Rahmenbedingungen als die heutigen hin. Darstellungen von Kamelreitern und Nubischen Steinböcken bildeten die Hauptmotive der aufgenommenen Felsbilder.

Drittens wies die stilistische Zuordnung den überwiegenden Teil der zunächst bekannt gewordenen Gravierungen jüngeren Felskunstperioden zu. Deutliche Übereinstimmungen fanden sich vor allem im Vergleich mit der für den Sinai und Süd-Negev entwickelten Felsbildchronologie von ANATI (1981). Demnach entsprach die Mehrheit der Zuordnungen dem sog. Sinai-Stil IV-C, der zwischen 500 v. Chr. und 400 n. Chr. angesetzt wird.

Diese Situation hat sich durch die 1988 neu entdeckten Petroglyphen im oberen Wadi Deir grundlegend geändert. Zudem wird durch den mehrfachen Nachweis von Gravierungen, die älteren Stilrichtungen zuzuordnen sind, ein möglicher Zusammenhang zwischen den bislang als proto-historisch/eisenzeitlich eingestuften Felsbildern des Wadi Deir und der spätneolithisch-frühdynastischen Hauptfundstelle im Untersuchungsgebiet mehr und mehr wahrscheinlich.

4 Lage der alten und neueren Felsbildfundstellen

Im Untersuchungsgebiet konnten an sechs verschiedenen Fundstellen insgesamt 121 Felsbilder aufgenommen werden (Abb. 4). Der überwiegende Teil der Gravierungen an den Fundplätzen A bis D wurde bereits 1985 untersucht. Die damals bekannten, insgesamt 48 Felsbilder wurden an anderer Stelle ausführlich dokumentiert (DITTMANN 1990a: 95-125). Auf sie soll im folgenden nur noch dann näher eingegangen werden, wenn dies zu einer Neuordnung der Ergebnisse erforderlich erscheint. Im Zuge späterer Feldkampagnen konnten 1988 weitere 73 Petroglyphen aufgenommen werden, die bislang noch nicht publiziert sind. Die späteren Funde konzentrieren sich an zwei neuen Fundorten (E und F) im Oberlauf des Wadi Deir. Es kommen jedoch auch weitere Gravierungen des Fundortes D hinzu, die bislang übersehen worden waren.

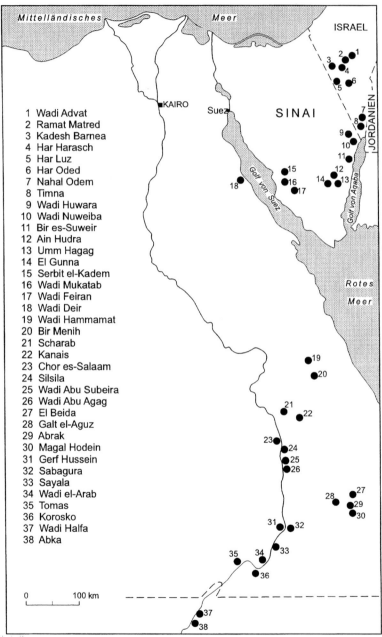

Abb. 4 Lage der Felsbildfundstellen des Gebel Galala-el-Qibliya (18) in Beziehung zu bekannten sinaitisch-vorderasiatischen bzw. oberägyptisch-nubischen Vorkommen

Fundplatz A befindet sich im oberen Nordwadi auf der linken Wadiseite (Abb. 4). Hier ist an der Prallhangseite der anstehende Nubische Sandstein freigelegt, während an der Gleithangseite noch 3 bis 4 m mächtige Ablagerungen des Hauptwadisediments erhalten geblieben sind. Der Fundplatz besteht aus nur zwei Gravierungen. Auf einer nahezu senkrechten, nach Südwesten exponierten Sandsteinwand ist in 3,20 m Höhe ein Kamel mit nicht näher bestimmbarer Rückenlast dargestellt. Nicht weit davon entfernt sind auf einem einzelnen, etwa 1 m hohen Sandsteinblock die Konturen eines Steinbocks zu erkennen.

Fundplatz B liegt in einem kleinen Seitenarm des Wadi Deir. Dieser beginnt in Höhe einer zeugenbergähnlichen Erhebung im nubischen Sandstein, verläuft parallel zum oberen Wadi Deir und mündet bei km 10 in dessen Hauptarm ein. Das kleine, nur knapp 2 km lange Trockental ist in den Nubischen Sandstein eingeschnitten. Die Felsbilder befinden sich etwa 800 m oberhalb des Mündungsbereiches an der südlichen Talseite auf drei einzelnen Blöcken Nubischen Sandsteins mit dunkelbrauner Patina. Die isoliert liegenden Blöcke gehören zum Versturzmaterial einer ca. 14 m hohen, im Nubischen Sandstein ausgebildeten Steilkante. Unterhalb dieser Steilkante sind durch übereinanderliegende Blöcke mehrere natürliche Abris und eine kleinere Höhle entstanden, die allerdings keinerlei Spuren einer früheren Besiedlung aufweisen. Die Felsbilder (Ritzungen und Gravierungen) sind an den drei Sandsteinblöcken jeweils an den nach Süden und Südosten exponierten Seiten in einer Höhe zwischen 1,20 m und 1,75 m angebracht. Der Neigungswinkel der bearbeiteten Oberflächen schwankt zwischen 40° und 75°. Die genaue Geländeposition des Fundplatzes B wird an anderer Stelle gezeigt (DITTMANN 1990a: 97, Abb. 33). Bei den insgesamt 21 Darstellungen zoomorpher und symbolischer Zeichen ist die Patina unterschiedlich stark ausgebildet. Drei Altersabstufungen lassen sich deutlich erkennen. Zwischen den beiden größeren Blöcken befand sich eine Feuerstelle, die auf der Leeseite unter einer 5 bis 10 cm mächtigen Flugsandschicht begraben war. Von den darin gut erhaltenen Holzkohlepartikeln wurden 12 g für spätere ^{14}C-Datierungen entnommen.

Die Fundplätze C, D, E und F liegen alle im Oberlauf des Wadi Deir. Fundplatz C befindet sich direkt an der Piste zum Kloster St. Paulus bei km 11,5 auf der linken Wadiseite. Insgesamt 17 Darstellungen von Steinböcken, Kamelen und Menschenfiguren sind auch hier in dem anstehenden Nubischen Sandstein eingraviert. Ein Teil der Felsbilder ist auf einer senkrechten, 75 cm hohen Wand nebeneinander angebracht und bedeckt eine 3,10 x 0,25 m große Fläche. Die übrigen Gravierungen sind auf einer davor liegenden Sandsteinplatte (71 x 100 cm) in szenischem Zusammenhang mit Steinböcken und Kamelreitern angeordnet. Die etwa 45 cm starke Platte liegt direkt auf der rezenten Abflußrinne des Wadi Deir und hat eine glatte, nahezu waagrechte Oberfläche. Zwischen dieser Platte und der mit Felsbildern bedeckten Wand befindet sich ein etwa 30 cm hoher und ebenso breiter Sandsteinsockel. Diese natürliche Erhebung könnte dem Hersteller der Felsgravierungen während seiner

Arbeit als Sitzgelegenheit gedient haben. Dafür spricht nicht nur die Anordnung der Felsbilder. Die Patina der Felsbilder von Fundplatz C unterscheidet sich farblich kaum von der des Steinmaterials der Umgebung.

Fundplatz D befindet sich im oberen Wadi Deir etwa bei km 10,2 auf der rechten Wadiseite. Die stark erodierten Gravierungen dieser Fundstelle heben sich kaum vom Untergrund ab. Sie konnten nur durch Zufall entdeckt werden, als ein kurzer Regenschauer die Sandsteinfelsen befeuchtete und dadurch die Konturen der Felsbilder vorübergehend deutlich wurden. Die überwiegend zoomorphen Darstellungen befinden sich auf einer nach Norden exponierten Seite des anstehenden Nubischen Sandsteins in einer Höhe zwischen 1,60 und 1,85 m. Sie sind damit, ebenso wie die Gravierungen von Fundplatz C, deutlich auf das Niveau der rezenten Abflußrinne eingestellt. Erkennbar sind insgesamt 9 Steinböcke, von denen nur 4 bereits 1985 aufgenommen worden waren. Daneben gibt es weitere, nicht mehr identifizierbare Tierfiguren. Vier der Petroglyphen sind an einer fast waagrechten Stelle angebracht und durch Abschuppung und chemische Verwitterung deutlich stärker erodiert als die übrigen, welche sich an einer senkrechten, besser geschützten Stelle befinden.

Die beiden neuen Felsbildfundstellen liegen ebenfalls im oberen Wadi Deir. Fundplatz E befindet sich bei km 12 auf der rechten Wadiseite, während Fundplatz F auf annähernd gleicher Höhe den Nubischen Sandstein der linken Wadiseite prägt. Dargestellt sind vor allem Kamele, Steinböcke und Kamelreiter. Davon stehen mindestens sechs Felsbilder am Fundplatz E in einem - allerdings nicht näher bestimmbaren - szenischen Zusammenhang. Die Kamelreiter- und Steinbockdarstellungen gehören offensichtlich verschiedenen Stilrichtungen an. Beide Fundplätze sind auf das Niveau der aktuellen Abflußrinne ausgerichtet. Ihre Schöpfer standen oder saßen also auf einem Wadibett, dessen Höhe bzw. Eintiefung in etwa bereits der heutigen Geländesituation entsprach.

Die Petroglyphen beider Fundplätze sind außerordentlich schwer zu erkennen. Obwohl sie sich zwischen den beiden Felsbildfundstellen C und D einerseits sowie den Resten des verstürzten spätneolithischen Abris andererseits befinden und während der mehrwöchigen Geländearbeiten von 1985 täglich mindestens zweimal, meist jedoch mehrmals täglich passiert wurden, konnten sie erst 1988 bei einer Abschlußbegehung entdeckt werden. Die Patinierung der Gravierungen entspricht völlig der des Umgebungsgesteins. Insbesondere die Felsbilder am Fundplatz E lassen sich daher vom Wadibett aus nur am Spätnachmittag bei bestimmtem Sonneneinstrahlungswinkel ausmachen. Leider wurde ein Großteil der Gravierungen an den Fundstellen E und F im Zuge des 1988 durchgeführten Ausbaus der Piste von der Küstenstraße zum St. Paulus-Kloster zerstört. Die Aufnahme dieser Funde geschah unter teilweise dramatischen Umständen in letzter Minute vor den Baggerschaufeln und in Pausen zwischen den Felssprengungen.

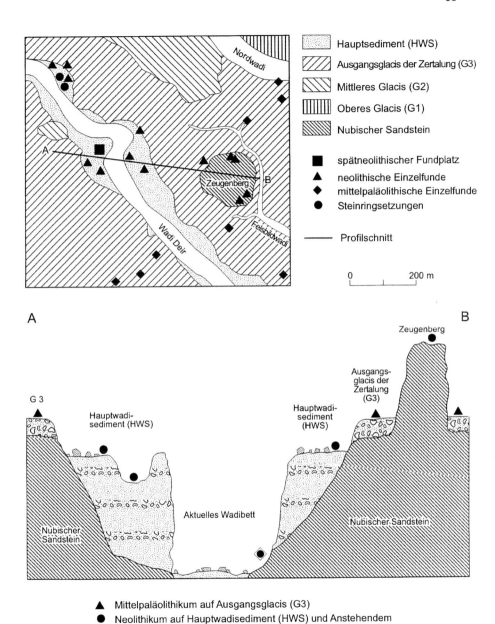

Abb. 5 Profilschnitt durch das obere Wadi Deir bei km 12,5

Da hier nicht alle Petroglyphen im einzelnen ausführlich besprochen werden können, sei auf die frühere, nach Fundplätzen geordnete Zusammenstellung verwiesen (DITTMANN 1990a: 101f., Tab. 8). Jede der bis 1985 bekannten Einzeldarstellungen erhielt dort eine Felsbildnummer, die sich aus einer Zahl und dem den Fundplatz bezeichnenden Buchstaben (Abb. 5) zusammensetzt. Auf diese Kodifizierung wird im folgenden immer wieder zurückgegriffen.

Neben den sechs beschriebenen Felsbildfundstellen existieren im oberen Wadi Deir sowie in unmittelbarer Nähe des Klosters St. Paulus zahlreiche Einritzungen arabischer und lateinischer Buchstaben und Zahlen aus jüngerer Zeit, auf die hier jedoch nicht näher eingegangen werden soll.

5 Herstellungstechniken der Petroglyphen

Bei den Felsbildern im Untersuchungsgebiet handelt es sich ausschließlich um Gravierungen (Petroglyphen). Felsmalereien (Piktographen) kommen nicht vor. Von den verschiedenen Gravierungstechniken sind hier gepickte, gepunzte, gehackte, geritzte und geschliffene Darstellungen vertreten. Teilweise wurde auch eine Kombination verschiedener Herstellungstechniken festgestellt. Schon allein das Vorkommen dieser Techniken und das Fehlen der für die ältesten Felskunstperioden charakteristischen Rillenschliffe deuten auf ein vergleichsweise geringes, d. h. spätneolithisch bis proto-historisches Alter der Gravierungen aus dem Wadi Deir hin.

Allgemein stellen gepickte Gravierungen den überwiegenden Teil der Petroglyphen im Bereich des Gebel Galala-el-Qibliya. Bei dieser Technik werden mit einem spitzen Stein, verschiedentlich auch mit einem Steinwerkzeug, Löcher in den Fels geschlagen. Zu unterscheiden sind gepickte Gravierungen, die Umrißlinien nachzeichnen, und solche, die ein dargestelltes Motiv flächenhaft durch dicht beieinanderliegende Schlagspuren ausfüllen. Die gehackten Gravierungen sind eine Unterart der gepickten, bei denen die einzelnen Löcher nur grob und regelmäßig ausgearbeitet wurden. Die Löcher hackter Gravierungen weisen häufig einen Durchmesser von über 10 mm auf und deuten auf mit großer Kraft ausgeführte Schläge hin. Die Eintiefungen sind meist nicht miteinander verbunden. Das gleiche gilt auch für Punzungen, die jedoch in der Regel sehr viel feiner hergestellt wurden. Die jüngsten Gravierungstechniken werden von Ritzungen unterschiedlicher Art repräsentiert. Sie erreichen meist keinen besonderen hohen künstlerischen Standard. Allein aus der Art der Herstellungstechnik kann aber nur dann auf ein relatives Alter geschlossen werden, wenn eine Kombination mit anderen Methoden vorliegt. Dies ist im Untersuchungsgebiet teilweise bei Felsbildern der Fundplätze B und C der Fall. Besonders bei porösem Untergrundmaterial werden die Eintiefungen gepickter und gepunzter Gravierungen häufig durch Schleifen zu Linien oder durchgängigen Flächen verbunden.

Zur Dokumentation der Petroglyphen wurden verschiedene Aufnahmetechniken angewandt. Dabei konnten die Einzelheiten von Gravierungen am ehesten durch Kohlepapierabdrücke hervorgehoben werden. Die genaueren Umrißlinien einer Gravierung hebt dagegen die Technik des Folienabklatsches, die an den Fundplätzen C und E eingesetzt wurde, am eindeutigsten hervor. Mit Bleistiftskizzen und Fotografien wurden die Felsbilder an allen sechs Fundorten in ihrer Lage im Gelände und dem Bezug untereinander dokumentiert. Die recht arbeitsaufwendigen Gipsabdrücke dagegen wurden nur bei zwei Felsbildern am Fundplatz B durchgeführt. Bei den Petroglyphen im oberen Wadi Deir erbrachte die Technik des Kohlepapierabdrucks die besten Ergebnisse.

6 Probleme der Felsbilddatierung

Im allgemeinen kann die Untersuchung von Patinierungsmerkmalen bei Felsgravierungen keine absolute Datierung leisten. Häufiger, jedoch durchaus nicht immer, sind relative zeitliche Zuordnungen möglich. Patina-Untersuchungen können eine Abgrenzung unterschiedlicher Entstehungsphasen von Petroglyphen an ein und derselben Felswand erbringen. Zwar hat CERVICEK (1973: 85) Farbunterschiedstabellen zur Datierung nordafrikanischer Felsbilder durch die Patina entwickelt, kommt dabei aber auch nicht über relative Klassifizierungen hinaus. Im Wadi Deir werden seine Ergebnisse durch die Patinierungsgrade der Felsgravierungen nicht in jedem Fall bestätigt. CERVICEK (1973: 83) geht davon aus, daß in Ägypten die Patina von etwa 4000 Jahren alten, zur Zeit des Mittleren Reiches angefertigten Felsbildern die Färbung ihrer Umgebung angenommen hat. Eine Kamelreiterszene am Fundplatz C im oberen Wadi Deir, die im Zeitraum zwischen 500 v. Chr. und 400 n. Chr. entstanden sein dürfte (vgl. Foto 2), zeigt jedoch, daß bereits bei diesen Gravierungen kaum noch ein Unterschied zur Patinierung des Umgebungsgesteins feststellbar ist.

Offenbar spielt die Exposition der einzelnen Felswände für die Bildung einer Patina eine entscheidende Rolle. An anderer Stelle (DITTMANN 1990a: 116, Abb. 47) ist die Gravierung eines Steinbocks am Fundplatz C im oberen Wadi Deir zu sehen, der noch einen Patinierungsunterschied zum Umgebungsgestein aufweist. Diese Gravierung befindet sich an einer senkrechten Felswand nur etwa einen Meter von einer auf einer waagrechten Oberfläche eingravierten Kamelreiterszene entfernt, die keinerlei erkennbare Patinierungsunterschiede mehr aufweist (Foto 2). Bei gleichaltrigen Felsgravierungen scheint also zumindest auf Nubischem Sandstein eine Patinabildung von der Sonne stärker ausgesetzten Bereichen schneller fortzuschreiten.

Deutlich schwächer ausgebildet ist dagegen die Patinierung der Darstellung eines gesattelten Kamels am Felsbildfundplatz B, die sich klar von ihrer Umgebung abhebt. An der gleichen

Fundstelle konnten auf einem anderen mit Gravierungen bedeckten Sandsteinblock insgesamt drei unterschiedliche Patinierungsgrade dokumentiert werden: Die stärkste Patinierung zeigen die Darstellung eines Kamels und eines nicht näher bestimmbaren Säugetiers sowie zwei unvollendete Zeichen. Links davon befinden sich einige weitere, nicht identifizierbare Gravierungen, die eine deutlich hellere Patina aufweisen. Kaum ausgebildet ist diese schließlich bei einem eingeritzten apotropäischen Kreuzzeichen. Unter den Gravierungen am Felsbildfundplatz B fällt die primitive, grobschlächtig wirkende Darstellung eines Kamels mit sattelförmiger Rückenlast auf. Bei dieser Gravierung handelt es sich wahrscheinlich um eine einfache Kopie aus jüngerer Zeit. Sie zeigt den Versuch, ältere Felsbilder nachzuahmen. Unterstrichen wird eine solche Vermutung durch die ^{14}C-Datierung einer unterhalb der Gravierungen unter einer dünnen Flugsandschicht verborgenen Holzkohlelage, die ein Alter von nur 150 ± 65 Jahren BP (Hv 14507) ergab und somit leider nicht zeitgleich mit den älteren Gravierungen am Felsbildfundplatz B entstanden sein kann.

7 Die Gravierungen vom Gebel Galala-el-Qibliya als "missing link" zwischen sinaitischen und nubisch-oberägyptischen Petroglyphen

Für eine genauere relative Altersbestimmung der Felsgravierungen aus dem Gebiet des Gebel Galala-el-Qibliya müssen Ergebnisse von bekannten Felsbilddatierungsversuchen und -chronologien aus den Nachbargebieten der nördlichen Eastern Desert herangezogen werden. In erster Linie kommen dafür die Systematiken von ANATI (1954, 1963, 1981) für Negev und Sinai sowie die von CERVICEK (1973, 1974, 1992/93) in Betracht.

Abb. 5 zeigt die wichtigsten Felsbildfundstellen im Sinai und im südlichen Negev einerseits sowie im oberägyptischen und nubischen Niltal und der Eastern Desert südlich des Wadi Hammamat anderseits. Deutlich wird die bisherige Fundlücke zwischen Sinai und südlicher Eastern Desert. Hier kommt den Gravierungen aus dem Gebiet des Wadi Deir zunächst schon rein geographisch eine besondere Mittlerstellung zu. Im folgenden soll kurz dargestellt werden, inwieweit stilistische Verbindungen zu den beiden Konzentrationen bisher bekannter Felsbildfundstätten nachweisbar sind.

Die Eintragungen der bekannten Felsbildstationen in Abb. 5 beruhen im Sinai und Negev auf den Angaben bei RHOTERT (1938) und ROTHENBERG (1970, 1979) sowie der Zusammenfassung der jüngsten Forschungsergebnisse von ANATI (1981). Die Angaben für den oberägyptischen und nubischen Raum beziehen sich in erster Linie auf CERVICEK (1974: Kt. 1-3, 1978: 279), der auf den Arbeiten von SCHWEINFURT (1912), FROBENIUS (1927), DUNBAR (1934), RESCH (1967) und SCHARFF (1942), besonders aber den frühen Expeditionsergebnissen von WINKLER (1937, 1938, 1939) aufbaut.

Der Vergleich mit Felsbildchronologien der Nachbargebiete liefert Hinweise auf ein wahrscheinliches Mindestalter der Gravierungen im Bereich des Gebel Galala-el-Qibliya. In Oberägypten und Nubien klingt die Felsbildkunst mit Beginn der Christianisierung im 6. Jahrhundert allmählich aus. Teilweise setzen sich hier geometrische Muster und Symbole noch bis zum Beginn der arabischen Einwanderung fort (CERVICEK 1978: 284). Auch im Sinai enden die Felsbildperioden mit figürlichen Darstellungen größtenteils vor etwa 1500 Jahren, setzen sich aber hier in Form von Symbolen und Stammeszeichen der Beduinen teilweise sogar bis heute fort (ANATI 1981: 64-67). Unter den Gravierungen von Symbolen im Gebiet des Wadi Deir befinden sich jedoch keine, die solch jungen Mustern gleichen. Auch eine Ähnlichkeit mit den von MURRAY (1935: 44-46) und FIELD (1952: 132f.) zusammengestellten arabischen Stammeszeichen und Kamelbrandmarken (Wasm oder Wusum) läßt sich nicht feststellen. Auch entspricht die Patina der geometrischen Muster und Zeichen vom Wadi Deir stets der der benachbarten Gravierungen, die älteren Felskunststile zuzuschreiben sind. Lediglich ein Teil der Ritzungen an Felsbildfundstelle B scheinen aus jüngerer Zeit zu sein, da sie nur eine schwache Patina aufweisen. Wahrscheinlich sind sie in erster Linie als apotropäische Zeichen zu interpretieren und stammen von Bewohnern des St. Paulus-Klosters (DITTMANN 1990a: 89, 97, 110).

Hinweise für ein Höchstalter, zumindest eines Teils der Gravierungen im Gebiet des Wadi Deir, ergeben die Darstellungen von Kamelen und Kamelreitern. Mit ihrem Auftreten in der Felsbildkunst ist im Negev und Sinai nach ANATI (1981) frühestens ab der zweiten Hälfte des ersten vorchristlichen Jahrtausends zu rechnen, während sie in Oberägypten nur wenig später erscheinen (CERVICEK 1974), im übrigen Nordafrika aber erst etwa um Christi Geburt auftauchen (LOTHE 1958; STRIEDTER 1984). Nach dem bisherigen Stand der Forschungen treten Kamele in der Felskunst Nordafrikas also erstmals in der Eastern Desert auf.

Im Sinai sind nach ANATI (1981) insgesamt 7 Felsbildstile mit verschiedenen Untergruppen nachweisbar, deren Klassifizierungsmerkmale hier im einzelnen nicht behandelt werden können. Für einen Vergleich mit Felsgravierungen aus dem Wadi Deir sind - nach dem bisherigen Stand der Forschungen - nur die Sinai-Stilrichtungen III sowie IV-A, IV-B und IV-C relevant. Die für Oberägypten und Nubien aufgestellten Einteilungen lassen hingegen keine unmittelbaren Vergleiche zu (RESCH 1965, 1969; CERVICEK 1974, 1992/93).

Die im Untersuchungsgebiet aufgenommenen Felsgravierungen zeigen allgemein weniger Übereinstimmung mit den Merkmalen des Sinai-Stils III. Sie können größtenteils den verschiedenen Phasen des Stil IV zugeordnet werden, bei dem ANATI (1981: 49-61) mehrere Untergruppen ausweist. Wie groß das Spektrum der unterschiedlichen Darstellungsweisen des Stils IV insgesamt ist, veranschaulichen die Fotos 7 und 8, welche Gravierungen aus dem Ost-Sinai zeigen. Die auffälligsten stilistischen Übereinstimmungen zwischen den jüngeren

Petroglyphen des Gebel Galala-el-Qibliya und Fundorten im Sinai und Negev beziehen sich auf den Sinai-Stil IV-C. Dieser ist in einem Verbreitungsgebiet von Süd-Jordanien über den Negev bis in den Zentral-Sinai anhand einer häufiger auftretenden Vergesellschaftung mit thamudischen und nabatäischen Inschriften relativ genau in den Zeitraum von 500 v. Chr. bis 400 n. Chr. datierbar.

An dieser Stelle muß jedoch mit aller Deutlichkeit betont werden, daß der von ANATI (1981) definierte Sinai-Stil IV insgesamt ein außerordentlich breites Gesamtspektrum an Darstellungscharakteristika aufweist. Dies gilt insbesondere auch für die späte Form des Stils IV-C. Innerhalb dieses Spektrums gehören Stilrichtungen, wie sie die Steinbock-Gravierungen vom Gebel Galala-el-Qibliya zeigen, keineswegs zu den repräsentativen Leitmotiven. Eine Rolle als Datierungsindizes kommt diesen Petroglyphen trotz - oder gerade wegen - ihrer relativen Häufigkeit und der nahezu ubiquitären Verbreitung an keiner der bekannten Felsbildstationen im sinaitisch-vorderasiatischen Raum zu. Dennoch sind umgekehrt Steinbock-Darstellungen der Stilrichtungen III und IV klar von anderen Felsbildgenerationen abgrenzbar. Gerade dies ermöglicht eine relativ zuverlässige Datierung der Funde aus dem Wadi Deir.

Zum Zweck der typologischen Gliederung der im Bereich des Gebel Galala-el-Qiblya nachgewiesenen Petroglyphen der Stilrichtungen III und IV-C konnten in den letzten Jahren mehrere Vergleichsuntersuchungen an Felsbildstationen im Sinai, im Süd-Negev und in Süd-Jordanien durchgeführt werden. Dabei ergaben sich interessante Übereinstimmungen, aber auch klare Abgrenzungen. Die Felsbildvergleiche konzentrierten sich auf folgende Schlüsselpositionen vorderasiatischer Felsbildchronologien: Oase Ain Hudra (südlicher Zentral-Sinai), Wadi Nuweiba (Ost-Sinai), Timna (Araba-Senke im Süd-Negev), Wadi Musa (Umgebung der südjordanischen Nabatäer-Stadt Petra) und Wadi Rum (jordanisch/saudi-arabisches Grenzgebiet).

Auf alle stilistischen Entsprechungen bzw. lokalen Abwandlungen einzugehen, kann nicht Aufgabe dieser Zusammenfassung sein. Dennoch sei auf die wichtigsten Ergebnisse kurz hingewiesen:

Der Verdacht, daß die offensichtliche typologische Verwandtschaft zwischen Felsgravierungen aus dem Bereich des Gebel Galala-el-Qiblya und bekannten Sinai-Vorkommen vor allem durch die geographische Nähe begründet sei, bestätigte sich nur teilweise. Eindeutige Parallelen bestehen zu Steinbock-Darstellungen des Stils III aus dem Wadi Huwara (ANATI 1981: 22f., 27). Auch Gravierungen von Steinböcken des Stils IV-C finden ihre Gegenstücke im Wadi Avdat des zentralen Negev (ANATI 1981: 37; vgl. auch Umzeichnungen bei DITTMANN 1990a: 120). Trotz intensiver Suche konnten jedoch am sog. Fels der Inschriften westlich der Oase Ain Hudra (abgebildet bei RÖGNER 1989: 240, Abb. 39), der ansonsten eine Schlüsselposition sinaitischer Felsbildchronologie einnimmt, nur wenige Entsprechungen zu Petroglyphen des Wadi Deir festgestellt werden.

Unterschiedlich intensive stilistische Übereinstimmungen bestehen hingegen zu Gravierungen der sog. Wagenhöhle im Timna-Tal. Die dortigen Petroglyphen stellen in der Stil-IV-Chronologie von ANATI (1981) geradezu einen Eichpunkt dar. Entsprechungen finden Gravierungen aus dem Bereich des Gebel Galala-el-Qibliya vor allem unter den hochgelegenen Gravierungen ganzer Steinbockherden an der rechten Außenwand der Wagenhöhle. Wohingegen die Steinbock-Darstellungen aus dem Innern der Höhle sich grundlegend von denen aus der nördlichen Eastern Desert unterscheiden.

Demgegenüber bestehen überraschende Parallelen zu Steinbock-Petroglyphen des südlichen Wadi Musa (Jordanien), welche ihrerseits wiederum stärker an die oberägyptisch-nubischen Befunde (CERVICEK 1974, 1976; WINKLER 1938) heranrücken, als dies Gravierungen aus dem Bereich des Wadi Deir trotz der räumlichen Nachbarschaft gelingt. Letzteres gilt vor allem auch für die Ibex-Gravierungen in einer Felsbild-Klamm des Wadi Rum (Süd-Jordanien), wo zusätzlich jedoch auch deutliche stilistische Bezugspunkte zum Gebel Galala-el-Qibliya auftreten.

Insgesamt bleibt als wichtigstes Ergebnis des überregionalen Felskunstvergleichs festzuhalten, daß die deutlichsten Übereinstimmungen charakteristischer Merkmale zwischen der nördlichen Eastern Desert (Wadi Deir) und dem östlichen bzw. südlichen Sinai (Wadi Huwara, Ain Hudra, Nuweiba) bestehen. Demgegenüber treten Parallelen mit bekannten Felsbildstationen der südlichen Eastern Desert nach dem bisherigen Stand der Untersuchungen eher in den Hintergrund.

Für die geomorphologischen Untersuchungen im Bereich des Gebel Galala-el-Qibliya bedeutet dies jedoch einen besonderen Glücksfall, da Beziehungen zwischen nördlicher und südlicher Eastern Desert zwar interessante vor- und frühgeschichtliche Aspekte betont hätten, eine relativ genaue zeitliche Einordnung, wie sie die Sinai-Chronologie erlaubt, aber durch eine solche Parallelisierung nicht möglich gewesen wäre.

8 Felsbild-Interpretationen und mögliche paläoklimatische Relevanz

Eine in der südlichen Eastern Desert vor über 60 Jahren von FROBENIUS (1927: 30f.) aufgenommene Sage aus dem Gebiet von Galt el-Aguz (Abb. 2, Felsbildstation 28) zeigt, daß noch die damalige Bevölkerung dieses Raumes Felsbilder nicht nur mit früheren Bewohnern in Verbindung brachte, sondern damit auch günstigere ökologische Rahmenbedingungen vergangener Zeiten assoziiert. Der Sage zufolge gab es in den Bergen von Aguz einmal ein fruchtbares Tal mit einer ergiebigen Quelle und einem reichen Wildbestand. Hier konnte sich jeder mit Wasser und Frischfleisch ausreichend versorgen. Dabei galten allerdings gewisse Tabu-Regeln, die unter anderem besagten, daß eine bei der Quelle lebende Kuh nicht getötet werden durfte. Als dies durch einen Ortsfremden schließlich doch geschah, versiegte die Quelle, und das Wild verschwand. Daraufhin beteten die Bewohner der Umgebung zu einem verstorbenen, allgemein verehrten Scheikh, um eine Wiederherstellung der natürlichen Oase zu erreichen. Dieser legte bei Allah Fürsprache ein, wurde aber abgewiesen und nahm die Sache dann selbst in die Hand. An den Felswänden in der Umgebung der Quelle formte er die ehemals hier lebenden Tiere, war aber nicht in der Lage, ihnen Leben einzugeben. So sind sie hier noch heute als Felsbilder zu sehen.

Die überwiegende Mehrheit der bekannten Petroglyphen an der SE-Abdachung des Gebel Galala-el-Qibliya hingegen zeigt vor allem Steinböcke und Kamele. Seltener sind die Darstellungen von anderen Tieren, Menschen oder geometrischen Mustern und Symbolen. Bei einem Teil der Felsbilder kann aufgrund einer stark erodierten Oberfläche heute nicht mehr genau festgestellt werden, was sie einmal darstellen sollten. Auch eine unvollständige Ausarbeitung einzelner Motive oder das Fehlen charakteristischer, tierartenspezifischer Merkmale erschwert oft eine Bestimmung.

Steinböcke könnten jedoch auch unter den heutigen ariden bis semi-ariden Klimabedingungen im Bereich des Gebel Galala-el-Qibliya existieren. Ihr Verschwinden ist nicht zwangsläufig an eine Änderung ökologischer Bedingungen geknüpft, sondern vielmehr auf anthropogene Einflüsse zurückzuführen. Jahrhundertelange Bejagung oder die Eingliederung der Wasserstelle im oberen Wadi Deir durch die Bauten des St. Paulus-Klosters sind als Hauptgründe für ihr verschwinden zu deuten. Inhaltliche Interpretationen des auf den Felsbildern Dargestellten führen also nicht weiter. Vergleichbares gilt für die mehrfach belegten Kameldarstellungen.

Vielversprechender sind hingegen stilistische Zuordnungen und die sich daraus ergebenden Altersbestimmungen der Petroglyphen des Gebel Galala-el-Qibliya. Hier kommt den Steinbock-Darstellungen allerdings eine Schlüsselposition zu:

Der noch erhaltene Teil der Steinbock-Gravierung aus dem oberen Nordwadi wird in Abb. 6 einer stilistisch vergleichbaren Darstellung aus dem Wadi Huwara im Ost-Sinai (Abb. 5, Fundstelle 9) gegenübergestellt. Auffallend ist die weitgehende Abstraktion der Körper beider Tiere und das in weitem Bogen ausladende, überdimensionierte Gehörn, dessen Größe in keinem Verhältnis zur Realität steht. Vergleichbare Felsbilder sind im Wadi Deir vor allem unter den Steinböcken der Fundplätze E und F zu finden. Gravierungen dieser Art werden im Sinai dem

Stil III zugeordnet. Dieser ist nach ANATI (1981) dem 4. und 3., teilweise aber auch noch dem 2. Jahrtausend v. Chr., zuzurechnen. Im Stil III werden erstmals Verbindungen zum frühdynastischen Ägypten sichtbar. Die Übertragung der Sinai-Chronologie auf die Ergebnisse aus dem Gebiet des Gebel Galala-el-Qibliya bedeutet, daß der Großteil der Petroglyphen an den Fundplätzen E und F in jedem Fall als "älter als proto-historisch" anzusprechen ist. Nicht unwahrscheinlich wäre dann eine Verbindung mit den Besiedlungsphasen des spätneolithisch-frühdynastischen Abris, die zahlreiche Jagd- bzw. Schlachtabfälle von Steinböcken bzw. Ovicaprinen aufweisen.

Nubische Steinböcke mit ausgeprägten Kinnbärten und einem charakteristischen, überlangen Gehörn zeigen die Abb. 6 sowie die Fotos 1 und 2. Dabei werden die typischen Mermalsunterschiede der zu Stil III (Abb. 6), Stil IV-A/IV-B (Foto 1) und zu Stil IV-C (Foto 2) gehörenden Gravierungen deutlich. Während es sich bei den Steinbock-Darstellungen der Stilrichtung III um stark abstrahierte, jedoch fein ausgearbeitete Petroglyphen handelt, wirken die des Stils IV zwar dynamischer, erreichen jedoch in ihrer Direktheit nicht den künstlerischen Standart der früheren Epoche.

Im Bereich des Gebel Galala-el-Qibliya unterscheiden sich bei Stil IV Gravierungen der Phasen A und B von denen des späteren Stils IV-C vor allem dadurch, daß sie noch Tiere mit

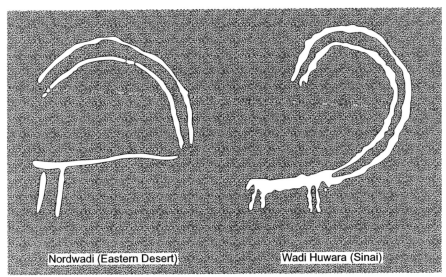

Abb. 6   Vergleich von Steinbock-Gravierungen des Stils III. Links: Nordwadi (Gebel Galala), rechts: Wadi Huwara (Ost-Sinai)

ausgefüllten Körperkonturen zeigen. Bei IV-C reduzieren sich diese zu einfachen Linien. Gerade das Überwiegen der linienhaften Tierfiguren hatte es bei den bis 1985 bekannt gewordenen Gravierungen zunächst angeraten erscheinen lassen, die Wadi Deir-Befunde nur der jungen Stilrichtung IV-C zuzuweisen. Dieser vorsichtige Befund hat sich nun geändert.

Besonders interessant im Zusammenhang mit den neuerdings im Wadi Deir nachgewiesenen Vorkommen der Stilrichtung IV-B (ca. 1200 - 500 v. Chr.) sind einige der Kameldarstellungen an den Fundstellen E und F. Leider sind diese Gravierungen teilweise bereits stark erodiert, so daß ihre Zuordnung nicht ganz leicht ist. Es kann jedoch davon ausgegangen werden, daß es sich bei der Darstellung eines Kamelreiters an Fundplatz D (s. Foto 4) tatsächlich um eine Gravierung des Stils IV-B handelt. Damit wäre dieser Kamelreiter zeitlich der Mitte des ersten vorchristlichen Jahrtausends zuzuordnen und dürfte eine der ältesten Kamelreiter-Darstellungen Nordafrikas überhaupt sein.

Unsicher ist dagegen die stilistische und damit zeitliche Zuordnung eines Kamels mit übergroßem Höcker und einer nicht näher bestimmbaren Reiterfigur von Fundplatz F im oberen Nordwadi (Foto 5). Kameldarstellungen dieser Art werden im Sinai und Negev von ANATI (1981) einer längeren, teilweise bis ins Mittelalter reichenden Felskunsttradition zugeschrieben.

Während der größte Teil der Felsbilder Einzeldarstellungen repräsentiert, konnten an den Fundplätzen C und E auch szenische Kompositionen aufgenommen werden (Fotos 1 u. 2). Gezeigt werden jeweils Menschen, Hunde, Steinböcke und Kamelreiter. Ob allerdings am Fundplatz C tatsächlich Steinböcke von Kamelreitern gejagt werden, wie an anderer Stelle vermutet (DITTMANN 1990a: 103, 110), bleibt unklar. Geländeabschnitte, die von Kamelen im Galopp bewältigt werden können, und solche, in die sich Steinböcke bei Bedrohung zurückziehen, dürften sich wohl weitgehend gegenseitig ausschließen. Trotz ihrer unklaren Bedeutung und des niedrigen künstlerischen Niveaus gehört gerade die Kamelreiterszene des Fundplatzes C zu den wichtigen Leitmotiven der Stilrichtung IV-C. Bei ANATI (1981: 64) wird eine verblüffend ähnlich gestaltete Reiterkampfszene aus dem Wadi Huwara (Ost-Sinai) gezeigt, die sich dort deutlich von jüngeren Gravierungen abhebt.

Am Fundplatz E (Foto 1) können Mensch, Steinbock und ein verfolgender Hund im Sinne einer Jagdszene interpretiert werden. Diese drei Komponenten gehören zum Standardrepertoire der Felsgravierungen des späten Stils III und des Stils IV. Insbesondere für die frühen Phasen des Stils IV (IV-A und IV-B) sind solche Szenen geradezu charakteristisch. Sie nehmen dagegen in Stil IV-C bereits wieder deutlich ab. ANATI (1981) sieht sich daher dazu veranlaßt, zwischen den Sinai-Stilrichtungen IV-A und IV-B einerseits sowie IV-C anderseits eine deutliche Trennlinie anzusetzen. Diese dokumentiere vor allem den Wechsel von einer noch mehr auf Jagd ausgerichteten Wirtschaftsweise (IV-A und IV-B) und einer bereits überwiegend nomadischen Wirtschaftsweise mit nur noch gelegentlicher Jagdausübung. Ob deshalb der Stil IV-C nicht ggf. besser als eigene Phase ausgewiesen werden sollte, sei hier nicht weiter diskutiert. Wichtig für den Bereich des Gebel Galala-el-Qibliya ist, daß beide Stilrichtungen hier vertreten sind und das Vorkommen des Stils IV-A/IV-B einem Teil der Gravierungen ein höheres Alter als bisher angenommen zuweist. Während allgemein der Beginn der Stilrichtung IV-A im frühen bis mittleren zweiten vorchristlichen Jahrtausend liegt, kann der sich daran anschließende Stil IV-B konkreter der Zeit zwischen 1200 und 500 v. Chr. zugewiesen werden.

Charakteristisch für die Menschendarstellungen des Gebel Galala-el-Qibliya ist, daß sie ausgesprochen schematisch, fast symbolisch abstrakt wirken. Stehende Menschen kennzeichnet jeweils die Ausarbeitung eines ausgestreckten, überlangen Armes, der häufig in Richtung einzelner Steinbockgravierungen weist. Bei einer Gravierung am Felsbildfundplatz C ist dieser Arm teilweise bis zu einer Tiefe von 3 cm eingeschliffen worden (DITTMANN 1990a: 108). Eine andere Menschendarstellung am neuentdeckten Fundplatz E steht offenbar im oben beschriebenen szenischen Zusammenhang mit einem Steinbock, einem dem Steinbock folgenden Hund und weiteren nicht näher bestimmbaren Tieren (Fotos 1 u. 3). Unklar ist, ob es sich bei den überdimensioniert erscheinenden Armen um die besondere Betonung richtungsweisender Gesten handelt, oder ob hier jeweils eine Jagdwaffe in Richtung des Wildes zeigt. Vergleichbare Menschen-Darstellungen sind mehrfach aus Negev und Sinai belegt. ANATI (1981: 54) zeigt einen Steinbockjäger in ähnlicher Ausführung.

Die dargestellten Motivarten sind über die verschiedenen Fundplätze unterschiedlich verteilt. Deutlich wird das Überwiegen von Gravierungen des Nubischen Steinbocks mit 52 Einzeldarstellungen, denen 22 klar identifizierbare Kamelfelsbilder gegenüberstehen, während andere Tiere und unbestimmbare Tierarten in den Hintergrund treten. Eine weitere wichtige Gruppe bilden mit insgesamt 21 Gravierungen die Darstellungen geometrischer Muster und Symbole. Einige der Gravierungen sind bereits so stark verwittert, daß sie nur noch andeutungsweise erkennbar sind. Teilweise ist es hier schwierig, Felsbildfragmente von natürlichen Verwitterungserscheinungen zu unterscheiden. Deutlich wird aber auch, daß ein Teil der Gravierungen nicht deshalb nur schwer bestimmt werden kann, weil sie zu stark erodiert wären, sondern weil sie nur unvollständig ausgearbeitet worden sind.

Obwohl auch die Petroglyphen aus dem Bereich des Gebel Galala-el-Qibliya bis zu einem gewissen Grad die unmittelbar erlebten Umwelteindrücke früherer Jäger, Händler und Kamelreiter widerspiegeln, dürfen sie - ebensowenig wie andere Felsbilder - als ein repräsentatives Gesamtbild der ökologischen Bedingungen zur Entstehungszeit überinterpretiert werden. Dargestellt wurde vielmehr nur das, was den oder die Schöpfer der Felsbilder am meisten beein-

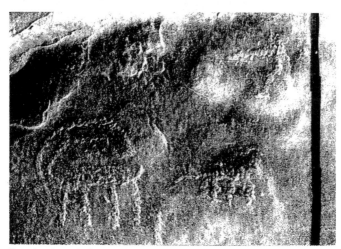

Foto 1 Ausschnitt aus einer Jagdszene der Stilrichtung IV-A/IV-B aus dem oberen Wadi Deir mit Jäger, Hund und flüchtendem Steinbock

Foto 2 Unklare szenische Darstellung mit Kamelreitern, Lastkamelen und Steinböcken des Stils IV-C aus dem oberen Wadi Deir (Ausschnitt)

Foto 3 Detailansicht des Steinbockjägers von Foto 1 (oberes Wadi Deir)

Foto 4 Fragmentarisch erhaltene Kamelreiter-Darstellung des Stils IV-A/IV-B aus dem oberen Wadi Deir
(vermutl. 1. vorchristliches Jtd.)

Foto 5 Fragmentarisch erhaltene Kamel-Darstellung aus dem oberen Wadi Deir mit unklarer typologischer Zuordnung

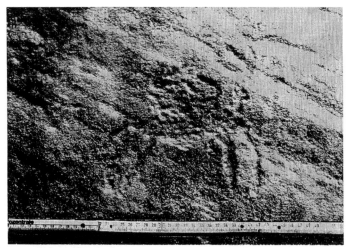

Foto 6 Ein (Pferde?)-Reiter bzw. ein Tier mit Rückenlast des Stils IV-A/IV-B aus dem oberen Wadi Deir

Foto 7 Prozessionsdarstellung der sog. "Wagenhöhle" in Timna (Süd-Negev) mit frühen Steinbock-Darstellungen der Sinai-Stilrichtung IV

Foto 8 Steinbock-Darstellungen des Stils IV-C aus dem Wadi Nuweiba (Ost-Sinai) mit einer Vielzahl stilistischer Entsprechungen zu Gravierungen aus dem Bereich des Gebel Galala-el-Qibliya

druckte, bzw. womit sie vorwiegend beschäftigt waren. In der älteren geographischen Literatur wird gelegentlich der Eindruck erweckt, daß prähistorische und dynastische Felsbild- bzw. Reliefdarstellungen ein vollständiges, tabellarisch auswertbares Bild früherer Verbreitung bestimmter Tierarten zu zeichnen in der Lage seien (BUTZER 1959a: 67-74, 1959b: 79-85). Diese Methode ist nicht ganz frei von Fehlern, wenn dabei vorausgesetzt wird, daß die Darstellungen einer bestimmten Epoche im großen und ganzen eine komplette Vorstellung der Struktur ihrer Tier- und Pflanzenwelt liefern. Keinesfalls darf aus der Zu- und Abnahme der Darstellungshäufigkeit bestimmter Tierarten ohne weiteres auf klimatische Veränderungen geschlossen werden. Zulässig ist dies nur, wenn solche Tiere abgebildet werden, die in den entsprechenden Gebieten heute ausgestorben sind und deren Verschwinden nicht allein auf eine Ausrottung durch den Menschen zurückgeführt werden kann. Für die Felsgravierungen im Wadi Deir trifft dies nicht zu. Dargestellt sind hier nur solche Tierarten, die auch unter den heutigen klimatischen Bedingungen dieses Raumes existieren könnten.

Wichtiger ist dagegen der Nachweis von Felsgravierungen des Stils III in Fundpositionen, die auf das Niveau des rezenten Wadibettes ausgerichtet sind. Dies legt den Schluß nahe, daß das Hauptwadisediment bereits im dritten, vielleicht sogar schon im vierten vorchristlichen Jahrtausend bis etwa zum heutigen Niveau eingeschnitten gewesen sein muß.

Hinzu kommt, daß es sich bei den Bewohnern des Abris mit ^{14}C-datierten und dendrochronologisch korrigierten Besiedlungsphasen um 3000, zwischen 3000 und 2400 sowie um 2000 v. Chr. (DITTMANN 1990a: 68-72) und den Schöpfern der älteren Felsgravierungen möglicherweise tatsächlich um die gleichen Menschen gehandelt haben könnte. Die Konstruktion eines solchen Zusammenhangs war aufgrund der räumlichen Nähe der Fundorte, die nur wenige hundert Meter voneinander entfernt liegen, zwar bislang schon verführerisch, allein aufgrund der bis 1988 bekannten Petroglyphen wäre sie jedoch auch höchst unseriös gewesen. Die zeitliche Spanne zwischen dem Beginn der Felskunstperiode, der die meisten Gravierungen zuzuordnen waren (ca. 500 v. Chr.), und der durch ^{14}C-Datierungen belegten letzten Besiedlungsphase im Bereich eines Abris (um 2000 v. Chr.) erschien zu groß, um außer der unmittelbar räumlichen auch eine zeitliche Nachbarschaft in Betracht zu ziehen. Dies erscheint nun in neuem Licht.

Die Korrelationen zwischen dem petroglyphischen Hauptthema "Nubischer Steinbock" und Ovicaprinen-Resten aus Jagd- bzw. Schlachtabfällen von verschiedenen Schichten des spätneolithischen Siedlungsplatzes sind auffällig (DITTMANN 1990a: 80-82). Eine Bestimmung der Tierknochenfragmente aus dem Abri wurde von Boessneck und Ziegler vom Institut für Palaeoanatomie, Domestikationsforschung und Geschichte der Tiermedizin der Universität München durchgeführt. Kennzeichnend für die Tierknochen war, daß häufig nur unklare Grenzziehungen möglich waren zwischen den Relikten von Steinböcken, Ziegen und allgemein der Gruppe der Ovicaprinen zuzuordnenden Relikten. Vor dem Hintergrund noch ungeklärter szenischer Zusammenhänge von Menschen- und Tierdarstellungen an den Fundplätzen C und E sowie angesichts der mehrfach diskutierten altägyptischen Versuche, *Capra ibex nubiana* in den Hausstand zu überführen (BENZINGER 1907: 76, Taf. 34; BRUNNERTRAUT 1975; DARBY et al. 1977), gewinnen die Ergebnisse vom Gebel Galala-el-Qibliya eine besondere domestikationsgeschichtliche Brisanz. Sie verlangen dringend nach weiteren Untersuchungen.

9 Zusammenfassung der neuen Felsbild-Interpretationen

Im Bereich der SE-Abdachung des Gebel Galala-el-Qibliya sind nicht - wie bisher angenommen - überwiegend Gravierungen jüngerer Felskunststile nachweisbar. Insgesamt lassen sich mindestens drei, voneinander getrennte Stilrichtungen belegen. Damit tritt der lange Zeit einzige Beleg älterer Stilrichtungen aus dem Bereich des sog. Nordwadis aus seiner bisherigen Isolation heraus und paßt sich in einen jetzt mehrfach nachweisbaren Fundzusammenhang ein.

Die jüngeren Petroglyphen sind dem Sinai-Stil IV-C zuzuordnen und dürften damit im Zeitraum zwischen 500 v. Chr. und 400 n. Chr. entstanden sein. Die älteren Petroglyphen weisen eindeutige Merkmale der Sinai-Stilrichtungen IV-A und IV-B auf. Seltener sind Belege für den Sinai-Stil III, der allgemein dem vierten und dritten bis teilweise zweiten vorchristlichen Jahrtausend zugeordnet wird. Innerhalb der anerkannten Sinai-Chronologie gehören die Felsbilder vom Gebel Galala-el-Qibliya mehrheitlich Phasen an, die eine Alterseinstufung zwischen dem späten dritten und dem ausgehenden ersten Jahrtausend v. Chr. wahrscheinlich werden läßt.

Der Nachweis älterer Felsbildstile rückt einen Teil der bekannten Petroglyphen des Wadi Deir in zeitliche Nähe zu einer der Hauptfundstellen im Oberlauf des Trockentals, wo ^{14}C-datierte Besiedlungsphasen um 3500, zwischen 3000 und 2400 sowie um 2000 v. Chr. nachgewiesen wurden. Da sich dieser spätneolithisch-frühdynastische Siedlungsplatz zudem in unmittelbarer räumlicher Nähe (400 bzw. 450 m) zu den neueren Felsbildfundstellen befindet, erscheint ein direkter Zusammenhang denkbar.

Geomorphologische Prozesse können aufgrund der Altersstellung der neueren Petroglyphenfunde detaillierter eingeordnet werden als bisher. Nach ANDRES (1987) setzte eine Zerschneidung des Hauptwadisediments nach 28 000 bzw. 23 000 BP ein. Die untersten Fundschichten des spätneolitischen Siedlungsplatzes im oberen Wadi Deir belegten zunächst nur, daß diese Zerschneidung bis zu einem Niveau von ca. 5 m über dem heutigen Wadibett bis ca. 3500 v. Chr. erfolgt gewesen sein mußte. Wie lange die weitere Zerschneidung bzw. Eintiefung der Abflußrinne bis zum heutigen Niveau andauerte, war zunächst nur vage zu umschreiben. Sicher war nur, daß dieser Prozeß bis ca. 500 v. Chr., dem Beginn der jüngeren Felskunstperiode, beendet war. Der neuere Nachweis älterer Feldkunststile (Sinai-Stil III bzw. IV-A/IV-B) sowie die Ausrichtung der neuen Petroglyphenfundplätze E und F auf das Niveau des aktuellen Wadibettes erlauben jetzt genauere relative Datierungen. Demnach muß der Prozeß der Zerschneidung des Hauptwadisediments bereits zu Beginn des zweiten vorchristlichen Jahrtausends weitgehend abgeschlossen gewesen sein. Die von ANDRES (1987) vertretene These der Akkumulation von mächtigen Wadisedimenten nach einem Klimawechsel und der direkt im Anschluß daran einsetzende Umschwung zu rascher Erosion der gleichen Sedimente findet damit einen weiteren Beleg.

10 Schlußbemerkung

Ende der siebziger Jahre erregte ein Aufsatz von GABRIEL (1979) die Gemüter, vor allem die der nicht-geographischen Fachwelt. Die Kritik entzündete sich weniger an inhaltlichen Fragen des Beitrages, der vor allem als Plädoyer für interdisziplinäre Zusammenarbeit verschiedener Paläowissenschaften angelegt war, als vielmehr daran, daß darin u. a. Vor- und Frühgeschichte als "Hilfswissenschaften" bezeichnet worden waren, deren Dienste auch für die Geographie von Bedeutung seien. In Umkehr dieser Perspektive mögen nun die Untersuchungsergebnisse zu Petroglyphen aus dem Bereich des Gebel Galala-el-Qiblya zeigen, daß auch ursprünglich vorwiegend geomorphologisch ausgerichtete Forschungsvorhaben durchaus dazu beitragen können, Hinweise auf in erster Linie für Nachbarwissenschaften wichtige Sachverhalte zu liefern. Es ist vor allem Wolfgang Andres zu verdanken, daß hier über den Tellerrand der eigenen Disziplin hinaus Untersuchungen initiiert und ihre Fortsetzungen ermöglicht wurden, obgleich die zu erwartenden Ergebnisse nicht mehr nur von unmittelbarer geomorphologischer Relevanz schienen.

Literatur

ANATI, E. (1954): Ancient rock-drawings in the Negev. - Bull. Israel Explor. Soc., **18**: 245-254; Jerusalem.

ANATI, E. (1963): Palestine before the Hebrews. - 490 S.; New York.

ANATI, E. (1981): Felskunst im Negev und auf Sinai. - 140 S.; Bergisch Gladbach.

ANDRES, W. (1987): Geomorphodynamik und Reliefentwicklung in der nördlichen Eastern Desert (Ägypten) in den letzten 30.000 Jahren. - Verh.-Bd. Dt. Geogr.-Tag Berlin, **45**: 183-188; Stuttgart.

ANDRES, W. & RADTKE, U. (1988): Quartäre Strandterrassen an der Küste des Gebel Zeit (Golf von Suez/Ägypten). - Erdkde., **42**: 7-16; Bonn.

BENZINGER, I. (1907): Hebräische Archäologie. - Tübingen.

BRUNNER-TRAUT, E. (1975): Domestikation. - In: HELCK, W. & OTTO, E. [Hrsg.]: Lexikon Ägyptologie, **1**: 1120-1127; Wiesbaden.

BUTZER, K. W. (1959a): Environment and human Ecology in Egypt during predynastic and early dynastic Times. - Bull. Soc. Géographie d'Egypte, **32**: 43-88; Kairo.

BUTZER, K. W. (1959b): Die Naturlandschaft Ägyptens während der Vorgeschichte und der dynastischen Zeit. - Abh. Akad. Wiss. u. Literatur, Math.-Naturwiss. Kl. 2: 43-122; Wiesbaden.

CERVICEK, P. (1973): Datierung nordafrikanischer Felsbilder durch die Patina. - Jb. prähist. u. ethnogr. Kunst, **23**: 82-87; Berlin.

CERVICEK, P. (1974): Felsbilder des Nord-Etbai, Oberägyptens und Unternubiens. - 229 S.; Wiesbaden.

CERVICEK, P. (1976): Catalogue of the Rock Art Collection of the Frobenius Institute. - Stud. Kulturkde., **41**: 321 S.; Wiesbaden.

CERVICEK, P. (1978): Felsbilder Oberägyptens und Nubiens. - In: Sahara - 10 000 Jahre zwischen Weide und Wüste. Handb. Ausstellung Rautenstrauch-Joest-Mus. Völkerkde., Köln: 279-285; Köln.

CERVICEK, P. (1992/93): Chorology and Chronology of Upper Egyptian and Nubian Rock Art up to 1.400 B.C. - Sahara, **5**: 41-48; Mailand.

DARBY, J. & GHALIOUNGUI, P. & GRIVETTI, L. (1977). Food: The Gift of Osiris I. - 114 S.; London, New York, San Francisco.

DITTMANN, A. (1990a): Zur Paläogeographie der ägyptischen Eastern Desert. Der Aussagewert prähistorischer Besiedlungsspuren für die Rekonstruktion von Paläoklima und Reliefentwicklung. - Marburger Geogr. Schr., **116**: 174 S.; Marburg.

DITTMANN, A. (1990b): Die Kombination geomorphologischer und prähistorischer Arbeitsmethoden bei der Lösung paläogeographischer Fragen in der Eastern Desert Ägyptens. - Eiszeitalter u. Gegenwart, **40**: 139-147; Hannover.

DITTMANN, A. (1993): Environmental and climatic Change in the northern Part of the Eastern Desert during middle palaeolithic and neolithic Times. - In: KRZYZANIAK, L. & KOBUSIEWICZ, M. & ALEXANDER, J. [Hrsg.]: Environmental Change and human Culture in the Nile Basin and Northern Africa until the second Millenium B.C.: 145-152; Posen.

DUNBAR, J. H. (1934): Some Nubian Rock Pictures. - Sudan Notes and Records, **17**: 139-167; Khartoum.

FIELD, H. (1952): Contributions to the Anthropology of the Faiyum, Sinai, Sudan, Kenya. - Teil 2, Sinai: 64-161; Los Angeles.

FROBENIUS, L. (1927): Die Sage von Goll Ajaz. - Mitt. Forsch.-Inst. Kulturmorphologie, **2**: 30-31; Frankfurt a. M.

FUCHS, G. (1991): Petroglyphs in the Eastern Desert of Egypt: New Finds in the Wadi el-Barramiya. - Sahara, **4**: 59-70; Mailand.

GABRIEL, B. (1979): Ur- und Frühgeschichte als Hilfswissenschaft der Geomorphologie im ariden Nordafrika. - In: BORCHERT, C. & GROTZ, R. [Hrsg.]: Festschr. Wolfgang Meckelein. - Stuttgarter Geogr. Stud., **93**: 135-148; Stuttgart.

LHOTE, H. (1958): Die Felsbilder der Sahara. Entdeckung einer 8000-jährigen Kultur. - 263 S.; Würzburg.

MURRAY, G. W. (1935): Sons of Ismael. A Study of the Egyptian Bedouin. - 344 S.; London.

RESCH, W. F. E. (1965): Gedanken zur stilistischen Gliederung der Tierdarstellungen in der nordafrikanischen Felsbildkunst. - Paideuma, **7**: 105-113; Wiesbaden.

RESCH, W. F. E. (1967): Die Felsbilder Nubiens. Eine Dokumentation der ostägyptischen und nubischen Petroglyphen. - 71 S.; Graz.

RESCH, W. F. E. (1969): Das Alter der ostägyptischen und nubischen Felsbilder. - Jb. prähist. u. ethnog. Kunst, **22**: 114-122; Frankfurt a. M.

RHOTERT, H. [Hrsg.] (1938): Transjordanien - Vorgeschichtliche Forschungen. - 244 S.; Stuttgart.

RÖGNER, K. J. (1989): Geomorphologische Untersuchungen in Negev und Sinai. - Paderborner Geogr. Stud., **1**: 258 S.; Paderborn.

ROTHENBERG, E. (1980): Die Chronologie des Bergbaubetriebes. In: ROTHENBERG, E. [Hrsg.]: Antikes Kupfer im Timna-Tal. 4000 Jahre Bergbau und Verhüttung in der Arabah (Israel). - Der Anschnitt, **20**, Beih. 1: 181-185; Bochum.

ROTHENBERG, E. (1979): Badiet et Tih - die Wüste des Irrens. Archäologie des Zentralsinai. In: ROTHENBERG, E. [Hrsg.]: Sinai. Pharaonen, Bergleute, Pilger und Soldaten: 109-136; Bern.

SCHARFF, A. (1942): Die frühen Felsbilderfunde in den ägyptischen Wüsten und ihr Verhältnis zu den vorgeschichtlichen Kulturen des Niltals. - Paideuma, **2**:161-177; Wiesbaden.

SCHWEINFURT, G. (1912): Über alte Tierbilder und Felsinschriften bei Assuan. - Z. Ethnologie, **44**: 627-658; Berlin.

STRIEDTER, K. H. (1984): Felsbilder der Sahara. - 280 S.; München.

WINKLER, H. A. (1937): Völker und Völkerbewegungen im vorgeschichtlichen Oberägypten im Lichte neuer Felsbildfunde. - 36 S.; Stuttgart.

WINKLER, H. A. (1938): Rock Drawings of Southern Upper Egypt. Bd. **1**, Sir Robert Mond Desert Expedition 1936-1937. - 74 S.; London.

WINKLER, H. A. (1939): Rock Drawings of Southern Upper Egypt. Bd. **2**, Sir Robert Mond Desert Expedition 1937-1938. - 57 S.; London.

| Frankfurter geowiss. Arbeiten | Serie D | Band 25 | 75-86 | Frankfurt am Main 1999 |

Südwestdeutsche Schichtstufen

Hansjörg Dongus, Wangen

1 Einleitung

Vor nahezu 150 Jahren kennzeichnete DEFFNER (1855, 1861) Schichtstufen seines Arbeitsgebietes im schwäbischen Keuper-Lias-Land erstmals als gesteinsbedingte Abtragsformen: "Die breit vorgeschobene Ebene (= Albvorland, Verf.) löst sich allmählich in eine weit hinausreichende Kuppenzone von hügeligen Vorposten auf (= Liasriedel und -zeugenberge des Keuperwaldes, Verf.), die man eigentlich richtiger Nachzügler nennen könnte und welche, mit dünner und dünner werdenden Kuppen der früheren Liasbedeckung gekrönt, als letzte Nachhut des verlorenen weiten Liasfeldes im fruchtlosen Kampf gegen die Elemente mehr und mehr zusammenschmelzen".

DEFFNERs Auffassung bestätigte sich während der Arbeit am Geognostischen Atlas von Württemberg 1:50 000 (1863-1892), dessen Schichtstufenblätter von DEFFNER und O. FRAAS (3 Blätter), von PAULUS und BACH (19 Blätter) und von HILDENBRAND (16 Blätter) bearbeitet wurden. Sie bildet auch heute noch die Grundlage für das Verständnis des südwestdeutschen Schichtstufenreliefs, einer klimatisch unterschiedlich geprägten Abtragsform in verschieden mächtigen und widerständigen, faziell wechselnden und tektonisch differenziert gelagerten Sedimentschichten (vgl. BLUME 1971; SCHUNKE & SPÖNEMANN 1972). Abweichende Rumpfflächenhypothesen wurden von WAGNER (1927), GRADMANN (1931), GRAUL (1977), FISCHER (1998: 28-34) und anderen abgelehnt. Die Grundzüge der Beweisführung seien hier nochmals zusammengefaßt.

2 Schichtstufen und Schichtfazies

Die vier südwestdeutschen Landstufen des Buntsandsteins, des Muschelkalks, des Keupers mit dem Lias und des Braunen sowie Weißen Juras ordnen sich großräumig zu einem nordostwärts abgekippten Stufenfächer zusammen. Sie sind durchweg mehrgliedrig. Die zahlreichen Teilstufen werden schon auf den geologischen Übersichtskarten 1:200 000 wiedergegeben, erst recht natürlich auf Karten größerer Maßstäbe. Kleinere Flachformen mögen als Hangstufen oder Denudationsleisten gelten. Die meisten Teilstufen sind jedoch flächig ausgedehnt. Sie bilden selbständige und damit konstituierende Reliefelemente, die regelhaft mit den wechselnden Fazies der Sedimentkörper verknüpft sind und nur da auftreten, wo Schichtfolgen resistent entwickelt sind.

Weil im Schwarzwald die Buntsandsteinmächtigkeit von wenigen Metern im Hotzenwald auf über 300 m im nördlichen Grindenschwarzwald zunimmt, ist auf der Südostflanke des Hochschwarzwaldes noch keine Buntsandsteinstufe entwickelt. Sie beginnt erst im Bonndorfer Graben. Von dort an wächst die Höhe der Stufe über der permotriadischen Rumpfoberfläche mit der Zunahme der Sedimentmächtigkeit von 100 m bei Furtwangen auf 300 m im noch wenig gegliederten Hauptbuntsandstein des Hornisgrindeschildes. Im faziesdifferenzierten Buntsandstein der Pfalz sind fünf Teilstufen entwickelt (LÖFFLER 1929). Im Odenwald bilden die widerständigen Bänke der verschiedenen Schichtfolgen im wesentlichen Hangstufen. Dagegen steigen im Spessart die Schichtstufen des Mittleren Buntsandsteins deutlich abgesetzt und 150 m hoch über die Stufendachflächen der unteren Schichtglieder an.

Der im Südwesten ursprünglich 200 m, im Nordosten 280 m mächtige marine Muschelkalk ist faziell einheitlicher als die semiterrestrische Untertrias. Aber auch im Unteren Muschelkalk bildet sich der Übergang von den Mergeln und Dolomiten der Freudenstädter Fazies des Schwarzwaldrandes zu den Wellenkalken der Mosbacher und Meininger Fazies an den Osträndern von Odenwald und Spessart deutlich ab. Am Schwarzwaldrand ist die Schichtstufe des Unteren Muschelkalks abgebaut. Dagegen ist sie ostwärts von Odenwald und Spessart deutlich entwickelt.

Über den nordischen Sandsteinen des Lettenkeupers, der geomorphologisch ein Glied der Muschelkalkfläche bildet, nimmt die Mächtigkeit des Mittelkeupers von 100 m am Hochrhein auf 350 m in Franken zu. Ähnlich wie die Buntsandsteinstufe gewinnt daher auch die Keuperstufe von Südwesten nach Nordosten an Höhe und Breite. An der Wutach und an der oberen Donau ist sie als Sockel der Liasstufe noch wenig ausgeprägt. Erst im Schönbuch bei Tübingen wird sie selbständig. Ostwärts des Neckars beherrscht sie mit mehreren Sandsteinhorizonten das Relief des württembergischen Franken. Im bayerischen Franken wird die Keuperstufe 90 km breit.

Im Gipskeuper des Stufensockels bauen Bochinger Horizont, Bleiglanz- und Anatinabank westlich des Neckars Hangleisten und Teilstufen auf. Die Engelhofer Platte ist dort als Steinmergelfolge entwickelt und bildet nur undeutliche Hangleisten. Ostwärts des Neckars, wo die

Platte sandigen bis quarzitischen Habitus trägt, prägt ihre ausgedehnte, scharf geschnittene Teilstufe den Keupertrauf von den Löwensteiner Bergen bis zum Steigerwald.

Die Stufe des Schilfsandsteins ist an die nordischen Sandsteinstränge der Flutfazies gebunden (WURSTER 1964). Sie ist im Kleinen Heuberg, örtlich am Schönbuchrand, im Heuchelberg, im Strombergsockel und im Steinsberghügelland, ostwärts des Neckars in den Heilbronner Bergen und in der Form breiter Stufenflächen in den Sockeln der fränkischen Keuperstufen von den Löwensteiner Bergen bis zum Steigerwald entwickelt.

Die bis zu 30 m mächtigen vindelizischen Sandsteine der Kieselsandsteinschichten bauen ostwärts des mittleren Neckars die dritte Teilstufe der südwestdeutschen Keuperberge auf. Da die Sandsteine am Westrand der Löwensteiner Berge auskeilen, ist die Schichtstufe nur am Nordrand des Löwensteiner Berglandes, in den Waldenburger Bergen, in den Virgundbergen über Kocher und Jagst sowie - als Blasensandsteinstufe - in der Frankenhöhe und im Steigerwald vorhanden.

Die Stubensandsteinschichten sind am oberen Neckar 20 m, am mittleren Kocher und an der mittleren Jagst 120 - 140 m mächtig. Die Zahl der durch Mergellagen getrennten vindelizischen Sandsteinbänke nimmt von Südwesten nach Nordosten zu. Im Schönbuch tritt nur eine Bankgruppe auf. Sie bildet eine Stufe. Dagegen sind im Stromberg und im Keuperland um Löwenstein und Waldenburg vier Bänke mit vier Teilstufen nachzuweisen (GEYER & GWINNER 1991). Im Burgsandstein Frankens treten die trennenden Mergellagen wieder zurück. Daher ist dort die Stufe etwas weniger gegliedert.

Die etwa 5 m mächtigen Oberkeupersandsteine stehen meist nur im Sockel der Liasplatten an. Nur im Bromberg bei Tübingen bauen sie über den liegenden Knollenmergeln eine selbständige Schichtstufe auf.

Die Liasschichten werden im Südwestalbvorland 60 - 70 m, vor der Mittleren Alb 120 - 130 m und vor der Ostalb 60 m mächtig. Sie bilden zwei Schichtstufen. Die Untere Filderstufe wird über den Knollenmergeln des Keupers von Angulatensandsteinen und Gryphäenkalken aufgebaut. Sie greift in den tektonisch tiefen Lagen des Kleinen Heubergs und des Fildergrabens weit vor die allgemeine Trauflinie aus und bildet auch die Liasriedel des Schurwaldes und des Welzheimer Waldes mit der 80 m hohen Schichtstufe der Frickenhofer Höhe. Auf den Löwensteiner Bergen und auf dem Mainhardter Wald liegen die "Nachzügler" DEFFNERs. Die Obere Filderstufe ist über der Schichtmulde des Kleinen Heubergs ebenfalls breit entwickelt. Sie greift auch im Fildergraben um Schlierbach weit nach Nordwesten aus. Im Ostflügel des Mittleren Albvorlandes wechselt der Stufendachkörper aus den Ölschiefern des Oberen Schwarzen Juras in die Costatenkalke des Mittleren Lias.

Die Braunjurastufen der Albvorberge werden von über 100 m mächtigen Opalinustonen und von mehreren widerständigen Schichtgliedern des Unteren und des Mittleren Braunen Juras mit Mächtigkeiten von 100 - 150 m aufgebaut und sind entsprechend gegliedert. Eisensandsteine, Blaue Kalke und Oolithe bilden die dreifach gestuften Vorberge der Baaralb, den Lembergsockel und die Böllatvorstufen. Zwischen den Tälern von Steinlach und Lenninger Lauter stehen die Braunjurastufen nur mehr in Eisensandsteinen und Blaukalken. Die Schichtstufe des Rehgebirges, der Sockel der drei Kaiserberge Staufen, Rechberg und Stuifen wird über der Lineamentsmulde allein von den dort 75 m mächtigen Donzdorfer Sandsteinen getragen. In diesen steht auch das Hügelland von Baldern am nordwestlichen Riesrand.

Die Stufe der wohlgebankten Unteren Weißjurakalke begrenzt das Schichtstufenland gegen die Albhochfläche. Der Stufentragkörper ist am Trauf der Südwestalb 100 - 130 m, an der Mittleren Alb 170 - 180 m und am Ostalbstufenrand etwa 50 - 70 m mächtig. Nicht verschwammte Oxfordschichtkalke des Stufendachkörpers erreichen auf der Südwestalb Mächtigkeiten von 70 - 80 m. Im Trauf der Mittleren Alb sind sie 25 - 30 m, im Ostalbtrauf 15 - 20 m mächtig. Dementsprechend steigt die Oxfordschichtstufe, deren Abdachung nach Nordosten sowohl dem Schichtstreichen als auch der Abnahme der Schichtmächtigkeiten folgt, am Lemberg (1015 m) rund 150 m über die Braunjurastufenflächen an. Am Echaztal (Wanne 699 m) beträgt die relative Stufenhöhe trotz der Mächtigkeitsabnahme der Oxfordkalke vor allem wegen der großen Tragkörpermächtigkeit rund 200 m. Am Ermstal setzt die Stufe aus. Sie wurde im Pleistozän wegen der Nähe zu Neckar und Rems abgetragen. Erst am Riesrand ist wieder eine Oxfordschichtstufe entwickelt. Der reduzierten Gesamtmächtigkeit der Unteren Weißjuraschichten entspricht dort am Erbisberg (650 m) eine relative Stufenhöhe von nur mehr 70 m.

3 Schichtstufendachflächen

Die Landoberflächen des Südwestdeutschen Schichtstufenlandes sind strukturabhängige Abtragsoberflächen (surfaces structurales), die mit den Oberflächen der widerständigen Schichtglieder spitze Winkel bilden. Dies hat u. a. SCHMITTHENNER (1954ff.) hinreichend erklärt. Würden die Stufenoberflächen als Schnittflächen bezeichnet, so rückten sie in eine nicht vorhandene genetische Verwandtschaft zu strukturunabhängigen Rumpfoberflächen. WAGNER (1927ff.) bezeichnete sie daher als Schichtflächen und meinte diesen Begriff antithetisch zum Rumpfflächenbegriff, indem er schrieb, die Stufenflächen seien "mehr Schicht- als Schnittflächen". Er stellte auch die Zusammenhänge zwischen Schichtaufbau und Landform für Württemberg tabellarisch dar. Auf das ganze Süddeutsche Stufenland ausgedehnt und etwas zusammengefaßt ergeben sich die folgenden Werte (vgl. DONGUS 1974):

Schicht	Oberfläche in qkm	Mittlere Mächtigkeit	Ausstrich in qkm/ 1m Mächtigkeit	Landform
su	220	60	3,6	Stufensockel
sm	5435	200	27,2	Stufenrand, distale Flächen
so	3029	40	75,7	proximale Flächen
mu / mm	2457	150	16,8	Stufensockel, Teilflächen
mo	3823	75	51,0	distale Flächen
ku	4546	2	181,8	proximale Flächen
km 1 - 3	5588	160	34,9	Stufensockel, Teilflächen
km 4	6851	100	68,5	distale u. proximale Flächen
km 5	450	25	18,5	Stufensockel
Lias	2793	65	43,0	mehrere Flächen

Aus den Mittelwerten von Ausstrichbreiten und Schichtmächtigkeiten ergeben sich für die Winkel zwischen Land- und Gesteinsoberflächen bei den Landterrassen des Buntsandsteins rechnerische Werte von 0,25 %, bei den Muschelkalk-Lettenkeuper-Ebenen und den Liasstufenflächen von 0,1 %.

4 Schichtlagerung und Relief

Das Südwestdeutsche Schichtstufenland gleicht im Überblick einem nach Nordosten abgekippten Fächer, dessen Griff am Hochrhein liegt. Die Fächerbreite wird vom Fränkischen Stufenland eigenommen. Am Ostrand des Feldbergschildes wurde der Schichtkörper weit herausgehoben. Die Muschelkalkplatten liegen dort in Höhen um 800 - 900 m. Die Schichten fallen mit 2 - 3 % Neigung nach Südosten ein. Die Stufen sind eng geschart, die Stufenflächen im Schichtfallen steil abgedacht. Der Albtrauf liegt nur 15 km ostwärts des Muschelkalkstufenrandes.

Dagegen fallen die Schichten vom Odenwald nur mehr flach, mit Werten um 0,5 %, zur Frankenalb nach Osten. Die Muschelkalkflächen erreichen noch Höhenlagen von 300 - 500 m. Ebenen sind dort die beherrschenden Formelemente, denn die Stufenränder werden niedriger und weichen weit auseinander. Der Trauf der Frankenalb liegt mehr als 50 km ostwärts der Muschelkalkstufe.

Das Fächerbild ist zwar grundsätzlich richtig. Es ist jedoch bei weniger übersichtlicher Betrachtung zu modifizieren. Die durchschnittliche Schichtlagerung ist durch zahlreiche Schichtsättel und -mulden differenziert (WAGNER 1950; CARLÉ 1950; GEYER & GWINNER 1991), die das Relief prägen. Über Sätteln weichen die Stufenränder im Schichtfallen zurück, während sie über Schichtmulden und in Grabenzonen weit vor den allgemeinen Trauflinien liegen.

Über dem Feldbergschild ist die im Südschwarzwald noch unscheinbare Buntsandsteinstufe nach Osten abgedrängt. Dagegen greift die mächtiger werdende Stufe des Mittleren Schwarzwaldes in der Kinzigmulde, vor allem mit Zeugenbergen, weit nach Westen auf die Rumpfoberflächen des Kristallins aus. Zwar wird der sehr junge Hornisgrindesattel, ein Teil des Schwäbisch-Fränkischen Sattels, noch kaum reliefwirksam. Doch in der älteren Kraichgaumulde sinkt die Buntsandsteinstufe unter Tage ein. Über den stark gehobenen Kristallinbeulen von Odenwald und Spessart taucht sie wieder an die Oberfläche und weicht nach Osten zurück. Der Pfälzer Wald liegt in einer Schichtmulde.

Die Muschelkalkstufe verläuft annähernd parallel zum Buntsandsteinstufenrand. Sie bildet den Graben von Bonndorf, die Kinzigmulde und den Graben von Freudenstadt am Ostrand des Schwarzwaldes deutlich ab und baut weiter nördlich, in der Kraichgaumulde, den oberrheinischen Bruchrand auf. Über dem Odenwaldschild, dem Thüngersheimer Sattel und der Spessartbeule ist sie wie der Buntsandsteintrauf nach Osten abgebogen. Aufgewölbt, allerdings noch nicht völlig abgetragen, wurde die Muschelkalkplatte über den beiden Teilen des Fränkischen Schildes. In einem südwest-nordöstlich gerichteten Profil steigt die Gäufläche von Öhringen (230 m) zum südlichen Schildscheitel über Schrozberg auf 480 m an und fällt dann bis Ochsenfurt wieder auf 280 m ab. In der Hollenbacher Mulde blieb der Lettenkeuper erhalten, der über dem von der Tauber zerschnittenen Assamstädter Teilschild schon abgetragen ist.

Auch die Keuperstufe zeichnet die Schichtlagerung deutlich nach. In der Mulde des Kleinen Heubergs blieb die Tonauscholle erhalten. In den tektonisch tief liegenden Bergländern von Schönbuch, Glemswald und Fildern, in den großen Kraichgaumulden mit Steinsberg, Heuchel- und Stromberg und in den Mulden von Heilbronn, Löwenstein und Waldenburg mit den Schwäbisch-Fränkischen Waldbergen springt der Keupertrauf weit gegen die Gäuplatten vor. Dagegen weicht er über dem Backnanger Sattel, dem östlichen Ende des Schwäbisch-Fränkischen Sattels am Westrand der Keuperberge und dem Fränkischen Schild an ihrem Nordrand nach Osten und Südosten hinter die allgemeine Trauflinie zurück. Die Stufenränder der Frankenhöhe und des Steigerwaldes folgen ebenfalls ziemlich genau dem Schichtstreichen.

In der Mulde des Kleinen Heubergs verbreitern sich die Liasstufenflächen. Das heutige, postjungpliozäne Relief von Schönbuch, Glemswald und Fildern ist als Abtragsstadium in Grabenschollen aufzufassen. Die Liasplatten zeichnen die Schichtlagerung deutlich nach. Während der Hauptabsenkung im Miozän lagen nach Ausweis der mittelmiozänen Schlotfüllung von Scharnhausen noch etwa 400 m mächtige Sedimente des Braunen und des Unteren Weißen Juras über den heutigen Landoberflächen. Sie wurden erst post-obermiozän allmählich abgetragen. Die den Grabenrandverwerfungen folgenden Stufen sind demnach keine Bruch-, sondern Bruchlinienstufen, auch wenn sie derzeit bruchstufenkonform verlaufen. Heute trägt die westlichste, am wenigsten weit abgesenkte Schönbuchscholle auf der Stufe des Oberen

Keupersandsteins am Bromberg noch geringmächtige Erosionsreste des Angulatensandsteins (580 m). Auf der stärker abgesenkten mittleren Schönbuchscholle erreichen die Oberflächen der Liasriedel Höhen um 480 - 500 m, im Teilgraben von Steinenbronn um 460 - 470 m. Am tiefsten, mit Höhenlagen um 400 - 430 m, wurde der Lias im Fildergraben versenkt. Seine Landoberfläche wird zusätzlich durch die flachen Sättel von Degerloch und Harthausen (um 430 m) und die Körschmulde (370 m) gewellt. Am Schurwaldrand des Fildergrabens liegen die Liasplatten der abgesenkten Schurwaldfilder (400 m) rund 100 m tiefer als die Liasriedel der hohen Scholle, der Schurwaldstufe (Kernen 513 m, Birkengehrn 499 m). Dies entspricht genau der Sprunghöhe am nordöstlichen Grabenrand.

Auch die Braunjurastufen der Plattach liegen bei Nürtingen im Fildergraben, diejenigen des Rehgebirges bei Göppingen in der Mulde des Schwäbischen Lineamentes weit vor den allgemeinen Braunjuratrauflinien. Auf den Braunjurastufen blieben die Zeugenberge der Oxfordkalkstufe des Weißen Juras weitgehend in Schichtmulden und Gräben erhalten, ähnlich wie die Zeugenberge der Keuperstufe, der Asperg und der Lemberg bei Affaltrach, auf den Gäuplatten des Neckarbeckens.

Die Zusammenhänge zwischen Schichtlagerung und Landform sind auch an der Weißjurastufe deutlich. Die Stufenkante der Unteren Weißjurakalke des Oxford 2 fällt im Schichtstreichen von 1015 m ü. M. am Lemberg bei Gosheim auf 700 m ü. M. in der Stufenrandbucht der Echaz um Reutlingen und auf 650 m ü. M. am westlichen Riesrand. Etwa ein Drittel der Absenkung entfällt auf Mächtigkeitsabnahmen in Trag- und Dachkörpern der Stufe. Der Rest, etwa 250 m, ist tektonisch bedingt. Im Schichtfallen neigt sich die Oxfordstufenfläche auf den Baaralbriedeln mit 0,9 %. Auf dem Heufeld bei Mössingen, das Zeugenberge der Kuppenalbstufe trägt, fällt die Landoberfläche mit 0,7 % Neigung nach Südosten. Die Konvergenz der Formen mit den Mächtigkeiten und der Lagerung der Gesteine ist evident.

Die heutige Schichtlagerung hängt mit der postuntermiozänen Aufwölbung der Randgebirge des Oberrheingrabens zusammen. Dies wird durch die heutige Höhenlage der untermiozänen Kliffstufenbasis des Oberen Molassemeeres der Schwäbischen Alb belegt. Die tertiärzeitliche Küstenlinie fällt heute von 850 m ü. M. auf der Südwestalb bei Blumberg bis zum westlichen Riesrand bei Dischingen auf der Ostalb auf 500 m ü. M. ab. Die Sohle der etwas jüngeren, von Nordosten nach Südwesten entwässernden Graupensandrinne der Brackwassermolasse wurde postuntermiozän gegen ihr ursprüngliches Gefälle mitverstellt. Sie liegt heute bei Donauwörth etwa 350 m, bei Ulm 550 m und am Rande bei Schaffhausen 650 m ü. M. Tektonisch beeinflußt wurden auch die jungobermiozänen Donauschotterfelder des Albsüdrandes (DONGUS 1970). Tektonische Bewegungen erfolgten demnach während des ganzen Jungtertiärs und wahrscheinlich auch noch im Pleistozän.

5 Stufenabtragsformen

Im jungtertiären Südwestdeutschland waren zweifellos schon Schichtstufen vorhanden. Am westlichen Riesrand wurde ein präexistentes Stufenland im Schwarzen, Braunen und Weißen Jura von mittelmiozänen Riestrümmermassen bedeckt, danach mit Molasse verfüllt und im Plio-Pleistozän wieder aufgedeckt, wegen der relativ geringen Hebung der Riesalb (Kliffstufe bei Harburg 410 m ü. M.) aber nicht mehr grundsätzlich verändert. Nur ist das westliche Riesrandgebiet eine Ausnahme. Außerhalb der Riesränder sind jungtertiäre Schichtstufenformen nur indirekt erschließbar. So ergeben sich aus der Gesteinsführung und der Rinnenlagerung der obermiozänen Juranagelfluh der Südwestalb Muschelkalk- und Juraschichtstufen, die 25 km vor den heutigen Traufen lagen (SCHREINER 1965). Der Schlotinhalt von Scharnhausen belegt, daß die Filder mittelmiozän noch von Braunem und Unterem Weißem Jura überlagert waren. Die Stufe der Unteren Weißjurakalke lag dort ebenfalls etwa 25 km vor der heutigen Trauflinie, also etwa über Stuttgart. Schloteinschlüsse belegen zwar kein Relief. Angesichts der Riesrandstufen gibt es jedoch keine plausiblen Gründe, im gleichzeitigen außerriesischen Südwestdeutschland Rumpfflächenformen anzunehmen, zumal Schichtstufen in allen Klimazonen der Erde auftreten. Da die mittelmiozänen Seen des Rieses und des Steinheimer Beckens versalzt waren, liegt es nahe, das jungtertiäre Relief Südwestdeutschlands mit dem Typus heutiger Schichtstufenländer semiarider Klimate zu vergleichen.

Indes sind die Fragen, ob im Jungtertiär Südwestdeutschlands Schichtstufen vorhanden waren und ob diese als Stufen verlagert wurden, oder ob ein Wechsel zwischen stufenplanierender und stufenversteilender Formung stattgefunden habe, etwas akademisch. Heutiger Beobachtung zugänglich sind im wesentlichen nur mehr die Ergebnisse pleistozänkaltzeitlicher Formung. Die Erkenntnisse über die Entwicklung südwestdeutscher Flußsysteme (WAGNER 1963) legen die Annahme nahe, zumindest manche mittleren und proximalen Abschnitte heutiger Schichtstufendachflächen seien erst nach der alt-obermiozänen Reliefplombierung (KIDERLEN 1931; SCHREINER 1965; DONGUS 1972) entstanden und daher kaum älter als pliozän. Erhebliche Teile entstammten erst dem älteren Pleistozän. Damals wurden die Stufen teilweise noch wesentlich verlagert, so weit nämlich ihre Fußzonen keine Lößpolster tragen. Der Keupertrauf beispielsweise stand endpliozän am Westrand der Oberen Gäue über Nagold und damit noch 20 km westlich der heutigen Schönbuchstufe (WAGNER 1924). Am Nordrand des Keuperwaldes lag die Schichtstufe im Ältestpleistozän sogar noch über der Hollenbacher Mulde, etwa 25 km vor der heutigen Stufe der Virgundberge (SIMON 1996). Die Flüsse waren an der Grenze vom Pliozän zum Pleistozän noch nicht so weit eingeschnitten wie heute. Die Höhenschotter von Enz und Neckar liegen noch im Niveau der Lettenkeuperflächen (BLÜMEL 1983).

Die jüngeren Stufendachflächen verdanken ihre Existenz vor allem flächenhaft wirksamen

Denudationsvorgängen der Eiszeiten, im wesentlichen pleistozäner Solifluktion, teilweise wohl auch der Kryoplanation. Die Zerstörung mergeliger Deckschichten über resistenten Stufendachkörpern wurde kaltzeitlich relativ beschleunigt. Solifluktionsdecken kennzeichnen diese Vorgänge. Tertiäre, im Pleistozän solifluidal durchbewegte Verwitterungsdecken treten weitgehend nur in distalen Flächenbereichen auf, falls sie nicht überhaupt fehlen.

Die Stufenränder wurden in den pleistozänen Kaltzeiten, von den allmählich eingetieften Tälern ausgehend, sowohl erosiv als vor allem auch hangdenudativ geformt. An Stufen mit mächtigen, stark auflastenden Dachkörpern sind neben Korrasionstälchen in der Form von Hangrissen pleistozäne Bergrutsch- und Bergsturzformen neben Scherbenschutt- und Solifluktionsdecken weit verbreitet. Bergrutsche und Scherbenschutt werden auch heute noch neu gebildet oder doch fortgebildet, wenn auch in wesentlich geringerem Ausmaß als im Pleistozän.

Die Hangdenudation wurde und wird aus den Tälern gesteuert. Die meisten Stufenränder bestehen weitgehend aus Stirntaltrichtern, die sich gegenseitig verschneiden. Weil die Talwände so lange schichtstufenspezifisch geformt werden, als in ihnen noch wenig resistente Schichten über den Talsohlen anstehen, werden nicht nur die Schichtkopfstirnen, sondern auch die Stufenflanken zurückverlegt. Distale Stufenabschnitte sind daher meist in Riedelsysteme aufgelöst, die mit zunehmender Stirntaltiefe in Ausliger und schließlich in Zeugenberge auf lokalen Stirntalwasserscheiden übergehen. Beispiele hierfür bieten die von DEFFNER (1861) beschriebenen Liaszeugenberge des Mainhardter Waldes, denen sich im Schichtfallen südlich des Murrtales die Liasriedel des Welzheimer Waldes und erst südlich von Lein und Rems die geschlossenen Liasflächen des Ostalbvorlandes anschließen. Die Vorstellung einer Verlagerung von Schichtstufen allein von der Stirnstufe her ist daher zwar nicht direkt falsch, aber doch zu einseitig und zu sehr aus Profilschnitten abgeleitet. Eher die Regel ist die Entwicklung von einer verhältnismäßig wenig gegliederten zu einer aufgelösten Schichtstufe, auf deren Abtrag wieder eine eher geschlossene Stufe folgt. Da die Stirntäler, zumindest die der kleineren Gerinne, im allgemeinen nicht sehr weit in die Stufenstirnen zurückgreifen und das Gefälle der an sie anschließenden, gegenläufigen Abdachungstäler geringer ist als das Einfallen der Stufenoberflächen, bestehen die proximalen Stufendachflächen eher als die distalen Stufenteile aus geschlossenen Schichtplatten. Typisch hierfür sind die Schichtniederungen am Fuß der Keupertraufe.

Es ist theoretisch möglich, daß Abtrag an der Stufenstirn durch Flächenzuwachs am Fuße der Folgestufe kompensiert wird. Die Regel ist diese Art der Stufenverlagerung jedoch schwerlich. Es gibt vielmehr deutliche Hinweise darauf, daß einzelne südwestdeutsche Schichtstufen unter pleistozänen Kaltklimaten weitgehend abgebaut wurden, während ihre Sockelstufen kaum und ihre Dachstufen gar nicht verlegt wurden. Die unter jungtertiären Klimaverhältnissen im mergeligen Wellengebirge der Oberen Gäue entwickelte Stufe verschwand im Pleistozän weitgehend, ohne daß die darüber folgende Stufe des Hauptmuschelkalks merklich zurückwich. Die Liasstufe des Keuperwaldes ostwärts des Neckars wurde im Pleistozän um etwa 40 km nach Süden verlegt, der Keupertrauf in ihrem Sockel nur um etwa 20 km.

Wirksamer als die Abtragung an den Stufenstirnen und den Stirntalflanken scheint im Pleistozän der Stufenabbau von den Rückseiten aus gewesen zu sein. Er geht auch heute noch weiter, wenn auch weniger intensiv als in den Kaltzeiten. An subsequenten Gerinnen, die sich einwärts der Stufenstirnen tief in die Stufentragkörper eingeschnitten haben, bestehen die Talwände weitgehend aus Schichtstufen. Die Schichtfallstufe auf der Talflanke des Schichtanstiegs ist stets stark zerschnitten. Sie ist keine Achterstufe, denn deren Definition meint eine andere Form. Auf der Talflanke im Schichtfallen ist dagegen eine geschlossenere Schichtkopfstufe entwickelt. Die Zerschneidung ist eine Folge der Entwicklung konsequenter Gerinne, die dem Grundwasserzug auf der Schichtabdachung folgen. Sie haben den im Bereich des Schichtanstiegs liegenden Teil des Stufenkörpers im Schichtfallen rückschreitend aufgelöst, sozusagen "von hinten her". Oft wurde dabei der Stirnstufenrand durch Rückerosion durchschnitten. Die konsequenten Gerinne entspringen dann auf der jeweiligen Sockelstufe. Ihre Täler erscheinen als Schichtstufendurchbrüche. Die gegen die Schichtneigung gewandten Talwände auf der im Schichtfallen liegenden Flanke der subsequenten Täler werden gegen den Grundwasserzug nur durch Hangrisse und kurze obsequente Gerinne gegliedert. Sie bilden Schichtkopfstufen in statu nascendi und werden zu Hauptstufenrändern, sobald ihr Vorland abgetragen ist. Sie stehen also quasi am Beginn eines neuen Zyklus, sofern die Dynamik zyklisch gesehen werden soll. Sie als unechte Schichtstufen (PAUL 1958) oder Talschichtstufen zu bezeichnen, besteht kein Anlaß.

Abtragung durch Erosion und Hangdenudation entlang von Abdachungstälern, die einem subsequenten Gerinne zustreben, dessen Tal weit einwärts der Schichtkopfstufe eingeschnitten ist, kann an allen Schichtstufen Südwestdeutschlands nachgewiesen werden. Sie prägt die Buntsandsteinstufen des Grindenschwarzwalds um Kniebis und Hornisgrinde westlich der oberen Murg und die Muschelkalkstufen zwischen dem Klettgau und dem Enztal, die im Schichtfallen zur Wutach, zu Brigach und Breg, zur Eschach, zum oberen Neckar, zur Ammer und zur Würm entwässert werden. Am Muschelkalktrauf sind häufig die Schichtfallstufen markanter entwickelt als die Schichtkopfstufen (BLUME & REMMELE 1989; OLBERT 1977). Auch die Baulandstufenränder wurden örtlich von konsequenten Gerinnen aufgelöst. Die Abtragung der Keuperstufen des Strombergkomplexes durch die Zaber, des Berglandes ostwärts des Neckars durch Neckar, Murr, Lein und Rems, der von DEFFNER (1861) beschriebenen Liasplatten auf den Löwensteiner Bergen, dem Mainhardter und dem Welzheimer Wald folgt denselben Regeln. Auch die Liasplatten des Schönbuchs, der Filder und des Schurwaldes sind im Schichtfallen durch Neckar- und Filszubringer gegliedert, ebenso wie die Braunjurastufe des Rehgebirges. Am Albtrauf ist das Riedelrelief der Filsalbberge westlich von Geislingen ein gutes Beispiel für den Stufenabtrag im Schichtfallen. Dort bildet das subsequente obere Filstal die Erosionsbasis einwärts des Schichtkopfstufenrandes. Aber auch an anderen Stellen des Albtraufs wird die Stufe, wenn auch in geringerem Maße, von der Rückseite her aufgelöst.

Literatur

BLÜMEL, W. D. (1983): Höhenschotter an Enz und Neckar, ein Beitrag zur Reliefgeneration der Breitterrassen. - Geoökodynamik, **4**: 209-226; Darmstadt.

BLUME, H. (1971): Probleme der Schichtstufenlandschaft. - Erträge der Forsch., **5**: 5-117; Darmstadt.

BLUME, H. & REMMELE, G. (1988): Die Schliffe des Schwarzwaldes - Formen rezenter Morphodynamik. - Z. Geomorphologie, N. F., **32**: 273-287; Berlin, Stuttgart.

BLUME, H. & REMMELE, G. (1989): Die Muschelkalk-Schichtstufe am Ostrande des Schwarzwaldes. - Jh. Ges. Naturkde. Württemberg, **144**: 31-41 ; Stuttgart.

CARLÉ, W. (1950): Erläuterungen zur Geotektonischen Übersichtskarte der Südwestdeutschen Großscholle 1 : 1 Mio. - 32 S.; Stuttgart.

DEFFNER, C. (1855): Hebungsverhältnisse der mittleren Neckargegend. - Jh. Ver. vaterländische Naturkde. Württemberg, **11**: 20-33; Stuttgart.

DEFFNER, C. (1861): Die Lagerungsverhältnisse zwischen Schönbuch und Schurwald. - Jh. Ver. vaterländische Naturkde. Württemberg, **17**: 170-262; Stuttgart.

DONGUS, H. (1970): Über die Schotter des jungtertiären Albdonausystems und einige geomorphologische Konsequenzen aus ihrer Lage, ihrer Korngröße und Zusammensetzung. - Ber. Dt. Landeskde., **44**: 245-266; Bad Godesberg.

DONGUS, H. (1972): Einige Bemerkungen zur Frage der obermiozän-unterpliozänen Reliefplombierung im Vorland der Schwäbischen Alb und des Rieses. - Ber. Dt. Landeskde., **46**: 1-28; Bad Godesberg.

DONGUS, H. (1974): Schichtflächen in Süddeutschland. - Heidelberger Geogr. Arb., **40**: 249-268; Heidelberg.

FISCHER, F. (1998): Die Schichtstufenlandschaft als strukturbedingter und klimabeeinflußter Formenschatz. - 120 S.; Blieskastel.

GEYER, O. F. & GWINNER, M. P. (1991): Geologie von Baden-Württemberg. - 4. Aufl.: 482 S.; Stuttgart.

GRADMANN, R. (1931): Süddeutschland. - 2 Bde.: 215 S. u. 553 S.; Stuttgart.

GRAUL, H. (1977): Exkursionsführer zur Oberflächenformung des Odenwaldes. - Heidelberger Geogr. Arb., **50**: 1-210; Heidelberg.

HUTTENLOCHER, F. (1934): Filder, Glemswald und Schönbuch. - Erdgeschichtliche und landeskdl. Abh. Schwaben u. Franken, **15**: 1-151; Tübingen.

KIDERLEN, H. (1931): Beiträge zur Stratigraphie und Paläogeographie des süddeutschen Tertiärs. - Neues Jb. für Mineralogie, Geologie und Paläontologie, Beil.-Bd. **B 66**: 215-384; Stuttgart.

LÖFFLER, E. (1929): Die Oberflächengestaltung des Pfälzer Stufenlandes. - Forsch. Dt. Landes- u. Volkskde., **27**: 1-78; Stuttgart.

OLBERT, G. (1977): Die Muschelkalkschichtstufe am Nordostrand des Schwarzwaldes. - Jh. Ges. Naturkde. in Württemberg, **132**: 135-151; Stuttgart.

PAUL, W. (1958): Zur Morphogenese des Schwarzwaldes (II). - Jh. Geol. L.-Amt Baden-Württemberg, **3**: 263-359; Freiburg i. Br.

SCHMITTHENNER, H. (1954): Die Regeln der morphologischen Gestaltung im Schichtstufenland. - Petermanns Geogr. Mitt., **98**: 3-10; Gotha.

SCHREINER, A. (1965): Die Juranagelfluh im Hegau. - Jh. Geol. L.-Amt Baden-Württemberg, **7**: 303-354; Freiburg i. Br.

SCHUNKE, E. & SPÖNEMANN, J. (1972): Schichtstufen und Schichtkämme in Mitteleuropa. - In : Göttinger Geogr. Abh., **60**: 65-92; Göttingen.

SIMON, T. (1996): Die Schotter von Reubach im östlichen Hohenlohe. - Jber. U. Mitt. Oberrheinischen Geol. Ver., N. F., **78**: 375-397; Stuttgart.

WAGNER, G. (1924): Über das Zurückweichen der Stufenränder in Schwaben und Franken. - Jber. u. Mitt. Oberrheinischen Geol. Ver., N. F., **13**: 170-175; Stuttgart.

WAGNER, G. (1927): Morphologische Grundfragen im süddeutschen Schichtstufenland. - Z. Dt. Geol. Ges., **79**: 355-374; Berlin.

WAGNER, G. (1950): Zum Großbau der Oberrheinlande. - Decheniana, **104**: 1-10; Frankfurt a. M.

WAGNER, G. (1963): Danubische und rheinische Abtragung im Neckar- und Tauberland. - Ber. Dt. Landeskde., **31**: 1-11; Bad Godesberg.

WURSTER, P. (1964): Geologie des Schilfsandsteins. - Mitt. Geol. Staatsinstitut Hamburg, **33**: 1-140; Hamburg.

Geosphäre - Biosphäre - Anthroposphäre:
Zum Dilemma holistischer globaler Umweltforschung

Eckart Ehlers, Bonn

mit 8 Abb.

1 Vorbemerkung: Die Einheit des Wissens

1998 hat der Biologe Edward O. Wilson sein großes Plädoyer für die Einheit des Denkens und der Wissenschaft, für die Überwindung der Kluft zwischen Natur- und Geisteswissenschaften vorgelegt: noch im gleichen Jahr ist sein "Consilience. The Unity of Knowledge" unter dem Titel "Die Einheit des Wissens" in deutscher Sprache erschienen. Ausgehend von der These, daß sich "im heute so fragmentierten Wissen und dem daraus resultierenden philosophischen Chaos .... nicht die reale Welt, sondern ein Kunstprodukt der Gelehrten" (S. 15) spiegele, geht das Postulat Wilsons dahin, im Interesse der Sinnhaftigkeit menschlicher Existenz und eingedenk seiner biologischen Evolution nicht zum "homo proteus", zum umgestaltenden Menschen (S. 371), zu verkommen, sondern sich vielmehr zu jenem "weisen Menschen" zu vervollkommnen, der sich als biologisches und kulturelles Wesen zugleich versteht und entsprechend verantwortlich handelt.

Einer der besonderen Reize dieses anregenden Buches ist die einleitende Parabel, die E. O. WILSON (1998: 17) im Kontext der in Abb. 1 genannten Quadranten mit Umweltpolitik - Ethik - Biologie - Sozialwissenschaften belegt und deren Sinn- und Wirkungszusammenhang er wie folgt umschreibt: "Während wir diese Kreise durchqueren und auf den Punkt zusteuern, an dem sich die Quadranten treffen, stellen wir fest, daß wir zunehmend instabilere und desorientierendere Regionen betreten. Im engsten Kreis um den Schnittpunkt, wo die meisten Probleme der realen Welt liegen, werden Grundlagenanalysen am dringendsten benötigt. Tatsächlich aber ist das nicht einmal geplant. Und es gibt so gut wie keine Begriffe oder Worte, an denen wir uns orientieren könnten. Es ist uns also nur gedanklich möglich, im Uhrzeigersinn von der Erkenntnis, daß es umweltpolitische Probleme und einen großen Bedarf an wohlfundierten politischen Ansätzen gibt, weiter zu einer Auswahl von Lösungen zu reisen, die auf moralischen Schlußfolgerungen basieren, dann weiter zu den biologischen Fundamenten dieser Schlußfolgerungen bis hin zu der Einsicht, daß gesellschaftliche Institutionen nötig sind, die sich an Biologie, Umwelt und Geschichte orientieren - um schließlich wieder bei der Umweltpolitik anzukommen".

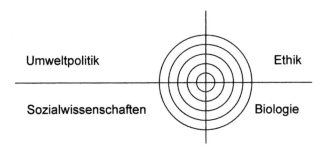

Abb. 1 Verknüpfung der Bereiche Umweltpolitik - Ethik - Biologie - Sozialwissenschaften
(nach E. O. WILSON 1998)

Globale Umweltveränderungen und das Problem der immer komplexer werdenden Mensch-Umwelt-Interdependenzen legen in der Tat das Postulat zu einer "consilience", von der Übersetzerin des Buches als "Vernetzung" bezeichneten Zusammenführung verschiedenster Forschungsansätze nahe. Es ist bekannt, daß eine Wissenschaft allein heute kaum noch in der Lage ist, komplexe Probleme zu lösen. Zusammenarbeit über Fächergrenzen hinweg ist dafür verbreitete Voraussetzung. Daß solche Kooperationen nicht immer einfach sind und vielfach erst erlernt werden müssen, ist bekannt. Und gelten solche Feststellungen für die Zusammenarbeit innerhalb der Naturwissenschaften, Sozial- und/oder Geisteswissenschaften per se, um wieviel mehr Gültigkeit haben sie für trans-, multi- oder gar interdisziplinäre Forschungskooperation!

Ungeachtet solcher Schwierigkeiten ist unbestritten, daß der Ruf nach holistisch-integrativen Problemlösungen gerade im Bereich der Umweltforschung in den letzten Jahren erheblich zugenommen hat. Stellvertretend für viele diesbezügliche Äußerungen seien VITOUSEK et al. (1997) zitiert, die auf eine breite Palette von Beispielen zur "human domination of the Earth's ecosystems" verweisen und in deren Gefolge LUBCHENCO (1998) mit Nachdruck "a new social contract for science" eingefordert hat.

2 Das Postulat holistisch-integrativer Umweltforschung - Drei Beispiele

Die Forderung nach fächerübergreifender Zusammenarbeit auf dem Gebiet der globalen Umweltforschung ist so alt wie "global environmental change research" selbst[1]. Die Begründung des World Climate Research Program (WCRP) hat ebenso wie die des International Geosphere-Biosphere Program (IGBP) oder die des International Human Dimensions Program (IHDP) von Anbeginn an auf disziplinübergreifende Forschungskooperation gesetzt (EHLERS 1998a, GRASSL 1998). Gleiches gilt auch für die speziellen Unterprojekte dieser Programme wie WOCE, PAGES, LOICZ oder GECHS[2] - um hier nur einige Beispiele zu nennen. Ihnen allen ist indes gemein, daß sich ihre Kooperationspartner ausschließlich aus Naturwissenschaftlern hier und Sozialwissenschaftlern dort zusammensetzen. Die Einsicht in die notwendige Kooperation dieser und anderer Wissenschaftsbereiche (z. B. Medizin) ist vergleichsweise jung und entspricht dem sich verstärkenden Postulat nach ökologisch-holistischen Erklärungsansätzen in der globalen Umweltforschung.

Jeder Überblick über Ansätze zur Vernetzung verschiedenster Wissenschaftsdisziplinen muß angesichts der schier unglaublichen Vielzahl von Entwürfen und Vorschlägen von vornherein zum Scheitern verurteilt sein. Allein die Konzepte zu holistisch-integrativen Projekt- und Forschungsskizzen auf dem Gebiet der globalen Umweltforschung sind ebenso zahlreich wie diese selbst. Es mag daher genügen, zunächst einmal an zwei oder drei Beispielen theoretische wie praktische Konzeptionen vorzustellen, um an ihnen Anspruch und Realitätssinn, Hoffnungen und Erwartungen der unterschiedlichsten Forschergemeinden zu demonstrieren.

Beispiel 1 - mehr durch Zufall gewählt und als Exempel eines von überwiegend naturwissenschaftlicher Perspektive ausgehenden Ansatzes - ist der 1997 veröffentlichte "Methodological Guide to Integrated Coastal Zone Management"[3], erarbeitet von der Intergovernmental Oceanographic Commission und publiziert durch die UNESCO. Abb. 2 faßt den geosphärisch-anthroposphärischen Grundansatz dieses Kontextes zusammen, von den Verfassern als "eco-sociosystem" bezeichnet. Menschlichen Aktivitäten wird dabei die Kernfunktion zugeschrieben.

Es versteht sich von selbst, daß die drei Systemkomponenten in eine Vielzahl differenzierter Kriterien zerfallen, die für das Management von Küstenregionen von Belang sind. Der Überblick über solche Kriterien offenbart indes einen wahren "Kosmos" zu berücksichtigender Kompartemente. Die Ausdifferenzierungen der "physical", "biological" und "human activity"-Kriterien stellen sich einerseits wie eine "shopping list" dar, werden andererseits aber explizit als Beispiele bezeichnet, die somit offensichtlich austauschbar oder zu vermehren seien. Und in der Tat gilt es wohl zu bedenken, daß bei diesem weitgefaßten Anspruch lediglich jene Parameter Berücksichtigung fanden, die für das Ziel des unmittelbaren Managements von Küstenzonen als unabdingbar erscheinen.

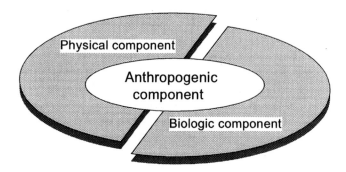

Abb. 2 Die drei Komponenten eines "Eco-Sociosystems" mit den menschlichen Aktivitäten in dessen Zentrum
(nach Intergovernmental Oceanograhic Commission/ IOC 1997)

Die Problematik des scheinbar Unvereinbaren beginnt im vorliegenden Fall bereits bei der definitionsähnlichen Umschreibung der drei Kriterien, die variabel, unbestimmt und wenig präzise sind. So wird das in Abb. 3 differenzierte "physical criterion" wie folgt umschrieben: "It brings together several series of parameters among which may be found those which are descriptive in nature and those which are dynamic, that is to say which designate the factors of the possible evolution of the environment". Das "biological criterion" wird wie folgt charakterisiert: "It gathers the main parameters indicative of the level of productivity of the environment. The priority theme touches on the notion of biodiversity, recognised as being the most reliable indicator of the complexity of the expression of this productivity". Das "human activity criterion" schließlich konzentriert sich auf die Rolle des Menschen als dem entscheidenden Agens im Management von Küstenregionen: It brings together the main parameters indicative of the level of anthropogenic pressure. Account is taken of the way in which Man is implanted in and interacts with his surroundings, in terms of the space he occupies and how he uses it".

Beispiel 2 ist dem soeben publizierten Bericht der World Health Organzisation (WHO) zur Forschungspolitik in bezug auf eine globale Gesundheitsforschung entnommen. Das 1998 veröffentlichte Dokument führt in einer Übersicht über die für die globale Gesundheit

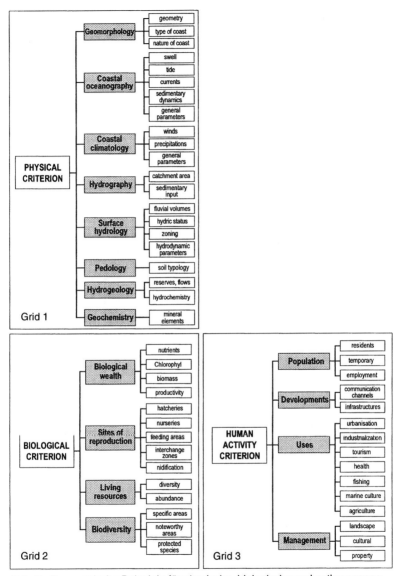

Abb. 3 Parametrische Beispiele für physische, biologische und anthropogene Kriterien im integrierten Management von Küstenzonen
(nach IOC 1997)

der Weltbevölkerung wichtigen Rahmenbedingungen eine breite Palette auf, die zwar überwiegend dem sozioökonomischen Bereich entstammt, aber mit der Degradierung der natürlichen Ökosysteme oder der Umweltverschmutzung explizit auch die natürliche Umwelt und ihre Veränderungen einbezieht.

Noch expliziter wird der holistisch-integrative Anspruch einer globalen Gesundheitsentwicklung im Kontext der Darstellung des Forschungsverbundes, der nach Auffassung der WHO an der Problemlösung zu beteiligen sei (Abb. 5). Danach gibt es so gut wie kein Wissenschaftsgebiet, das nicht in der einen oder anderen Form an der Zielsetzung des Programms einer "global health development" mitzuwirken habe.

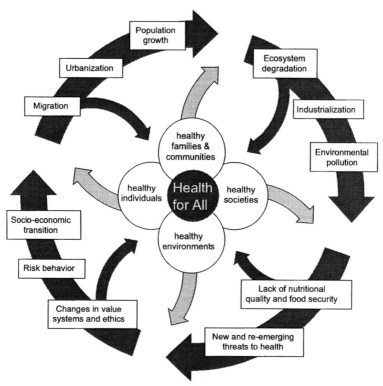

Abb. 4 Wechselwirkungen zwischen natürlicher und sozialer Umwelt im WHO-Konzept "Health for All"
(nach World Health Organization 1998)

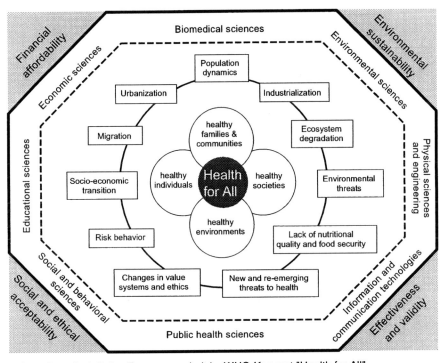

Abb. 5 Interdisziplinäre Zusammenarbeit im WHO-Konzept "Health for All"
(nach World Health Organization 1998)

Beispiel 3 schließlich - und das sei mit Nachdruck betont - greift auf ältere modellähnliche Überlegungen zurück, wie sie insbesondere von MERCHANT (1990), von ROBINSON (1991) oder TURNER II et al. (1991) zusammengefaßt wurden. Wenn hier als Abb. 6 das von MERCHANT (1990) entwickelte Interpretationsmodell ökologischer Transformationen gewählt wird, dann deshalb, weil hier explizit Ökologie und menschliche Tätigkeit auf gleiche Ebene gesetzt werden. Anstatt hierarchisch gestufter Wechselbeziehungen, in denen mal die natürliche Umwelt das menschliche Verhalten dominiert, mal umgekehrt die Dominanz des Menschen über die Natur in den Vordergrund gerückt wird, suggeriert Abb. 6 eine Parität und "kreative Reziprozität" (MERCHANT 1990: 676) im Verhältnis zwischen menschlicher Gesellschaft und natürlicher Umwelt.

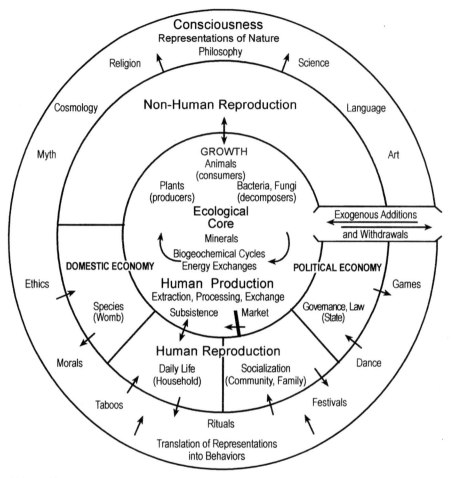

Abb. 6 Konzeptioneller Rahmen zur Interpretation ökologischer Transformationen (nach MERCHANT 1990)

Es ist selbstverständlich, daß die hier genannten Beispiele nicht nur notgedrungen subjektiv ausgewählt sind, sondern auch - und mehr noch! - in ihrem Totalitätsanspruch wohl eher als theoretische Denkmodelle denn als praktische und praktikable Forschungsstrategien angesehen werden sollten. Wichtiger als ihr Realitätssinn ist indes das in ihnen zum Ausdruck kommende Streben unterschiedlichster Disziplinen und wissenschaftlicher Selbstverständnisse nach Integration von in der Vergangenheit isolierter Forschung. Zugleich wird deutlich, daß es längst nicht mehr um fächernahe Kooperationsformen, z. B. zwischen verschiedenen naturwissenschaftlichen oder sozialwissenschaftlichen Disziplinen geht. Der Ruf nach Integration der Forschungsansätze und nach fachübergreifender wissenschaftlicher Kooperation über vermeintlich unüberbrückbare Disziplingrenzen hinweg wird lauter. Angesichts der Tatsache, daß jedoch weder der Begriff "Integration" noch der der "Interdisziplinarität" eindeutig und unmißverständlich sind, einigt man sich in besten Fällen auf die Versuche trans- oder multidisziplinärer Zusammenarbeit.

3 Die Realität holistisch-integrativer Umweltforschung: Darstellung eines Versuchs

Einen solchen Versuch trans- oder multidisziplinärer Zusammenarbeit, der indes unter dem breiteren Ansatz einer sowohl integrativen als auch internationalen und damit auch innovativen Kooperation gesehen werden möchte, stellt das vom Deutschen Nationalen Komitee vorgeschlagene Projekt "AQUA" (Water: Availability - Quality - Allocation) dar. Das inzwischen vom Bundesministerium für Bildung und Forschung (BMBF) unter dem Titel "GLOWA" (Globaler Wandel des Wasserkreislaufs) öffentlich ausgeschriebene und für integrative Antragstellungen publizierte Dokument[4] versteht sich dabei explizit als ein Beitrag zur Förderung interdisziplinärer Forschung. Es postuliert u. a. das Ziel, am Beispiel des globalen Wasserkreislaufs die "wissenschaftlichen Grundlagen für ein nachhaltiges, zukunftsfähiges Management von Ökosystemen und Gesellschaften" bereitzustellen. Damit sollen aber zugleich gefördert werden "integrierte Forschungsansätze, die das System Erde als ganzes und in allen Facetten berücksichtigen" sowie die Zusammenführung sektoraler Forschung und Entwicklung und schließlich auch die Vernetzung von Institutionen und Disziplinen. Vor diesem Hintergrund ist das erste der insgesamt acht forschungspolitischen Ziele des BMBF denn auch wie folgt formuliert: "Aufbau programm- und sektorübergreifender wissenschaftlicher Zusammenarbeit in Form integrativer Leitprojekte auf Zeit und damit disziplinübergreifende Bündelung der Kompetenzen und Kapazitäten".

Das vom Nationalkomitee und von den in ihm vertretenen natur- wie sozialwissenschaftlichen Disziplinen erarbeitete Rahmenkonzept ist eine Integrationsmatrix, die durch die Kombination der in Abb. 7 aufgelisteten Einflußfaktoren und Kernthemen und ihre vergleichende Untersuchung in funktional wie ökologisch unterschiedlichen Wassereinzugsgebieten in doppelter Hinsicht Möglichkeiten zu "holistisch-integrativen" Forschungsansätzen eröffnet: zum einen innerhalb einzelner Flußsysteme; zum anderen im Rahmen einzelprojektübergreifender Modellierung.

Der in Abb. 7 aufgezeigte integrative Ansatz hat trotz, oder vielleicht gerade wegen seines Kompromißcharakters konkrete Realisierungsmöglichkeiten, die durch Spezifika charakterisiert sind, die den zuvor genannten drei Beispielen holistisch-integrativer Forschungspostulate fremd sind. Zu diesen insgesamt als reduktionistisch zu bezeichnenden Merkmalen des AQUA/GLOWA-Projektes zählen u. a.:

- eine begrenzte und klar definierte Problemstellung, die sich
- in einem begrenzten räumlichen Bezugsrahmen abspielt, der zudem
- die gleichzeitige und aufeinander abgestimmte Kooperation verschiedenster Disziplinen erfordert mit dem
- Ziel einer Lösung des zuvor definierten Problems.

Teilnehmer eines im Zusammenhang mit dem AQUA/GLOWA-Projekt kürzlich durchgeführten Workshops zu dem Thema "Integration Methods for Global Change Research" haben die Praktikabilität reduktionistischer Integrationsansätze als Basis erfolgreicher Kooperation über Fächergrenzen übereinstimmend betont[5]. Unter den Voraussetzungen klarer Zielsetzungen und Problembestimmungen wurden aus dem Blickwinkel unterschiedlichster Forschungsrichtungen als Voraussetzung erfolgreicher fächerübergreifender Zusammenarbeit immer wieder eingefordert:

- well-defined objectives;
- simple working hypotheses;
- clear problem definition.

Weitgehende Übereinstimmung bestand auch dahingehend, was ein Ökonom so formulierte: "It is a political concern that integrates!" Zu den weitgehend konsensfähigen Auffassungen der unterschiedlichsten Fachvertreter zählte schließlich die These, daß ein nicht zu kompliziertes Forschungsdesign die Chancen disziplinübergreifender Kooperation wesentlich verbessere. Umgekehrt war demzufolge unbestritten, daß zunehmende Komplexität sowohl in der Projektdurchführung als auch in der Modellierung nicht nur die praktische Integration unterschiedlichster Disziplinen erschwert, sondern auch die Aussagekraft der produzierten Ergebnisse zunehmend unspezifisch und aussageschwach werden läßt.

Die entscheidende Frage für echte integrative Forschung scheint zu lauten: was können Disziplinen mit ihren spezifischen Forschungsperspektiven zur Lösung eines klar defi-

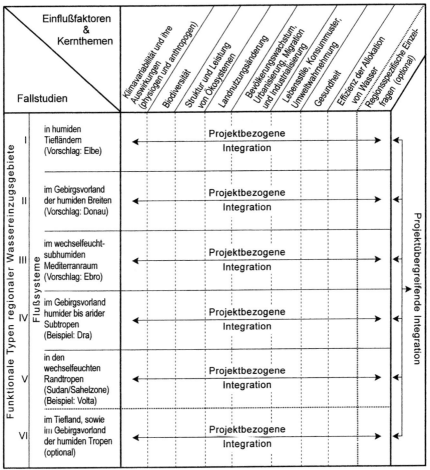

Abb. 7 Integrationsmatrix der inter-/trans-/multidisziplinären Zusammenarbeit von Natur- und Sozialwissenschaften an konkreten Fallbeispielen
(verändert nach unveröffentlichten Unterlagen des Nationalen Komitees für globale Umweltforschung 1998)

nierten Problems beitragen? Mit anderen Worten: nicht disziplinäres Selbstverständnis um jeden Preis, fachspezifische Abkapselung und Nabelschau, sondern fächerübergreifende Kooperation mit dem Ziel einer Problemlösung im transdisziplinären Dialog und Austausch sind erfolgversprechend und zielführend. Eine solche generelle Feststellung gilt in ganz besonderer Weise für die komplexen Probleme globaler Umweltveränderungen. Daß dabei natur- und sozialwissenschaftliche Disziplinen in besonderer Weise auf Kooperation und Ko-Disziplinarität angewiesen sind, macht globale Umweltforschung über die konkreten Problembewältigungen hinaus zu einem Test für Möglichkeiten und Grenzen natur- und sozialwissenschaftlicher Zusammenarbeit und problemlösungsorientierter Integrationsfähigkeit.

4 Holistisch-integrative Umweltforschung: Möglichkeiten und Grenzen

Unter Wissenschaftshistorikern besteht weitgehende Übereinstimmung dahingehend, daß die Aufkündigung einer holistischen Weltsicht und die Auflösung eines einheitlichen Weltverständnisses ihren Ausgangspunkt in der Aufklärung haben. Francis Bacon und René Descartes als Überwinder einer seit der Renaissance zunehmend in Frage gestellten theologisch-teleologischen Weltdeutung, der zunehmende Empirismus und die Begründung zahlreicher aufblühender Wissenschaften führen gerade auf dem Gebiet der Mensch-Natur-Gott-Beziehungen zu emanzipatorischen Deutungen der Welt, die dem Menschen zugleich zunehmende Kontrolle der Natur (GLACKEN 1967, insb. Kap. 8 und 10) und Abnabelung von theologischer Doktrin ermöglichten. Diese neue Sicht der Welt und des Kosmos, aber auch die veränderte Rolle des Menschen in diesen Kontexten werden von MEYER-ABICH 1997, MAYR 1998 (insb. S. 52ff.) und insbesondere von E. O. WILSON (1998) hervorgehoben. Dabei besteht Übereinstimmung darin, daß Aufschwung der Wissenschaften vor allem Aufschwung der Naturwissenschaften war. Der Mensch in seiner Rolle und Funktion als autonom handelndem Wesen wird erst spät erkannt und folglich erst mit Phasenverzug zum Gegenstand eigener wissenschaftlicher Analyse erhoben. Auch im Fach Geographie ist diese à priori angelegte Dualität eines naturwissenschaftlichen Primats gegenüber einer eigenständigen humanwissenschaftlichen Grundperspektive (Sozial- wie Geisteswissenschaft) bis in die Mitte des 19. Jh. überdeutlich: während A. von Humboldt in der Vorrede zu seinem "Kosmos" als sein wesentliches Erkenntnisziel "die Natur als ein durch innere Kräfte bewegtes und belebtes Ganzes aufzufassen" (1845: XIX) beschrieb und dabei dem Menschen insgesamt nur eine untergeordnete Rolle zukommen ließ, blieb sein großer Zeitgenosse C. Ritter zur gleichen Zeit noch darin verhaftet, die Erde als "Schauplatz aller menschlichen Wirksamkeit, ein Schauplatz göttlicher Offenbarung" zu sehen und zu deuten.

Es ist unbestritten, daß mit der Auflösung eines holistischen, in entscheidender Weise von abendländisch-christlichem Denken geprägten Weltbildes durch Renaissance, Aufklärung und Empirismus die Begründung und der nachfolgende Siegeszug der Naturwissenschaften einhergehen. Ebenso unbestritten ist, daß sich die Sozialwissenschaften erst sehr viel später formieren und erst gegen Ende des 19. Jh. konkretere Gestalt anzunehmen beginnen. Der damit angedeutete Phasenverzug auch in der methodischen Entwicklung und theoretischen Fundierung der Sozialwissenschaften hat sich bis heute - jenseits der ganz unterschiedlichen Untersuchungsgegenstände und Forschungsobjekte - kaum verringert, und er muß dort, wo disziplinübergreifende Kooperation dringend geboten ist (z. B. im Bereich der Mensch-Umwelt-Forschung), besonders problematisch sein. Ob es so ist, wie E. O. WILSON (1998: 253) formuliert, daß nämlich "die heutigen Sozialwissenschaften...von denselben Merkmalen gekennzeichnet wie die Naturwissenschaften in der frühen naturgeschichtlichen beziehungsweise fast ausschließlich deskriptiven Periode ihrer historischen Entwicklung" seien, bleibe dahingestellt (zum Vergleich der Naturwissenschaften mit den Sozialwissenschaften siehe WILSON 1998: 63-89, 243-280). Unbestritten aber dürfte sein, daß die zuvor angesprochenen und sich vermehrenden Postulate nach einer holistisch-integrativen Umweltforschung vor einem mindest dreifachen Dilemma stehen, das bislang effektiven Formen wissenschaftlicher Kooperation weitgehend unüberwindbar gegenüberzustehen scheint:

Dilemma 1: Unterschiedliche Gegenständlichkeit. Es ist ein Gemeinplatz darauf zu verweisen, daß sich die Naturwissenschaften als experimentelle und weitgehend mathematisch fundierte Disziplinen verstehen, die sich meist instrumentell operierend mit der materiellen Realität der Erde und des Kosmos befassen und deren Gesetzlichkeiten zu erklären suchen. Die Sozialwissenschaften demgegenüber sind jene, "die die menschliche Gesellschaft, gesellschaftliche Gruppen, einzelne Individuen in ihrer Beziehung zu anderen oder Einrichtungen und Institutionen von Gesellschaften sowie materielle und kulturelle Güter als Ausdruck des Zusammenlebens von Menschen zum Gegenstand haben" (BAYER, O. & STÖLTING, E. 1989: 302). Irritiert allein schon das von den Verfassern dieser Definition selbst eingeräumte Fehlen eines eindeutigen Gegenstandsbereiches, so kommen bislang unvereinbar erscheinende Forschungsziele innerhalb der Sozialwissenschaften sowie die Persistenz von "Schulen" und Ideologien als nur schwer zu überbrückende Hindernisse hinzu. Schließlich tragen auch die große disziplinäre Varietät sowie disziplinäre Traditionen und Selbstverständnisse zur "Unübersichtlichkeit" bei.

Dilemma 2: Phasenverzug in der Entwicklung kompatibler Methodik. "Die beiden großen Forschungsbereiche können nur profitieren, wenn ihre Methoden und Kausalerklärungen in Einklang gebracht werden". Ob eine solche Forderung (WILSON 1998: 252) in absehbarer Zeit realistisch einlösbar ist, mag bezweifelt werden. Andererseits bedarf die globale Umweltforschung gerade angesichts der von Naturwissenschaftlern zunehmend angemahnten "human dimensions" einer solcher Kooperation zwischen Natur- und Sozialwissenschaftlern. Wenngleich es dem Verfasser dieser Zeilen kurzfristig praktikabler erscheint, fächerübergreifende Zusammenarbeit zunächst entlang der zuvor formulierten Frage: "Was können Disziplinen mit ihren spezifischen Forschungsperspektiven zur Lö-

sung eines klar definierten Problems beitragen?" zu wagen, so erscheint unabdingbar, daß sich in absehbarer Zeit kompatible Forschungsmethodiken zumindest zwischen Teilen der Natur- und Sozialwissenschaften auf dem Gebiet der globalen Umweltforschung entwickeln müssen. Daß dabei die zuvor genannten einfachen/reduktionistischen Problemstellungen erfolgsversprechender sind als großangelegte und breitgefächerte Forschungsdesigns, dürfte sich von selbst verstehen.

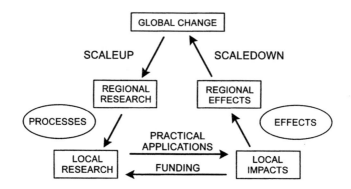

The framework for discussion on regional emphasis: a schematic diagram of the upscaling of research on processes from the localto the global levels, and the downscaling of effects from the global to the local levels

Abb. 8 Verbindung lokaler - regionaler - globaler Forschungs- und Anwendungsebenen im Bereich globaler Umweltforschung
(nach DIRZO, R. - J. & FELLOUS, L. (1998): Strengthening the Regional Emphasis of IGBP. - Global Change Newsletter, 36: 5-6)

Dilemma 3: Problematik der Maßstabsebenen. Sowohl im Titel dieses Beitrags als auch im Verlauf des Textes wurde immer wieder auf Begrifflichkeiten wie "Globaler Wandel", "Globale Umweltforschung" oder "global change research" verwiesen. Der darin zum Ausdruck kommende Globalitätsanspruch reflektiert die Entwicklung dieser Forschung von einem zunächst globalen Problem- und Erklärungszusammenhang zu einer heute doch sehr viel differenzierteren Betrachtungsweise (vgl. dazu EHLERS 1998a, 1998b). Vor allem Sozialwissenschaftler unterschiedlichster Provenienz, zunehmend aber auch Naturwissenschaftler haben erkannt, daß Ursache und Wirkungen globalen Umweltwandels sehr häufig ihre Wurzeln und Konsequenzen auf lokalen oder regionalen Maßstabsebenen haben (Abb. 8), während umgekehrt global wirksame Phänomene beträchtliche regionale oder lokale Auswirkungen haben können. Up- and down-scaling regional gewonnener Daten oder globaler Berechnungsansätze bedürfen in Zukunft verstärkter Beachtung. Entsprechende Methoden sind erst ansatzweise entwickelt. Andererseits verspricht die Vernetzung lokaler, regionaler und globaler Forschungsansätze nicht nur neue und erheblich ausgeweitete Erkenntnisse, sondern dürfte zugleich, insbesondere bei großmaßstäblicher Umweltforschung die Chancen disziplinübergreifender Kooperationen erhöhen.

Daß bei der globalen Umweltforschung und den komplexen Mensch-Umwelt-Beziehungen das Fach Geographie in seiner Mittlerstellung zwischen Natur-, Geistes- und Sozialwissenschaften einerseits besondere Chancen hat, andererseits aber seit jeher im Fadenkreuz der genannten (und anderer) Dilemmata steht, macht den besonderen Reiz dieser Disziplin aus. Es eröffnet ihm für die zukünftige Forschung große Chancen. Voraussetzung dafür aber bleibt - neben vielen anderen Konditionen - der Erhalt der disziplinären Einheit, über geo-, bio- und anthroposphärische Forschungspräferenzen der Mitglieder der geographical community hinweg. Geographie als Umweltwissenschaft hat Zukunft!

5 Schlußbemerkung

Der Hinweis auf die Rolle der Geographie als einer Fachwissenschaft im Grenz- und Übergangsbereich von Natur-, Geistes- und Sozialwissenschaft - von etlichen Kritikern und einzelnen Fachvertretern als eine wissenschaftliche Hybride gesehen, von der nichts zu erwarten ist - führt zurück auf die im Thema dieses Beitrags aufgeworfene Grundfrage: die Grenzen und Möglichkeiten holistisch-umfassender Wissenschaftsverständnisse und Forschungsdesigns. Es wurde darauf hingewiesen, daß die Rufe nach einer "Wiedervereinigung" der Wissenschaften lauter werden. Angesichts einer bislang überwiegenden Kronzeugenschaft aus naturwissenschaftlicher Perspektive (LUBCHENCO; MAYR; VITOUSEK et al.; WILSON) ist es ein Gebot der Fairness, aber auch Dokument einer neuen Beweglichkeit im verkrusteten interdisziplinären Wissenschaftsbetrieb, abschließend ein sozialwissenschaftliches Plädoyer für ein altes-neues holistisches Wissenschaftsverständnis zu zitieren. Bezug genommen wird auf B. LATOUR (1991/1998) und seine These, daß das Auseinanderdriften der Wissenschaften seit Boyle und Hobbes zu einer heutigen Hyper-Inkommensurabilität der wissenschaftlichen Betrachtungsweisen geführt habe, die es zu überwinden gilt. Die immer größere Zahl von sogenannten Quasi-Objekten wissenschaftlicher Analyse, angesiedelt irgendwo zwischen dem immer weiter auseinanderklaffenden "Naturpol" hier und "Gesellschaftspol" dort bedarf der Überwindung im Interesse der Einheit von Mensch und Natur. So wie WILSON (1998) das heute so fragmentierte Wissen als ein "Kunstprodukt der Gelehrten" entlarven zu können glaubt, so argumentiert auch LATOUR (1998: 149) mit einer "tiefen Ähnlichkeit der Naturen/Kulturen", die es erneut zu erforschen gilt. Daß die Geographie bei solchen Versuchen eine entscheidende Rolle spielen kann, ist die feste Überzeugung des Verfassers dieser Zeilen.

Anmerkungen

[1] Das Thema "Umwelt" beschäftigt Wolfgang Andres, den Adressaten dieses Beitrags, und mich selbst intensiv, seit wir im Nationalen Komitee für Globale Umweltforschung zusammenarbeiten. Ziel des Komitees ist es u. a., neue integrative Fragestellungen zu erarbeiten und Forschungspraktiken zu propagieren mit dem Ziel, transdisziplinär und möglichst integrativ Problemlösungen im Bereich der globalen Umweltveränderungen zu initiieren. Der im abschließend dargestellten AQUA/GLOWA-Projekt (vgl. auch Abb. 7) gefundene Kompromiß trägt auch die Handschrift von W. Andres, reicht andererseits aber auch von der Atmosphärenchemie und Ozeanographie bis zur Psychologie und Wirtschaftswissenschaft.

[2] Die in diesem Beitrag verwendeten Akronyme stehen im einzelnen für

GECHS: Global Environmental Change and Human Security
LOICZ: Land-Ocean-Interaction in Coastal Zones
PAGES: Past Global Changes
WOCE: World Ocean Circulation Experiment

[3] Die bibliographischen Angaben für die den Beispielen 1 und 2 zugrundegelegten Publikation sind:

Intergovernmental Oceanographic Commission: Methodological Guide to Integrated Coastal Zone Management. Manuals and Guides 36. Published with the support of the French Ministry of Foreign Affairs and the French Commission for Unesco. Paris July 1997.

World Health Organization, The Advisory Committee on Health Research: A Research Policy Agenda for Science and Technology to Support Global Health Development. Geneva (WHO/RPS/ACHR/98.1) 1998.

[5] Der vollständige Text der GLOWA-Ausschreibung durch das BMBF wurde veröffentlicht im Bundesanzeiger Jg. 50, Nr. 233 am 10. Dezember 1998.

[6] Der von der DFG geförderte Workshop "Integration Methods for Global Change Research" fand in der Zeit vom 23.-24.1.1999 in Frankfurt a. M. statt und wurde in entscheidender Weise von Wolfgang Andres und dem Team seines Lehrstuhls organisatorisch vorbereitet und durchgeführt.

Literatur

BAYER, O. & STÖLTING, E. (1989): Sozialwissenschaften. - In: SEIFFERT, H. & RADNITZKY, G. [Hrsg.]: Handlexikon zur Wissenschaftstheorie. - 302-313; München.

BUTTIMER, A. (1993): Geography and the Human Spirit. - XIV + 285 S.; Baltimore, London.

EHLERS, E. (1998a): Global Change und Geographie. - Geogr. Rdsch., **50**: 273-276; Braunschweig.

EHLERS, E. (1998b): Geographie als Umweltwissenschaft. - Die Erde, **129**: Berlin - [Im Druck].

EHLERS, E. & KRAFFT, T. [Hrsg.] (1998): German Global Change Research 1998. - 128 S.; Bonn (National Committee on Global Change Research).

GALLOPIN, G. C. (1991): Human Dimensions of Global Change: Linking the Global and the Local Processes. - ISSJ, **130**: 707-718; Oxford.

GLACKEN, C. J. (1967): Traces on the Rhodian Shore. Nature and Culture in Western thought from Ancient Times to the End of the Eighteenth Century. - 763 S.; Berkeley/Los Angeles.

GRASSL, H. (1998): Nur aus Forschung zum globalen Umweltwandel folgt Nachhaltigkeit. - Geogr. Rdsch., **50**: 268-272; Braunschweig.

LA RIVIERE, J. W. M. (1991): Co-operation between Natural and Social Scientists in Global Change Research: Imperatives, Realities, Opportunities. - ISSJ, **130**: 619-627; Oxford.

LATOUR, B. (1998): Wir sind nie modern gewesen. Versuch einer symmetrischen Anthropologie. - 208 S.; Frankfurt a. M. (Fischer Taschenbuch-Verlag). - [Frz. Originalausgabe (1991): Nous n'avons jamais été modernes. Essai d'anthropologie symétrique. - 210 p.; Paris].

LUBCHENCO, J. (1998): Entering the Century of the Environment. A New Social Contract for Science. - Science, **279**: 491-497; Washington D.C.

MAYR, E. (1998): Das ist Biologie. Die Wissenschaft des Lebens. - 439 S.; Heidelberg, Berlin. - [Engl. Originalausgabe (1997): This is Biology. - 352 p.; Cambridge (Harvard Univ. Press)].

MERCHANT, C. (1990): The Realm of Social Relations: Production, Reproduction, and Gender in Environmental Transformations. - In: TURNER II, B. L. & CLARK, W. C. & KATES, R. W. & RICHARDS, J. F. & MATHEWS, J. T. & MEYER, W. B. [Hrsg.] : The Earth as transformed by Human Actions. Global and Regional Changes in the Biosphere over the past 300 Years. - 673-684; Cambridge/Mass.

MEYER-ABICH, K. M. (1997): Praktische Naturphilosophie. Erinnerung an einen vergessenen Traum. - 520 S.; München.

ROBINSON, J. B. (1991): Modelling the Interactions between Human and Natural Systems. - ISSJ, **130**: 629-647; Oxford.

SCHELLNHUBER, H. - J. & WENZEL, V. [Hrsg.] (1998): Earth System Analysis. Integrating Science for Sustainability. - XXIX + 530 S.; Berlin.

SIEFERLE, R. P. (1997): Rückblick auf die Natur. Eine Geschichte des Menschen und seiner Umwelt. - 233 S.; München.

TURBA-JURCZYK, B. (1990): Geosystemforschung. Eine disziplingeschichtliche Studie zur Mensch-Umwelt-Forschung in der Geographie. - Gießener Geogr. Schr., **67**: 131 S.; Gießen.

VITOUSEK, P. & MOONEY, H. & LUBCHENCO, J. & MELILLO, J. (1997): Human Domination of Earth's Ecosystems. - Science, **277**: 485-499; Washington D.C.

WILSON, E. O. (1998): Consilience. The Unity of Knowledge. - 631 p.; New York. - [Dt. Ausg. (1998): Die Einheit des Wissens. - 442 S.; Berlin].

Paläoklimatischer Aussagewert von Binnendünen im Uws Nuur Gebiet (nördliches Zentralasien)

Jörg Grunert, Mainz

mit 6 Abb. und 4 Fotos

1 Einleitung

Im nördlichen Zentralasien reicht der altweltliche Trockengürtel bis 50° n. Br. und erreicht damit seine nördlichste Lage auf der Erde überhaupt. Die Dünenfelder, hier Binnendünen genannt, stellen deshalb in Wirklichkeit echte Wüstendünen dar. Lediglich auf Grund ihrer Position in abgeschlossenen, von Hochgebirgen umrahmten Becken scheint der Begriff Binnendünen berechtigt. Obwohl namensgleich mit den eiszeitlichen Binnendünen im nördlichen Mitteleuropa und der fast gleichen Breitenlage, bedeutet der Begriff hier also etwas anderes. Wie bei den ausgedehnten Dünensandfeldern weiter südlich, im Bereich der Gobi, ist die Aridität des Klimas der entscheidende Faktor. Während der Eiszeiten und des Holozäns unterlagen die Niederschläge beträchtlichen Schwankungen; weniger ausgeprägt waren dagegen die Schwankungen der Temperatur. Die Verbreitung von Dünensand, Sandlöß und Löß in ganz Zentralasien hat LEHMKUHL (1997) in einer Karte dargestellt. Sie zeigt sehr deutlich, daß die Dünenfelder im Bereich der Gobi-Seen im Westen der Mongolei einen weit nach Norden reichenden Ausläufer der Wüste Gobi darstellen. Ursache dafür ist insbesondere die Leelage im Altai-Gebirge (bis 4600 m ü. M.) und dem südöstlich anschließenden Gobi-Altai mit Höhen über 3500 m. Vorherrschende Winde sind solche aus westlichen Richtungen, bevorzugt aus WNW, was der Position des Gebietes im Bereich der planetarischen Westwinde entspricht. An dieser Situation hatte sich auch während der Eiszeiten und der holozänen Klimaschwankungen nichts gändert.

Die Untersuchungen im Uws Nuur Becken (Abb.1) finden statt im Rahmen eines DFG-Verbundprojektes mit dem Titel "Paläogeographische und biosphärische Bedingungen der

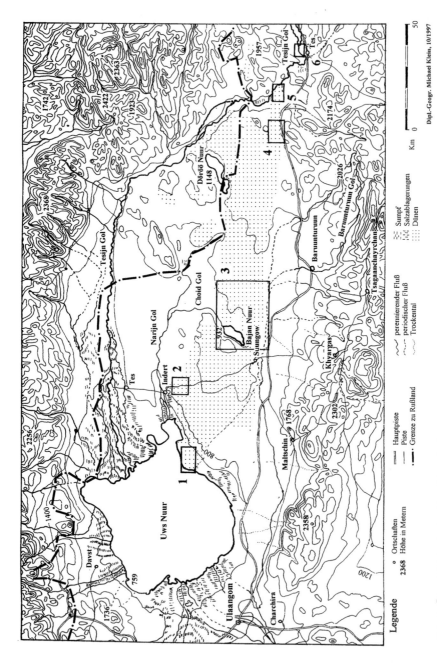

Abb. 1 Übersichtskarte des Uws Nuur Beckens

Landschaftsentwicklung im nördlichen Zentralasien" (OPP 1998), an dem 9 Arbeitsgruppen von verschiedenen deutschen Universitäten beteiligt sind. Die tiefste Stelle des Beckens liegt 760 m ü. M.; die umrahmenden Gebirgsketten erreichen im Norden und Süden 3000 m, im Westen, im Charchira-Massiv, sogar über 4000 m ü. M. Dieses ist heute noch vergletschert (LEHMKUHL 1998). Nach Osten ist die Begrenzung des Beckens unscharf. Das etwa 300 mal 150 km große Becken ist abflußlos und wird von dem ca. 80 mal 70 km großen, aber nur 20 m tiefen, brackigen Uws Nuur See eingenommen. Der Hauptzufluß mit 568 km Länge ist der Tesijn Gol, der in den Gebirgen östlich des Beckens entspringt und am Ostrand des Sees ein ausgedehntes Delta aufgeschüttet hat. Seine mittlere sommerliche Wasserführung beträgt im Unterlauf schätzungsweise 50 m^3/sec. und damit vermutlich ebenso viel wie die sämtlicher übriger Seezuflüsse. Bedeutende Zuflüsse sind der von Gletscherwasser gespeiste, wasserreiche Charchira aus dem gleichnamigen Gebirge, der nicht von Gletschern gespeiste und deshalb nur periodisch wasserführende Baruunturuun Gol aus dem Chan Chochin Nuruu Gebirge am Südrand des Beckens und der wiederum sehr wasserreiche Narijn Gol, der, grundwassergespeist, innerhalb des Dünenfeldes entspringt.

Das Innere des Beckens wird auf einer Länge von etwa 150 km und einer Breite von im Mittel 30 km vom Dünenfeld Börög Delyin Els eingenommen, das unmittelbar am Ostufer des Uws Nuur in 760 m ü. M. beginnt und nach Osten allmählich bis auf 1450 m ü. M. ansteigt. Etwa in der Mitte wird es unterbrochen von dem kleinen tektonischen Becken des Bajan Nuur (932 m ü. M.), einem 12 km langen und 3 km breiten Süßwassersee mit mehreren Zuflüssen aus dem Dünenbereich und einem Abfluß nach Norden zum Narijn Gol. Westlich des Sees erhebt sich der Berg Bajan Uul (1360 m ü. M.), der das hier gut 1100 m ü. M. erreichende Dünenfeld wie ein Wellenbrecher in einen nördlichen und südlichen Streifen teilt und für die Sandfreiheit des Bajan Nuur Beckens verantwortlich ist. Der nördliche Dünenstreifen enthält die größeren Sandmassen und ist deshalb der bedeutendere. Er stellt einen für Fahrzeuge schwierig zu querenden Riegel dar zwischen dem Ort Suungow, der in der Talebene des Baruunturuun Gol liegt, und dem Bajan Nuur. Auf Grund hoher Windgeschwindigkeiten sind die meist parabelförmigen Dünen teilweise aktiv. Der südliche, wesentlich sandärmere Dünenstreifen ist durch das etwa 3 km breite Tal des Choid Gol, den Abfluß des Bajan Nuur, unterbrochen. Es besteht somit eine breite Verbindung zwischen dem Bajan Nuur Becken und der nördlich angrenzenden Flußebene des Narijn- und Tesijn Gol, die in die Seerandebene des Uws Nuur überleitet.

Folgende Fragen sind zu klären:

- Wann wurden die großen Sandmassen des Dünenfeldes aufgeweht?

- Handelt es sich bei den Dünen um einheitliche Formen, oder etwa um unterschiedliche Dünengenerationen, die sich ggfs. mit Hilfe von Bodenbildungen trennen lassen?
- Welcher Zusammenhang besteht zwischen der Dünenbildung bzw. Bodenbildung und möglichen Seespiegelschwankungen im Jungpleistozän und Holozän?

2 Literaturübersicht

Eines der ältesten Standardwerke über die Mongolei ist die ins Deutsche übersetzte Länderkunde von MURSAJEW (1954). Darin beschreibt der Autor auch die Gebirgs- und Bekkenlandschaften im Westen der Republik und geht auf die Dünenfelder ein, ohne sie allerdings genetisch zu gliedern. Dies versuchte, vom sibirischen Altai ausgehend, DEVIATKIN (1981), dessen Hauptanliegen allerdings darin bestand, quartäre Ablagerungen, wie etwa Moränen und Flußterrassen, zu gliedern. Eine grundlegende Betrachtung der Böden der Mongolei stammt von DORDSCHGOTOW (1992). In dieser Arbeit sowie zahlreichen weiteren Veröffentlichungen des Autors standen aber weniger genetische, als vielmehr anwendungsbezogene Fragen bezüglich der Bodenfruchtbarkeit im Vordergrund. Für das engere Untersuchungsgebiet wurden Kastanoseme unterschiedlichen Entwicklungsgrades kartiert. Die landesweiten Kartierungen sind in der Bodenkarte der Mongolei im Maßstab 1 : 2 500 000 zusammengefaßt (NOGINA et al. 1980). Weitere Arbeiten über die Böden der Mongolei, vor allem jedoch über das Changai-Gebirge und dessen Randlandschaften stammen auf deutscher Seite von HAASE & RICHTER & BARTHEL (1964), HAASE (1983), OPP (1991, 1994). Über das aktuelle Uws Nuur Projekt berichtet ebenfalls OPP (1998) in einer zusammenfassenden Abhandlung. Neueste Untersuchungen über die Vergletscherung des Charchira-Massivs stammen von LEHMKUHL (1998). Die kurzen Talgletscher, die heute in etwa 3000 m Höhe enden, reichten während der letzten Kaltzeit in den Tälern bis auf 2100 m herab. Sie lassen darauf schließen, daß um jene Zeit ein kaltes, aber auch relativ feuchtes Klima herrschte, das eine günstige Wasserbilanz des gesamten Uws Nuur Beckens ermöglichte. Bezogen auf das Thema kann dies nur bedeuten, daß Sandverwehung und Dünenbildung damals ausgeschlossen war.

Zeitgleich mit der maximalen Vergletscherung kam es im östlichen Vorland des Charchira zur Aufschüttung eines riesigen Schwemmfächers ("Pediment"), dessen Oberfläche von WALTHER & NAUMANN (1997) als P1-Fläche bezeichnet wird. Erwartungsgemäß ist sie auf einen etwa 12 m höheren Seespiegelstand des Uws Nuur eingestellt. Höhere Seespiegelstände konnten, abweichend von den Angaben russischer Geomorphologen (SELIVERSTOV 1989 u. a.), nicht gefunden werden. Der Grund mag darin zu suchen sein, daß beispielsweise SELIVERSTOV nur am Nordrand des Uws Nuur, im Vorland des Tannu

Ola Gebirges arbeitete, WALTHER & NAUMANN (1997) ihre Untersuchungen aber westlich, südlich und östlich des Sees durchführten.

Eine Übersicht über die Vegetation der Mongolei, die das Uws Nuur Becken einschließt, gibt HILBIG (1990) in einer umfassenden Studie. Von STUBBE & DAWAA (1983) stammen Untersuchungen über die Säugetierfauna.

3 Geländebefunde

3.1 Uws Nuur Becken

Bereits das Kartenstudium läßt auf einen engen Zusammenhang des Dünenfeldes Börög Delyin Els mit dem Uws Nuur schließen. Es erstreckt sich, am Seerand beginnend, in ESE-Richtung und damit parallel zur vorherrschenden Windrichtung aus WNW. Bei der Aufwehung des Dünenfeldes mußten folgende Voraussetzungen gegeben sein:

- Der Seespiegel lag wesentlich tiefer, was bei der geringen Wassertiefe von heute maximal nur 20 m bedeutet, daß ausgedehnte Flächen des Seebodens, vielleicht sogar der Seeboden insgesamt, trockengefallen waren. Unter dieser Voraussetzung hätte den erodierenden WNW-Winden ein nahezu unerschöpfliches Sand- und Schluffreservoir zur Verfügung gestanden. Es ist durchaus vorstellbar, daß die schätzungsweise 180 km³ Feinsand des Dünenfeldes auf diese Weise abgelagert wurden. Die Menge errechnet sich aus folgenden Angaben: 150 km x 30 km x 0,04 km. Nach zahlreichen Beobachtungen läßt sich die mittlere Sandmächtigkeit des Dünenfeldes mit ca. 40 m angeben.

- Ein tieferer Seespiegel konnte seine Ursache nur in einem erheblich trockeneren Klima haben. Dies ist für das ausgehende Hochglazial und beginnende Spätglazial (ca. 20 000 - 13 000 BP) tatsächlich für ganz Zentralasien nachgewiesen (FRENZEL 1994; HOFMANN 1993; LEHMKUHL et al. 1998). Außerdem werden für diese Zeit höhere Windgeschwindigkeiten angenommen, was zu einer stark erhöhten Sandverlagerung führte.

- Vermutlich herrschten im Uws Nuur Becken damals vollaride Klimaverhältnisse mit einem Jahresniederschlag von nur etwa 50 mm. Dies hätte gegenüber der heutigen Situation mit 100 - 150 mm im Beckeninneren eine Halbierung bedeutet. Die große Trockenheit hätte jedoch dazu geführt, daß sich nur eine sehr lockere Steppenvegetation halten konnte, was einerseits die Sandverwehung begünstigte, andererseits aber auch genügend Rauhigkeit bot, den Sand bald wieder festzuhalten. Angesichts der Länge des Dünenfeldes von 150 km ist deshalb ein Modell vorstellbar, nach dem der Dünensand von West nach Ost kontinuierlich jünger wird, entsprechend dem immer weiteren Vordringen des Sandes in diese Richtung. Geländeuntersuchungen in allen Teilen des Börög Delyin Els erbrachten jedoch keine Hinweise für diese Vermutung. Das Dünenfeld scheint in seiner ganzen Ausdehnung ein ungefähr gleiches Alter zu besitzen.

Nachfolgend soll das mitten im Dünenfeld gelegene Becken des Bajan Nuur näher vorgestellt werden, da hier die günstigsten Voraussetzungen bestehen, Dünengenese und Klimageschichte zu untersuchen.

3.2 Bajan Nuur

Während der drei Expeditionen in das Uws Nuur Becken 1996, 1997, 1998, die zusammen mit meinem Mitarbeiter M. Klein sowie mongolischen Kollegen durchgeführt wurden, stellte das Bajan Nuur Becken mit dem hohen Dünenzug im Süden und Osten einen Untersuchungsschwerpunkt dar. Die Dünen lassen sich hier nach Form und Alter untergliedern (Abb. 2). Unbewachsene und damit voll aktive Barchane bilden den Rand des Dünenfeldes, der sich scharf gegen die versumpfte, schmale Seerandebene abzeichnet. Dahinter erheben sich, nach Süden ansteigend, teilweise bewachsene, hohe Dünenkuppen, die meist Parabelform besitzen. Dies bedeutet im Unterschied zu den Barchanen, daß sie auf der windabgewandten Seite gebogen sind und hier einen Steilhang besitzen (Foto 1). Sie sind teilaktiv. Nach weiterem Anstieg bis auf etwa 1000 m ü. M. folgen in Windrichtung angeordnete, dicht bewachsene Längsdünenrücken, die heute festliegen (Foto 2). Sie besitzen große Ähnlichkeit mit den sog. fixierten Dünen des afrikanischen Sahel, die dem Autor gut bekannt sind (VÖLKEL & GRUNERT 1990), und werden nachfolgend als Altdünen bezeichnet. Auch JÄKEL (1996) beschreibt unterschiedlich alte Dünen aus der Badain Jaran Wüste in Nordchina und gliedert sie in mehrere Dünengenerationen. Das folgende Landschaftsprofil vom Südufer des Bajan Nuur veranschaulicht den Zusammenhang. Während die aktiven Barchane keinerlei Bodenbildung aufweisen und hier auch nicht weiter betrachtet werden sollen, besitzen die Parabeldünen eine schwache pedogenetische Veränderung ihrer Oberfläche, die man als Initialboden bezeichnen kann. Auf den Altdünen dagegen ist ein tiefgründiger, brauner Steppenboden (Kastanosem) entwickelt, dessen Entstehung einen längeren Zeitraum beanspruchte und höhere Jahresniederschläge als gegenwärtig voraussetzte.

Es werden deshalb die Bodenprofile D, A 17 (Parabeldüne) und D, A 1 (Altdüne) gegenübergestellt (Fotos 3 u. 4). In beiden Fällen wurden tiefe Deflationswannen in den Dünen-

111

Foto 1 Parabeldünen am Bajan Nuur
Die vorherrschende Windrichtung ist im Bild von rechts nach links.
(Grunert 1996)

Foto 2 Vollbewachsene Altdünenrücken im Übergangsbereich zu Parabeldünen im Ostteil des Dünenfeldes Börög Delyin Els bei Tes
(Grunert 1997)

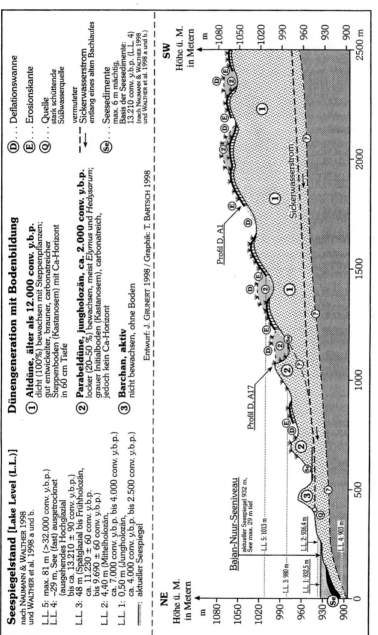

Abb. 2 Landschaftsprofil am Südufer des Bajan Nuur mit den Dünengenerationen und den lokalen Seespiegelhochständen

körper geschnitten, wodurch sich gute Aufschlußmöglichkeiten ergeben. Das Substrat ist in beiden Fällen gleich: Gelbbrauner, geschichteter, carbonatreicher Feinsand, der mit hoher Wahrscheinlichkeit aus dem Uws Nuur Seebecken stammt. Indiz dafür ist der relativ hohe Carbonatgehalt. In D, A 17 (Abb.3) finden sich kaum Anzeichen für eine Bodenbildung. Die Schichtung des Dünensandes ist auch dicht unter der Bodenoberfläche noch erkennbar. Der zwar geringe, jedoch bis in 60 cm Tiefe nachweisbare Gehalt an organischer Substanz spricht dagegen für intensivere pedogenetische Vorgänge; er ist jedoch in erster Linie als Akkumulation während der Dünensandumlagerung zu verstehen. Nach den Beobachtungen gehen die Parabeldünen meist aus Altdünen hervor. In gleicher Weise läßt sich auch der geringe Schluff- und Tongehalt in den Horizonten deuten. Der pH-Wert liegt, erwartungsgemäß, im basischen Bereich. Wahrscheinlich deshalb ist auch ein beachtlicher Gehalt an Pflanzennährstoffen (P_2O_5, K_2O) vorhanden. Demgegenüber ist der Stickstoffgehalt sehr gering (Abb. 5).

Im Unterschied dazu handelt es sich bei D, A 1 (Abb. 4) um einen voll entwickelten Steppenboden, der sich schon allein durch seine intensiv braune Färbung vom grauen Farbton in D, A 17 abhebt. Eine Schichtung des Dünensandsubstrates ist im Ah-Horizont nicht mehr erkennbar. Statt dessen ist hier, wohl auch bedingt durch den dichten Wurzelfilz, ein Krümelgefüge entwickelt, das dem Boden eine gewisse Festigkeit gibt. Das Begehen der Dünenoberfläche und selbst das Befahren mit dem Geländewagen ist ohne weiteres möglich. Auffällig sind im tieferen Teil des Profils weiße Kalkkonkretionen, die sich bei näherer Betrachtung als inkrustierte Pflanzenwurzeln und -stengel herausstellen. Meist handelt es sich dabei um Wurzelabschnitte des Caragana-Busches (*Caragana microphylla* u. *Caragana bunga*), der in früherer Zeit hier gewachsen sein muß. Sein heutiges Fehlen läßt sich vermutlich klimatisch erklären. Verbreitet kommt die Pflanze im Dünenfeld in Höhen über 1000 m ü. M. vor, was ungefähr der 200 mm-Isohyete entsprechen dürfte. Unterhalb davon, so auch am Standort, ist das Klima geringfügig zu trocken. Zwischen 100 und 150 cm Bodentiefe sind die Kalkkonkretionen besonders zahlreich und ermöglichen es, hier von einem CCa-Horizont zu sprechen. Wie angedeutet, erfolgte die Carbonatverlagerung wahrscheinlich aber unter etwas feuchteren Klimabedingungen. Eine geringe Carbonatverlagerung findet wohl auch noch in der Gegenwart bei geschätzten 150 - 180 mm Jahresniederschlag statt. In den Analysewerten des Bodenprofils kommt die (vorzeitliche) Carbonatverlagerung klar zum Ausdruck (Abb. 5). Auch hier ist der pH-Wert aber durchgehend hoch; gleiches gilt für die beachtlichen Gehalte von P_2O_5 und K_2O. Für eine deutliche pedogene Veränderung spricht außerdem der relativ hohe Gehalt an Ton und Schluff in den oberen Bodenhorizonten, der hier nicht durch Akkumulation, sondern durch Verwitterung an Ort und Stelle entstanden ist.

Weiterhin wird aus dem Landschaftsprofil vom Südufer des Bajan Nuur ersichtlich, daß der

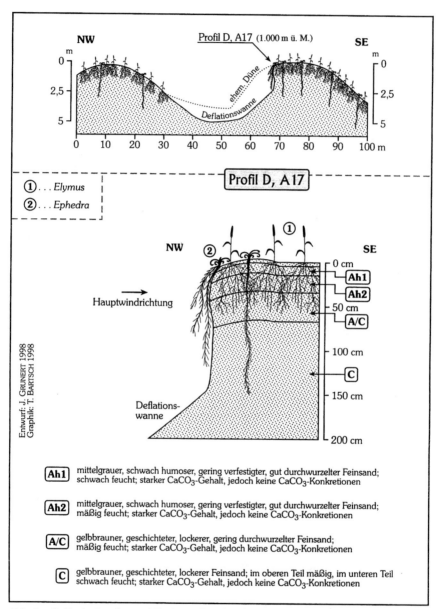

Abb. 3   Geländesituation und Bodenprofil auf einer jungholozänen Parabeldüne

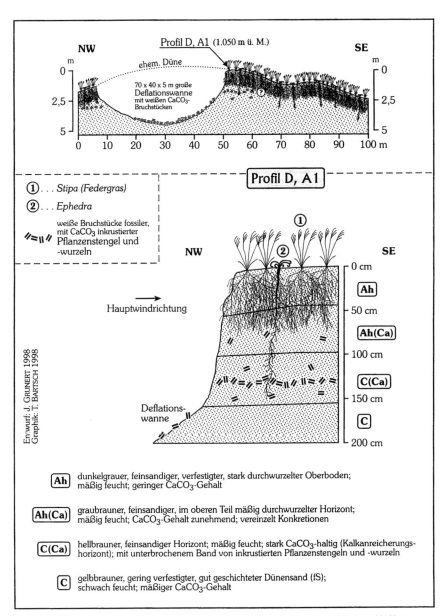

Abb. 4   Geländesituation und Bodenprofil auf einer hoch- bis spätglazialen Altdüne

Foto 3 Bodenprofil auf einer Parabeldüne (D, A 17) mit deutlich erkennbarer Sandschichtung bei geringer pedologischer Überprägung

(Grunert 1996)

Foto 4 Bodenprofil auf einer Altdüne (D, A 1) mit einem gut entwickelten Kastanosem

(Grunert 1996)

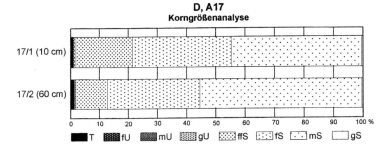

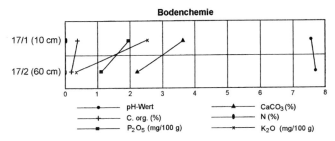

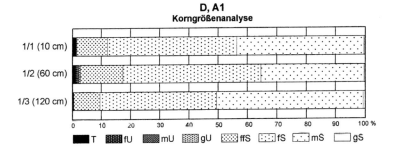

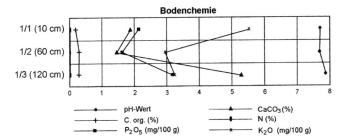

Abb. 5 Korngrößenanalyse und bodenchemische Parameter der Bodenprofile D, A17 und D, A1 (KLEIN 1998)

relativ kleine See im Spätglazial und Holozän starke Spiegelschwankungen erfuhr. Eine ausführliche Darstellung findet sich bei NAUMANN & WALTHER (1998). Der höchste Seespiegelstand von maximal 81 m ist in einem Aufschluß am Dünentalhang des etwa 10 km östlich gelegenen Flusses Chusutuin Gol zweifelsfrei belegt. Es handelt sich um kalkreiche, verbackene Sande, die kryoturbat stark gestört sind und von NAUMANN & WALTHER als Seerandfazies gedeutet werden. Aufgrund von Fossilfunden ließ sich eine kaltzeitliche Fauna rekonstruieren. Das Mindestalter wird mit 32 000 BP angegeben. Die Tat-sache, daß das Sediment einem Altdünenhang anlagert, läßt für die Düne selbst ein wesentlich höheres Alter erwarten. Es handelt sich hierbei vermutlich um die ältesten Dünensande im Arbeitsgebiet. Der tiefere Seespiegelstand von 48 m über dem heutigen Bajan Nuur ist durch Seekreideablagerungen über Dünensand mehrfach belegt. Datierungen ergaben ein Alter von mindestens 9690 ± 60 BP (UtC-5730), gewonnen aus humoser Substanz, und höchstens von 11 230 ± 60 BP (Beta-99141), gewonnen an eingelagerten Schneckenschalen. Der hohe Seespiegelstand spricht, ähnlich wie der noch höhere in 81 m, für ein erheblich feuchteres Klima als gegenwärtig. Dem stehen jedoch Untersuchungen über den Pollengehalt der Sedimente gegenüber, aus denen sich ein Vegetationsbild rekonstruieren läßt, das dem heutigen sehr ähnlich war. Die Annahme, daß die untere Waldgrenze als Ausdruck höherer Jahresniederschläge deutlich tiefer gerückt war, fand sich nicht bestätigt. Andererseits ist aus den hohen Seespiegelständen zwingend eine deutlich verbesserte Wasserbilanz in der damaligen Zeit abzuleiten, was möglicherweise mit tieferen Temperaturen bei geringfügig höheren Jahresniederschlägen erklärt werden kann.

Problemlos deuten lassen sich dagegen die Seespiegelstände in 4,40 m und 0,50 m. Sie entsprechen dem Klimaoptimum, das nicht nur hier, sondern in ganz Zentralasien durch höhere Jahresniederschläge ausgewiesen ist (NAUMANN & WALTHER 1998). In dieser Zeit, vermutlich aber schon seit 11 000 BP, erfolgte die Bodenbildung auf den Dünen.

Ähnlich bemerkenswert wie die hohen Seespiegelstände ist jedoch auch der Seespiegeltiefstand um 13 000 BP (NAUMANN & WALTHER 1998), der sich durch eine Datierung an einsedimentierter Holzkohle auf dem Seeboden bestimmen läßt. Die Autoren schließen daraus, daß der immerhin maximal 29 m tiefe See um jene Zeit nahezu völlig ausgetrocknet war. Das Klima muß demnach arid gewesen sein. Dieser Befund paßt gut zu den gleichlautenden Angaben von FRENZEL (1994), HOFMANN (1993) und anderen Autoren über eine extreme Trockenperiode am Ende des Hochglazials, die offenbar mehrere tausend Jahre angedauert hatte.

In jener Zeit, als wahrscheinlich auch der große Uws Nuur weitgehend trockengefallen war, konnte es daher zu starker Sandausblasung und -verlagerung kommen. Eine Bestätigung für die Genese des Dünenfeldes, das ganz überwiegend aus Altdünen besteht, scheint somit gegeben. Nicht geklärt ist dagegen die Frage, ob das Dünenfeld im Kern noch große Mengen an wesentlich älteren Sanden enthält, wie die Seesedimente des 81 m-Standes am Bajan Nuur vermuten lassen.

Ein weiterer Beleg für die extreme Aridität zwischen 20 000 und 13 000 BP findet sich in Flußläufen, die von Dünenzügen abgeschnitten wurden. Wichtigstes Beispiel hierfür ist der Baruunturuun Gol, der von Süden kommend, heute am Rand des Dünenfeldes mit deutlichem Knick nach Westen umgelenkt wird. Während des Hochglazials vor 20 000 BP führte er dagegen noch in gerader Linie nach Nordwesten und mündete in den Bajan Nuur. Granitkiese der Niederterrasse, die im Oberlauf des Flusses Moränenanschluß besitzt, ziehen nachweislich unter dem Dünenfeld hindurch (KLEIN 1999).

4 Paläoklimakurve

Beruhend auf den geomorphologischen, sedimentologischen und pedologischen Befunden aus dem Uws Nuur Becken hat der Autor für das Spätglazial und Holozän eine Paläoklimakurve entworfen (dick gestrichelte Linie), aus der sich in erster Näherung der Gang des Klimas ablesen läßt (Abb. 6). Darübergelegt wurde die Klimakurve von Zentral- und Nordtibet, die unter anderem auf zahlreichen Pollenanalysen beruht (FRENZEL 1994). Sie darf daher als recht gut abgesichert gelten. Ihre ungefähre Übereinstimmung mit der des Uws Nuur Beckens ist offensichtlich, besonders was die lange und extreme Trockenzeit zwischen ca. 20 000 und 13 000 BP betrifft. Übereinstimmung zeigt sich auch bei der mittelholozänen Feuchtzeit zwischen etwa 7000 und 5000 BP, während die für das Uws Nuur Becken postulierte ausgeprägte Feuchtphase zwischen 11 000 und 10 000 BP keine Entsprechung findet. Wie oben dargelegt, beruht sie auf dem zweifelsfrei nachgewiesenen 48 m-Hochstand des Bajan Nuur, für den es demnach keine plausible klimatische Erklärung gibt. Betrachtet man den Kurvenverlauf, so erscheint der hohe Peak als Ausreißer und bedarf einer Korrektur. Der Vergleich beider Klimakurven mit derjenigen vom Südrand der Sahara, die ebenfalls gut abgesichert ist (SERVANT 1973), läßt eine verblüffende Ähnlichkeit erkennen. Dies ist erstaunlich, da es sich hier um die Randtropen bei etwa 15° N mit gänzlich anderen planetarischen Zirkulationsverhältnissen handelt. Die große früh- bis mittelholozäne Feuchtzeit, das sogenannte Tchadien, deckt sich mit der entsprechenden feuchteren Zeit in Zentralasien. Gleiches gilt für die extreme Trockenperiode, das sogenannte Ogolien/Kanemien, während der die Dünen der Sahara weit nach Süden vorrückten. Im Tchadien kam es zur Bodenbildung und Festlegung durch Vegetation. Seit dieser Zeit blieben die Dünen ortsfest; deshalb der Name "Altdünen". Bei der einfachen Gegenüberstellung der Klimakurven sollte es vorerst bleiben. Die Ergründung der Ursachen wird künftigen Studien vorbehalten sein.

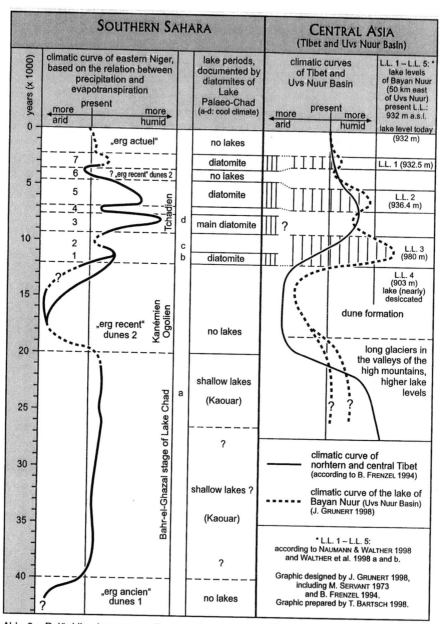

Abb. 6 Paläoklimakurven aus Zentralasien und dem afrikanischen Sahel im Vergleich

Danksagung

Für die großzügige Förderung des Projektes sei der Deutschen Forschungsgemeinschaft an dieser Stelle gedankt. Dank gebührt auch der mongolischen Akademie der Wissenschaften in Ulan Bator, vertreten durch Herrn Dr. Dordschgotow und seinen Mitarbeitern, und der Gesellschaft für Erdkunde zu Berlin, die einen Kooperationsvertrag geschlossen haben, um die Forschungen zu erleichtern.

Literatur

DEWJATKIN, E. W. (1981): Das Känozoikum Innerasiens - Stratigraphie, Geochronologie, Korrelation. - Akad. d. Wiss.; Moskau. - [Russ. Ausg.].

DORDSCHGOTOW, D. (1992): Böden der Mongolei - Genesis, Systematik, Geographie, Ressourcen und Nutzung. - Fak. d. Bodenleitung; Moskau. - [Russ. Ausg.].

FRENZEL, B. (1994): Zur Paläoklimatologie der letzten Eiszeit auf dem tibetischen Plateau. - Göttinger Geogr. Abh., **95**: 115-141; Göttingen.

HAASE, G. & RICHTER, H. & BARTHEL, H. (1964): Zum Problem landschaftsökologischer Gliederung, dargestellt am Beispiel des Changai-Gebirges in der Mongolischen Volksrepublik. - Wiss. Veröff. Dt. Inst. f. Länderkde., **21/22**: 489-516; Leipzig.

HILBIG, W. (1990): Pflanzengesellschaften der Mongolei. - Erforsch. biol. Ressourcen der Mongolischen VR, **8**: 146 S.; Halle/Saale.

HOFMANN, J. (1993): Geomorphologische Untersuchungen zur jungquartären Klimaentwicklung des Helan Shan und seines westlichen Vorlandes (Autonomes Gebiet Innere Mongolei/VR China). - Berliner geogr. Abh., **57**: 187 S.; Berlin.

JÄKEL, D. (1996): The Badain Jaran Desert: Its Origin and Development. - Geowiss., **14** (7/8): 272 - 274; Berlin.

KLEIN, M.: Untersuchung einer wahrscheinlich spätglazialen Flußabdämmung im Uws Nuur Becken / westliche Mongolei. - Petermanns Geogr. Mitt.; Stuttgart. - [Im Druck].

LEHMKUHL, F. (1997): The spatial distribution of loess and loess-like sediments in the mountain areas of Central and High Asia. - Z. Geomorph., N. F., Suppl., **111**: 97-116; Berlin, Stuttgart.

LEHMKUHL, F. (1998): Quaternary glaciations in central and western Mongolia. - Quaternary proceedings, **6**: 1-15; London.

LEHMKUHL, F. & OWEN, A. O. & DERBYSHIRE, E. (1998): Late quaternary glacial history of northeast Tibet. - Quaternary proceedings, **6**: 121-142; London.

MURSAJEW, E. M. (1954): Die Mongolische Volksrepublik - Physisch-geographische Beschreibung. - Gotha. - [Dt. Übers. aus Russ.].

NAUMANN, S. & WALTHER, M.: Mid-Holocene Lake-Level Fluctuations of Bayan Nuur (NW Mongolia). - Marburger Geogr. Schr.; Marburg/Lahn. - [Im Druck].

NOGINA, N. A. & DORDSCHGOTOW, D. & EWSTIFEEW, J. G. & MAKSIMOWITSCH, S. W. & UFIMZEWA, K. A. (1980): Bodenkarte der Mongolei im Maßstab 1 : 2 500 000. - Ulan Bator/Mongolei.

OPP, C. (1991): Erste Ergebnisse bodenphysikalischer, bodenchemischer und landschaftsökologischer Untersuchungen in der Mongolei. - Mitt. dt. bodenkdl. Ges., **661**: 197-200; Göttingen.

OPP, C. (1994): Böden und Bodenprozesse in der Mongolei, Zeugen des Klima- und Nutzungswandels in Zentralasien. - Geowiss. **12** (9): 267-273; Berlin.

OPP, C. (1998): Geographische Landschaftsforschung im Uvs Nuur Becken (nördliches Innerasien). - Mitt. u. Ber. für die Angehörigen u. Freunde d. Univ. Leipzig, **4**/98: 20-25; Leipzig.

SELIVERSTOV, J. P. (1989): Geomorphologische Systeme des nördlichen Uws Nuur-Gebietes und ihre raum-zeitliche Organisation. - Sovetsko-mongol'skij exsperiment "Ubsu-Nur" (Sowjetisch-mongolisches Experiment "Uws Nuur", Kysyl). Mongostoronnee sovescanie stranclenov SEV (Beratung der RGW-Mitgliedsländer); Puschkin/Rußland. - [Kurzfass. d. Vorträge in russ. Sprache].

SERVANT, M. (1973): Séquences continentales et variations climatiques - évolution du bassin du Tschad au Cénozoique supérieur. - Trav. et. Doc. de l'ORSTOM **159**: 573 p.; Paris.

STUBBE, M & DAWAA, N. (1983): Stand der Erforschung der Säugetierfauna der Mongolischen Volksrepublik. - Erforsch. biol. Ressourcen der Mongolischen VR, **2**: 93-111; Halle (Saale).

VÖLKEL, J. & GRUNERT, J. (990): To the problem of dune formation and dune weathering during the Late Pleistocene and Holocene in the southern Sahara and the Sahel. - Z. Geomorph., N. F., **34**: 1-17; Berlin, Stuttgart.

WALTHER, M. & NAUMANN, S. (1997): Beobachtungen zur Fußflächenbildung im ariden bis semiariden Bereich der West- und Südmongolei (Nördliches Zentralasien). - Stuttgarter Geogr. Stud., **126**: 154-171; Stuttgart.

Paleoclimate and Paleonutrition - Paleozoopharmacognosy: A Timely Connection

William C. Mahaney, North York

with 3 figures

1 Introduction

Scientific interest in paleoclimatology stretches back several centuries culminating in the late 18th and early 19th centuries with the work of JAMES HUTTON, Count BUFFON (1775), WILLIAM BUCKLAND (1823), and LOUIS AGASSIZ. These early luminaries of the field produced descriptive models of past climates that for the most part were based on information elicited from Quaternary sediments or fossils. Little quantification was possible because the instrumentation was not available to provide it, although inferences of large scale changes in climate were irrefutable, and they attracted the attention of many scientists to follow in the middle to late 19th Century and on into the 20th Century. CHARLES DARWIN (1859), CHARLES LYELL (1830), and JAMES CROLL (1875), to mention only a few, each tried their hand at elucidating the magnitude and timing of climatic change from the evidence at hand. While sediments, rocks and fossils had dominated the paleoclimate scene for some two centuries, paleosols (those largely forgotten and ignored weathered windows in stratigraphic columns) lay largely unexplored in sedimentary (both consolidated and unconsolidated) sections all over the world.

In the 20th Century it would take the pioneering work of BRYAN & ALBRITTON (1943) and JENNY (1941) to open up the field of paleosol investigations, and the seminal investigations of MORRISON (1964) to establish its underpinnings and method of scientific investigation. At this time, the field was moving in a direction that would see vast improvements in absolute age determination of sediments and soils, with precise age controls and the establishment of high resolution time lines that would greatly enhance the ability to work out the frequency with which climate changes over short and long time spans. Moreover, the magnitude of climatic shifts, as evidenced by 18O variations in ice cores and in ocean sediments, as well as paleosols with demonstrably different chemistries and mineralogies than present-day soils, were developing at a rapid pace (BIRKELAND 1984). Along with an increasing interest in paleosols and soil evolution, at almost the same time, the burgeoning field of landscape evolution burst upon the scene with R. V. RUHE (1956) as one, but by no means its only, vigorous proponent.

Geophagy, as a subdiscipline of ecology, was originally confined to the study of salt licks frequented by animals, and isolated incidents of soil ingestion by humans (possibly the first report by von HUMBOLDT (1889), as dietary nutrition supplements. Eventually geophagy studies gathered momentum and gained the attention of paleopedologists (MAHANEY 1987; MAHANEY & HANCOCK 1990) who focussed on the ingested soil and established the physical, chemical and mineral components important to the ingesting organism (MAHANEY et al. 1990). For the next few years, composition of the ingested earth and control samples dominated the enquiry, and the emphasis remained firmly to establish variations in the composition of ingested material and possible annual variations in climate and vegetation that might create gastric upsets in primates and explain seasonal soil ingestion (MAHANEY et al. 1995). As well, studies included preparation of soil for consumption (MAHANEY 1993), comestible chemical elements (MAHANEY & HANCOCK 1992), the relationship between iron and clay in the consumed earth (MAHANEY et al. 1995, 1996, 1997) and even the religious significance (HUNTER 1973). By the mid-1990's it became apparent that nonhuman and human primates as well as other animals, including birds, engaged in geophagy and had done so for perhaps millions of years. In the case of many species, the purposeful location, preparation, and consumption of a geochemically and mineralogically homogeneous earth led to questions about the connection to the landscape, its evolution and climatic history.

Each case of paleosol consumption centered on surface Bt or Bw horizons (SOIL SURVEY STAFF 1975) and subsurface buried Bt or Bw horizons endowed with considerable quantities of clay material, often bordering on the composition of clay stone. The consumed clay, usually devoid of significant soil structures, proved to be dense, soft material endowed with high quantities of 1:1 (Si:Al = 1:1) clay minerals including various ratios of halloysite: metahalloysite:kaolinite and containing elevated concentrations of iron, and sometimes iodine, bromine, potassium and magnesium. The paleosol-geophagy interrelationship became inextricably bound up with paleoclimate because the ingesting orgnisms, having many soil types to chose from in the landscape, were selecting the oldest and best leached of all available soils to ingest. Human and nonhuman primates bypassed surface Ah horizons on old and young profiles, concentrating instead on old Bt horizons in ground soils and Btb horizons in buried profiles. The lesson learned on Mount Kenya 20 years ago (MAHANEY 1987, 1990) with the African Cape Buffalo proved axiomatic-consuming organisms seek out, select and consume ancient reddish and clay rich material. On Mount Kenya, buffalo select soils below the lower limit of the last glacial maximum (LGM), or paleosol profiles of middle Pleistocene age.

So the main question is: How have the consuming organisms come to rely on soil ingestion in their physiology and how have landscape-soil-paleoclimate-organism evolution produced this behavior? There are other problems worth asking as well! For instance, with many soil types available how have different species learned to select only certain ones? What does this say about animal intelligence? How are the right soil types located? Does the olfactory nerve assist in soil selection and does it operate along with sight (reddish colors predominate among the consumed soils) to stimulate geophagous behavior? However, the main question here is to look at the relationship between geophagy as paleonutrition-paleozoopharmacognosy stimulated behavior and paleoclimate. How closely related is this behavior to paleoclimate and to the soils (paleosols) it produced? Zoopharmacognosy, originally used by RODRIGUEZ & WRANGHAM (1993) and GLANDER (1994) to relate to self-medication with plants among primates has also been used to include the use of soils as medicants (MAHANEY et al. 1997); in a paleo sense it refers to use over long time frames of perhaps several million years and in many different environmental settings ranging from coastal to high montane forests and scrubland.

2 Methods

The various methods used in geophagy and paleoclimate research are not the subject of discussion here. For further information the reader is referred to Chapter 3 in Ice on the Equator (MAHANEY 1990) and to the various papers published by the Geophagy Research Group at York University (see references at the end of the paper).

3 Discussion

Various studies of animal geophagy (OATES 1978; ROBBINS 1983), including geophagy amongst nonhuman primates (MAHANEY et al. 1995, 1996, 1997) and human primates (AUFREITER et al. 1997; MAHANEY et al. 1998), in many different environmental settings are generally lacking in detailed information concerning the paleoenvironmental/paleoclimatic history of the study area. For example, ongoing geophagy research projects at York University with chimpanzees in Uganda and Tanzania are based principally on the analyses of Bt horizons in relict paleosols or termite mound soils as the consumed product and control samples collected from the surface of the same profile. It would be eminently profitable and useful to have a paleosol-landscape model of each area in which both consumed and refused soils-paleosols at different stages of evolution are analyzed with respect to the range of landforms present. While considerably esoteric, perhaps such an approach would provide a network of sites upon which to select and study a greater range of control soils and it would likely provide a range of data from sites and samples refused by the ingesting organisms.

In both Tanzania and Uganda, the principal sites involved are in elevated stream terraces of presumably old but indeterminate age, with a range of minerals suggesting the end stage of weathering from either igneous or metamorphic rock. The rare earth elements (REEs) show a narrow profile somewhat elevated in the light REEs and often greatly elevated in the heavy REEs, which no doubt is related to the concentration of clay in the ingested samples. The range of macro and microelements in the ingested material always show a preponderance of iron in somewhat elevated concentrations suggesting large scale and powerful leaching and removal of soluble chemical elements. What is lacking in most cases is a stratigraphic profile with all the horizons from the surface to bedrock, which when taken in their entirety, would provide data on the ingested horizon plus all the additional horizons refused or inaccessible to the consuming organism. It may well be the case that Homo sapiens learned to consume soil after observing animals mining and consuming earth of one type or another.

4 The Landscape-Paleosol-Paleoclimate Model

The landscape-paleosol-paleoclimate model shown in Fig. 1 depicts the normal incoming flux of radiation, precipitation and aeolian substances and outgoing potential evapotranspiration that together react with the lithosphere and biosphere to create a soil. While some plants may grow directly out of rock, most require a soil and inititially on young substrates soils take on the character of an A/Cu or Ah/Cox/Cu profile that eventually after physical translocations and chemical transformations evolve into Ah/Bw/Cox/Cu profiles (Inceptisols) with color B horizons and depth approaching + or - 1 meter (BIRKELAND 1984; MAHANEY 1990). In the soil profile leaching helps to remove soluble substances as shown by the narrow stemmed arrow and it may take several millennia or even tens of thousands of years to transform a surface soil into a complex entity with many horizons, complex soil structures, and abundant clay (hopefully with abundant clay minerals) that will turn it into a different soil order. The soil may stay on the surface and undergo energy and mass balance changes associated with climatic change and when there is evidence for climatic change, the soil becomes a paleosol of relict proportions (RUHE 1956) and may escape burial. If buried, the paleosol becomes more or less inert and undergoes few additional changes but it may begin to lose its carbon reserve through gasification if no new carbon sources are added. Without the addition of organic matter, nitrogen will slowly dissipate to pure N2, or drain away as soluble nitrate or nitrite. Provided there are no ground water influences, the buried paleosol will remain part of the stratigraphic column having attained its full degree of development under the influence of either a non-leaching or leaching paleoenvironment. Whether on the surface or buried beneath the surface, paleosols contain a reserve of weathered material and humic substances that may provide important nutrients and even medicine to local fauna including humans.

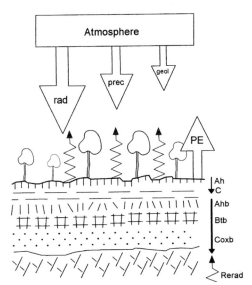

Fig. 1 Integrated climate-landscape model showing effects of leaching and paleoleaching on soil evolution

As depicted in the model (Fig. 1) radiation is important as it provides heat and light to the surface that is important not only in weathering but also in photosynthesis. Precipitation is also necessary for weathering to proceed, for photosynthesis and nutrient influx from the atmosphere. The aeolian input may be in the form of soluble wind-blown material (see aeol, Fig. 1) or as soluble material coming in with the rain. If the input or precipitation is in excess of the output (PE), the area is said to be humid and leaching will take place. If the input is less than the output (PE) the area is said to be dry and little or no leaching would be expected. In this scenario, with minor leaching going on at present and high magnitude leaching (paleoleaching) having taken place at some point in the past, there is abundant evidence for climatic change as a high magnitude event has been replaced with a lesser magnitude one. Close inspection of the buried profile would indicate that a totally different environment existed when the buried profile formed at the land surface. Close inspection of the buried profile might indicate fossil bacteria and fungi that would have formed under a different climate over a much longer time frame. Closer paleoenvironmental analysis might reveal that the landscape-soil-paleosol-paleoclimate assemblage evolved over a long time span along with the organisms that inhabit it; i. e. they evolved together and the fauna learned to utilize the paleosols as nutritional supplements and possibly as pharmaceutical resources.

5 Uganda

Situated on the flanks of the Ruwenzori Mountains, the Kibale Forest Reserve is home to chimpanzees studied by a group from Harvard University and Makerere University. The Kanyawara community of chimpanzees ingest soil on nearly a daily basis (R. WRANGHAM 1996, personal communication) from several sites located in volcanic terrain with well incised catchments containing a multitude of stream terraces. What is needed is a detailed topographic model showing the various terraces, interfluves, volcanic eruption centers as well as cones, together with the range of paleosols that make up the soil evolutionary sequence in the area. Since there is an underlying basement complex of igneous and metamorphic rocks and the possibility of aeolian influx of quartz from the nearby Ruwenzori Massif (MAHANEY 1991), the addition of allochothonous minerals from distant sources needs to be worked into the model in some detail.

A preliminary sketch of the terrain in the Kibale Forest is shown in Fig. 2. The ingestion sites are located on older terraces with advanced soil development (paleosols), at the end stage of weathering for volcanic minerals, and with well leached pedons containing high amounts of iron. A more precise description of soils and paleosols, as well as their position in the stratigraphic column, from the lowest terrace surface and younger volcanic cones, to the higher surfaces and older cones where ingestion takes place is urgently needed to establish a greater sampling base. Greater attention needs to be placed on the physical characteristics of the ingested earth, its moisture content in the field, structure and moist color to fully understand the preliminary analyses carried out by MAHANEY et al. (1997). Certainly color and moisture might serve to stimulate the optic and olfactory nerves and alert the ingesting organism as to the location of the prime ingestible material. In any case, a descriptive model of the range of surfaces complete with detailed profile descriptions would provide the samples that could be used to elicit information on the soil-paleosol evolutionary sequence and provide information also on the paleoclimate.

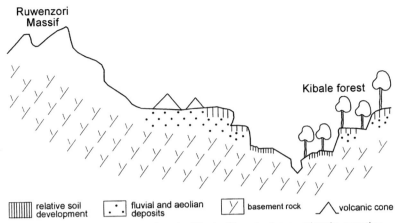

Fig. 2 Landscape cross-section in Kibale Forest where volcanic eruption-centers and fluvial dissection of the landscape dominate to produce paleosols of various ages from late to middle Pleistocene

To pursue zoopharmacognosy in this area it would be necessary to look at the plants consumed by the ingesting chimpanzees and to carry out soil microbiological studies with a view to working up the numbers of bacteria and fungi on the ingested vs. the control samples. The occurrence of a dominant bacterium or fungus might lead to the discovery of new organic compounds that are sought after by the chimpanzees. By studying the chemical, mineral and microbiological changes occurring at different time states over the lifetime of the paleosols present in the landscape it would be possible to put geophagy in perspective with regard to the way in which the chimpanzees have approached the problem of nutrition, dietary and pharmaceutical supplementation in an unpredictable and changing environment. The chimpanzees have not always had the same environment at Kibale as exists today; they would have had to cope with a changing environment and climate much as Homo sapiens were forced to do in their long evolutionary history, and over time they would have had to find new geophagy sites in a quest to fulfill their need for nutritional-zoopharmaceutical requirements. Paleonutrition is something that came into being long before the advent of Homo sapiens and most probably predates even the Australopithecines.

6 Tanzania

Chimpanzees in the Mahale Mountains of western Tanzania consume soil on a rotational basis, but not on a daily basis (M. HUFFMAN 1998, personal communication). That it is an important quantity in their nutritional balance has been tentatively established (MAHANEY et al. 1996) on the basis of a preliminary sample suite. A much greater range of ingested and control samples from Mahale is presently being studied by the York University Geophagy Research Group with the assumption that a chemical, mineral and/or microbiological stimulus will be found that will explain soil ingestion.

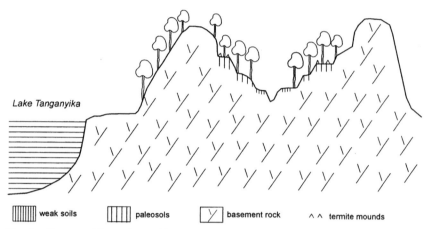

Fig. 3 Topographic setting at Mahale Mountains, Tanzania, with interfluves and terraces of various ages. Some terraces are fill-in-fills creating a transported regolith where termites bring clay and possibly silt from below to the surface

The landscape at Mahale is vastly different than in Uganda. The Mahale Mountains, consisting of uplifted ancient metamorphic rocks rise to over 2000 m a.s.l. along the eastern shore of Lake Tanganyika. Slopes range from moderate to steep, and there are numerous bedrock benches of indeterminate age and stream terraces, upon which chimpanzees feed at abundant termite mounds which are present wherever clay materials are available. The clay size material is important to the termites as they use it to construct their mounds and the chimpanzees ingest the mound material irrespective of whether or not it is still populated by termites. Some sites are situated so that mound material easily spills down slope to cover other mounds that chimpanzees feed at; some sites are at or near interfluves, whereas others are situated on terraces and on moderate slopes.

The model shown in Fig. 3 depicts a landscape of high summits with sloping surfaces extending to terraces and benches containing the paleosols evolutionary record dating from most probably at least the middle Quaternary. Erosion could be severe enough in some places to limit the paleosol age to late Pleistocene, but in this case clay mineral genesis would be limited to relatively small amount of amorphous aluminosilicate oxihydrates that would play little role in nutrition, although they could carry microorganisms or antibiotics of considerable pharmaceutical benefit to the chimpanzees. It is the clay-rich material of the older and sometimes vacated termite mounds that are of prime importance to the chimpanzees and which are actively consumed by them. While the exact position of these ingestion sites is known, their relationship to the landscape-paleosol-paleoclimate evolutionary history of the area remains unknown. Based on the preliminary information available (MAHANEY et al. 1996), the landscape model appears to look something like the sketch in Fig. 3. The materials consumed are always grayish to reddish brown earth, in termite mounds, on older surfaces near interfluves and on relatively stable ground with little in the way of mass wasting. The consumed samples are never gathered from valley bottoms or from young slopes at the bottom of the terrace sequence and they are usually low in humic material. Thus, the overall picture is much the same as at Kibale, in that the comestible material is gathered, much like food in a hunting gathering society, on an ad hoc basis and from select sites with a highly refined chemistry, geochemistry and mineralogy.

7 Conclusions

Endogenetic and exogenetic geological processes, operating in conjunction with changes in climate, created the landscape-paleosol sequence in both Uganda and Tanzania. Ranging in age from the present to at least middle Pleistocene, the landscape in both areas carries a range of paleosols, together with their microbiological and faunal constituents, that are ingested by chimpanzees presumably to fill a nutritional, dietary or pharmaceutical need or requirement. The need for a highly refined landscape-paleosolpaleoclimate model in each area is considered necessary for a number of reasons. First, the collage of organisms all evolved together over long time spans, much longer than the history of Homo sapiens, and were subjected to extremes of climate which occurred when glaciers grew and disappeared various times over the last two million years. Second, the range of earth materials available to the consuming organisms varies from unweathered sediments recently emplaced to humus-rich and humus-poor sediments with variable clay and iron content. It is of paramount importance to describe, sample and analyze the entire stratigraphic section in each case that contains the ingested material. Third, a tentative model of paleonutrition is possible now that several sites have been investigated and something is known of the chemistry, geochemistry and mineralogy of the consumed earth.

It is entirely possible that chimpanzees, like other species of primates, have learned over long time frames that good health keeps the autoimmune system in good operating order and prevents diseases of various kinds. That the ingesting organisms require clay size material is beyond doubt, now that so many sites have been studied on every continent except Antarctica, and it is apparent they do not obtain a full nutrient load from the foliage and water consumed. Once a greater range of control samples are analyzed at each site, it should prove possible to establish a reliable paleonutrition model that details the intake and physiological importance of specific clay minerals and chemical elements, on a scale similar to that published by MERTZ (1981) for humans.

8 Acknowledgments

I am greatly indebted to my three lab rabbits - Oily Paws, Conrad and Graywacke - who resided as observers in my laboratory from 1979 to 1989. They not only alerted me to the presence of people knocking at far entrances to the laboratory, but they also "notified" me with persistent, loud squeaking when visitors or students entered or left the laboratory. Occasionally they ate my shoes and the shoes of several students working in the lab not to mention the odd electrical wire, so much so that I nearly went bankrupt replacing footwear and electrical cords. Their intelligence, particularly their knowledge of spatial relationships in a laboratory of 300 m^2, impressed me to no end. Also, their behavioral relationships with each other, and with me and my associates, showed a high level of intelligence, much higher than I expected when my wife (Linda Mahaney) saved them from the needle at the humane society. My interest in geophagy was kept alive by these three animals and my curiosity about geophagy amongst wild animals is an "offshoot" from observing my three laboratory "assistants".

Caitlin Mahaney assisted with various laboratory experiments including subsampling numerous samples for INAA and particle size. This curiosity-driven research was funded by Quaternary Surveys Ltd., Toronto, Ontario, Canada and by special grants from Mike Huffman at Kyoto University, Japan. Mike Milner of M. W. Milner and associates, Toronto, Ontario gave freely of his time to assist with the topographical, mineral and geochemical analysis of both the Kibale and Mahale samples.

References

AGASSIZ, L. (1840): Etudes sur le glaciers. - 140 p.; Neuchâtel.

AUFREITER, W. & HANCOCK, R. G. V. & MAHANEY, W. C. & STAMBOLIC-ROBB, A. (1997): Geochemistry and mineralogy of soils eaten by humans. - Internat. J. of Food, Sciences and Nutrition, **48**: 293-305; Houndmills, London.

BIRKELAND, P. W. (1984): Soils and Geomorphology. - **XIV**: 373 p.; Oxford (Oxford Univ. Press).

BRYAN, K. & ALBRITTON, C. C. (1943): Soil phenomena as evidence of climatic changes. - Amer. J. of Science, **241**: 469-490; New Haven/Connecticut.

BUCKLAND, W. (1823): Reliquiae Diluvian AE or Observations on the Organic Remains contained in Caves, Fissures, and Diluvial Gravel, and on other Geological Phenomena, attesting the action of an Universal Deluge. - 303 p; London.

BUFFON, G. L. L. Count DE (1775): The Natural History of Animals, Vegetables, Minerals, etc. - 6 vols.; London.

CROLL, J. (1875): Climate and Time. - 577 p.; London.

GLANDER, K. E. (1994): Nonhuman primate self-medication with wild plant food. In: ETKIN, N. [Ed.]: Eating on the Wild Side. - 227-239; Tucson/Arizona (Univ. Arizona Press).

HUNTER, J. M. (1973): Geophagy in Africa and in the United States: A culture-nutrition hypothesis. - Geographical Review, **63**: 170-195; New York.

JENNY, H. (1941): Factors of Soil Formation. - 281 p.; New York.

LYELL, C. (1830): Principles of Geology. - 3 vols.; London.

MAHANEY, W. C. (1987): Notes on the behavior of the African buffalo (Syncerus caffer caffer). - African J. of Ecology, **25**: 199-202; Oxford.

MAHANEY, W. C. (1990): Ice on the Equator.- 386 p.; Ellison Bay/Wisconsin.

MAHANEY, W. C. (1990a): Glacially-crushed quartz grains in late Quaternary deposits in the Virunga Mountains, Rwanda - indicators of wind transport from the north? - Boreas, **19**: 81-89; Oslo.

MAHANEY, W. C. (1991): Distributions of halloysite-metahalloysite and gibbsite in tropical mountain paleosols: relationship to Quaternary paleoclimate. - Palaeogeography, palaeoclimatology, palaeoecology, **88**: 219-230; Amsterdam.

MAHANEY, W. C. (1993): Scanning electron microscopy of earth mined, ground and eaten by mountain gorillas in the Virunga Mountains. - Primates, **34** (3): 311-319; Inuyama/Japan.

MAHANEY, W. C. & HANCOCK, R. G. V. & WATTS, D. P. (1990): Geophagia by mountain gorillas (Gorilla gorilla gorilla) in the Virunga Mountains, Rwanda. - Primates, **31** (1): 113-120; Inuyama/Japan.

MAHANEY, W. C. & HANCOCK, R. G. V. (1990): Geochemistry of African buffalo (Syncerus caffer caffer) mining sites and dung on Mount Kenya, East Africa. - Mammalia, **54** (1): 25-32; Paris.

MAHANEY, W. C. & HANCOCK, R. G. V. & INOUE, M. (1993): Geochemistry and clay mineralogy of soils eaten by Japanese Macaques. - Primates, **34** (1): 85-91; Inuyama/Japan.

MAHANEY, W. C. & HANCOCK, R. G. V. & AUFREITER, S. (1995): Mountain gorilla geophagy - a possible strategy for dealing with intestinal problems. - Internat. J. of Primatology, **16** (3): 475-488; New York.

MAHANEY, W. C. & HANCOCK, R. G. V. & AUFREITER, S. & HUFFMAN, M. (1996): Geochemistry and clay mineralogy of termite mound soil and the role of geophagy in chimpanzees of the Mahale Mountains, Tanzania. - Primates, **37** (2): 121-134; Inuyama/Japan.

MAHANEY, W. C. & MILNER, M. W. & HANCOCK, R. G. V. & AUFREITER, S. & WRANGHAM, R. & PIER, H. W. (1997): Analysis of geophagy soils in Kibale Forest, Uganda. - Primates, **38** (2): 159-175; Inuyama/Japan.

MAHANEY, W. C. & MILNER, M. W. & HANCOCK, R. G. V. & AUFREITER, S. & WINK, M. & HS, M. (1998): Mineral and chemical analyses of soils ingested by humans in Indonesia. - Chemosphere; Oxford. - [Submitted].

MERTZ, W. (1981): The essential trace elements. - Science, **213**: 137-147; Washington D.C.

MORRISON, R. B. (1964): Lake Lahontan: geology of the Southern Carson Desert. - U.S.G.S. Professional Paper, **401**: 156 p.; Washington D.C.

OATES, J. (1978): Water-plant and soil consumption by guereza monkeys (Colobus guereza): a relationship with minerals and toxins in the diet? - Biotropica, **10**: 241-253; Lawrence/Kansas.

ROBBINS, C. T. (1983): Wildlife Feeding and Nutrition. - **XVI**: 343 p.; New York (Academic Press).

RODRIGUEZ, E. & WRANGHAM, R. W. (1993): Zoopharmacognosy: the use of medicinal plants by animals. In: DOWNUM, K. R. & ROME, J. T. & STANFORD, H. [Eds.]: Recent Advances in Phytochemistry. - Phytochemical Potential of Tropical Plants, **27**, Plenum: 89-105; New York.

RUHE, R. V. (1956): Geomorphic surfaces and the nature of soils. - Soil Science, **82**: 441-455; Baltimore/Madison.

SOIL SURVEY STAFF (1975): Soil Taxonomy. - 754 p.; Washington, D.C. (U.S. Government Printing Office).

Permafrost und Mensch
- Interessenskonflikte zwischen Ökologie und Ökonomie im subarktischen Nordamerika -

Bernhard Metz, Freiburg i. Br.

mit 1 Abb. und 1 Tab.

1 Einleitung

Ungefähr 50% der Landoberfläche Kanadas und 80 % der Alaskas sind von Permafrost beeinflußt. Während das extreme Kontinentalklima und der fossile Permafrost Sibiriens zur Folge haben, daß sich weite Permafrostgebiete noch südlich der -2° Jahresmittelisotherme in Südsibirien ausdehnen, liegt die Permafrostgrenze in Nordamerika überwiegend weit nördlich dieser Linie. Dies bedeutet, daß die klimatischen Bedingungen für die Bildung und Erhaltung des Permafrostes in Nordamerika ungleich schlechter sind. Dies und die Tatsache, daß größere Wasserkörper in der Nähe liegen, bewirken einen geringeren geothermischen Tiefengradienten (GTG) als in Sibirien. FRENCH (1976: 56) nennt als Durchschnittswert für Alaska und den Norden Kanadas einen GTG von 1°C / 30 bis 40 m, für die Hochgebirge der Westküste 1°C / 55 m und für die küstennahen Gebiete und unter größeren Wasserflächen 1°C / 20 m. Die polare Grenze zwischen kontinuierlichem und diskontinuierlichem Permafrost in Nordamerika verläuft ungefähr von der Seward-Halbinsel an der Bering Straße durch das südliche Vorgebirge der Brooks Range und von dort aus etwa breitenkreisparallel nördlich am Großen Sklaven See vorbei bis zu ihrem südlichsten Punkt in 55° n. Br. an der Hudson Bay. In Labrador ist kontinuierlicher Permafrost nur nördlich von 60° n. Br. zu finden. Selbstverständlich tritt auch südlich dieser Linie in höher aufragenden Bereichen der Gebirge kontinuierlicher Permafrost auf. Entlang der polaren Südgrenze beträgt die Permafrostmächtigkeit zwischen 60 und 100 m, an der Nordküste des Kontinents und auf den arktischen Inseln erreicht sie 400 bis 600 m. In Prudhoe Bay, dem großen Erdölfeld an der Beaufort See mit einer Jahresmitteltemperatur von unter -11°C, wurden nach BROWN (1967: 741) 610 m gemessen. Nach Süden schließt sich die Zone des diskontinuierlichen Permafrostes an, die bis zur

Südküste Alaskas reicht. Etwa 80 % des US-Bundesstaates Alaska und das gesamte Gebiet des kanadischen Yukon Territoriums liegen also im Einflußbereich des Permafrostes. Die dadurch hier ablaufenden morphodynamischen Prozesse und die daraus resultierenden Oberflächenformen beeinflussen selbstverständlich genauso wie die Vegetationsbedeckung die menschlichen Lebensräume in diesen sehr sensiblen Ökosystemen.

Die Verkehrslinien beschränken sich auf die südlichen Gebiete, folgen nach den Abzweigungen vom Alaska Highway weitgehend den größeren Talräumen und führen zu kleineren, heute meist aufgelassenen Bergwerkssiedlungen. Zwei Ausnahmen fallen jedoch sofort auf, weil sie aus den etwas dichter besiedelten Räumen in die Leere des Nordens hinausführen. Es ist zum einen in Alaska der **Dalton Highway** und zum anderen im Yukon Territorium der **Dempster Highway** (s. Abb. 1). Beide Straßen führen zu Siedlungen nördlich des Polarkreises und wurden aus unterschiedlichen Gründen angelegt.

2 Der Dalton Highway

Der Dalton Highway zwischen Fox, einer kleinen Siedlung nördlich von Fairbanks in Alaska, und Prudhoe Bay an der gleichnamigen Bucht an der Beaufort See wird fast auf seiner ganzen Länge von der Trans Alaska Pipeline begleitet. Hierin liegen auch die Gründe für den Bau des Dalton Highways. Deshalb müssen zunächst einige Informationen zu dieser Ölfernleitung gegeben werden: Die Alyeska Pipeline wurde zwischen 1969 und 1977 von insgesamt 70 000 Arbeitskräften für damals ca. 8 Mrd. US $ geplant und angelegt. 1968 hatte man vor der Küste der Prudhoe Bay im Arktischen Ozean Erdöl entdeckt. Da der Transportweg nach Süden durch die Bering Straße zu weit und zu gefährlich war - der Arktische Ozean ist nur maximal 4 Monate im Jahr und auch dann nur küstennah eisfrei, und außerdem fürchtete man die Nähe der damaligen Sowjetunion -, plante man den Bau einer Fernleitung quer durch Alaska. Im Süden wählte man Valdez wegen seiner geschützten Lage am Ende des Prince William Sounds und seines ganzjährig eisfreien Hafens als Endpunkt der insgesamt 1288 km langen Pipeline. Auf der südlichen Strecke zwischen Fairbanks und Valdez nutzte man die vorhandenen Straßen für den Transport des Baumaterials und sah darin den Vorteil der späteren Nutzung für Wartungs- und eventuelle Reparaturarbeiten. Von Fairbanks aus verläuft die Pipeline parallel zum Richardson Highway nach Süden durch die Alaska Range und die Chugach Mountains bis zum Terminal in Valdez. Im Norden von Fairbanks hingegen mußte ein vollkommen neuer Verkehrsweg trassiert und angelegt werden. Dieser führte von Deadhorse an der Prudhoe Bay, 481 km nördlich des Polarkreises, über die Nordabdachung (North Slope) der Brooks Range, durch die Brooks Range selbst, durch die Ray Mountains und die Kokrines Hills, über den Yukon River und schließlich durch die White Mountains nach Fairbanks.

137

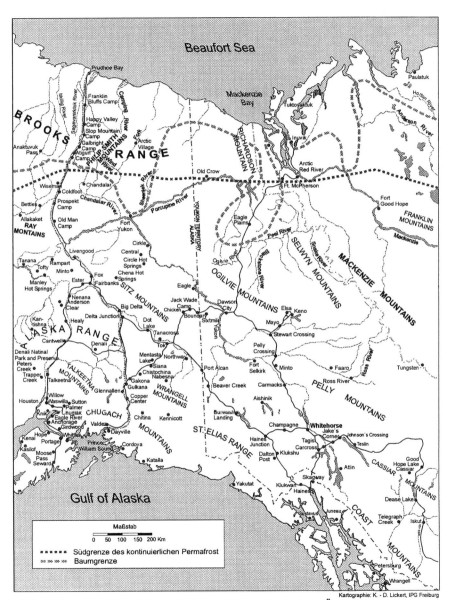

Abb. 1 Grenzbereich zwischen Alaska und Yukon Territorium - Übersicht

Nach Fertigstellung des Highways - man muß sich darunter eher eine einfache Piste vorstellen - konnte man mit dem Bau der eigentlichen Pipeline beginnen. Dies allerdings war mit großen Schwierigkeiten verbunden, da mit Ausnahme des südlichsten Teiles die gesamte Strecke im Einflußbereich des kontinuierlichen Permafrostes anzulegen war. Im Bereich des North Slope reicht die Gefrornis bis in Tiefen zwischen 360 und 600 m und nur die obersten Dezimeter tauen kurzfristig auf. Die Leitung muß also an diese Bedingungen angepaßt werden. Andererseits muß das Öl, das durch die Leitung fließt, flüssig gehalten werden. Dies ist durch Erhitzen auf etwa 50° C möglich. Damit diese Temperatur auf der gesamten Länge der Pipeline konstant bleibt, muß an mehreren Stellen nachgeheizt werden. Diese insgesamt 12 Heizstellen sind gleichzeitig Pumpstationen, die dazu dienen, das fließende Öl die Höhenunterschiede überwinden zu lassen. Die Pipeline beginnt in Meereshöhe und erreicht am Atigun Pass in 1445 m ü. M. den höchsten Punkt. Wegen der hohen Öltemperatur muß die Leitung sehr gut isoliert sein, damit der permanent gefrorene Untergrund nicht auftaut und die Rohre durch die dadurch bedingte Mobilität und eventuelles Nachrutschen nicht beschädigt werden. An vielen Stellen muß man sogar durch Kühlelemente den Boden noch zusätzlich kühlen. Auch die extremen Schwankungen der Lufttemperatur müssen berücksichtigt werden: Im Sommer können selbst in Prudhoe Bay +25 bis +28° C erreicht werden, während im Winter die Temperatur durch die Windwirkung verstärkt auf unter -70° C sinken kann (Wind-Chill-Temperatur). Dies bedeutet eine extreme Materialbelastung, die sich in Ausdehnung und Kontraktion der Leitung äußert. Deshalb wurde die ganze Leitung in ihrem oberirdischen Verlauf im Zickzack sowie auf insgesamt 78 000 Stützpfeilern mit horizontaler Bewegungsfreiheit der Rohre von bis zu 3,6 m und einer vertikalen bis zu 0,6 m verlegt. Die Pfeiler sind zwischen 4,5 und 18 m tief im Boden eingelassen. Dies geschah auch im Hinblick auf eventuelle Erdbeben. Nach Auskunft der Betreibergesellschaft soll die Leitung Beben bis zu einer Stärke von 8,5 auf der Richter Skala problemlos überstehen können. Die Sicherheitsüberwachung der Leitung erfolgt mit sogenannten "Pigs", die mit dem Öl durch die Leitung geschickt werden und die gleichzeitig die Innenwände der Leitung reinigen können. Sie nehmen z. B. den Wachsrückstand auf. Außerdem können die Pigs Verformungen der Leitung erkennen und Ansätze zur Korrosion über eingebaute Sender an die Wartungszentrale in Valdez melden. Wird ein Schaden festgestellt, kann der Öldurchfluß abschnittsweise zwischen einzelnen Ventilen oder auf der gesamten Länge gestoppt werden. Alle diese Maßnahmen erforderten erwartungsgemäß einen sehr hohen technischen und finanziellen Aufwand und vor allem eine durchdachte und ausgefeilte Organisation des Transport- und Versorgungswesens. Die zunächst direkt neben und unter der Pipeline verlaufende Straße wurde später jeweils abschnittsweise aus Sicherheitsgründen in größere Entfernung von der Leitung verlegt. Unter der Leitung durchführende Trassen von Abzweigungen werden durch sogenannte "Headache Bars" gesichert. Alle diese Maßnahmen sind unbedingt notwendig, da ein Schaden an der Leitung unabsehbare

Tab. 1 Trans Alaska Pipeline und Dalton Highway: Zahlen - Daten - Fakten

Dalton Highway	
Länge	666,3 km
Bauzeit	5 Monate (!)
Alyeska Pipeline	
Länge der Leitung	1288 km
Durchmesser	1,22 m
Wandstärke	1,4 cm
Durchlauftemperatur	etwa 50°C
Zahl der Heizstellen / Pumpstationen	12
Zahl der Stützpfeiler	78 000
Fundamentierung der Pfeiler	4,5 bis 18 m
Bewegungsfreiheit der Rohre	horizontal < 3,6 m; vertikal < 0,6 m
Höchster Punkt	Atigun Pass, 1445 m ü. M.
Täglicher Durchfluß	1,7 Mio. Barrel (= 270 Mio. l)
Durchflußgeschwindigkeit	10 km/h
Durchflußzeit	5 ½ Tage (ca. 130 h)
Marine Terminal	
Fläche	400 ha
Anzahl der Tanks	18
Kapazität	9,18 Mio. Barrel (1,46 Mrd. l)
Max. Öllieferung	88 000 Barrel/h (1,4 Mio. l)
Max. Tankergröße	265 000 BRT
Fülleistung/h	110 000 Barrel (1,7 Mio. l)
Ø Dauer des Betankens	22 Stunden
Anzahl der Tanker/Monat	~ 70
Siedlungen	**Einwohner**
Livengood	ca. 100
Coldfoot	unbekannt
Wiseman	27
Deadhorse	3500 - 8600
Anchorage	240 285
Fairbanks	77 720
Valdez	4068

Zusammengestellt nach Unterlagen der ALYESKA PIPELINE SERVICE COMPANY, Anchorage

Folgen in diesem außerordentlich sensiblen Ökosystem zeitigen würde. Dies ist um so verständlicher, betrachtet man die reellen Kapazitätszahlen: Der tägliche Durchfluß beträgt 1,7 Mio. Barrel (= 270 Mio. l) Rohöl, das bei einer Durchschnittsgeschwindigkeit von 10 km/h für die insgesamt 1288 km ca. 5 ½ Tage (ca.130 h) benötigt.

Der Bau der nach James William Dalton (Ölprospektor) benannten Piste zwischen Prudhoe Bay und Yukon River begann am 29.4.1974 und war 4 Monate später abgeschlossen. Die Straße ist im Durchschnitt 9 m breit und hat eine zwischen 1 und 2 m mächtige Schotterauflage. An einigen Stellen ist die Straße mit einer Plastikschaumunterlage versehen, um das Auftauen des unterlagernden Permafrostes zu verhindern. Es liegen mehrere kleine Siedlungen am Highway. So leben beispielsweise in der Umgebung von Livengood etwa 100 Menschen, Wiseman hatte 1998 25 permanente Einwohner, zu denen in den Sommermonaten einige Goldgräber hinzukamen. Für Coldfoot gibt es überhaupt keine genauen Angaben, da hier lediglich eine Tankstelle mit Reparaturwerkstatt, eine Raststätte für LKW-Fahrer (Truck Stop) sowie 2 Motels mit ständig wechselndem Personal und ein Informationszentrum des Bureau of Land Management (BLM) eingerichtet wurden. Für Deadhorse, der Siedlung am Ausgangspunkt der Pipeline, schwanken die Angaben je nach Jahreszeit zwischen 3000 und 8600 überwiegend männlichen Einwohnern. Aufgrund der Notwendigkeit, die Pipeline ständig zu kontrollieren, zu warten oder zu reparieren, haben sämtliche offiziellen Fahrzeuge ebenso wie die Schwertransporte (Rohre, Bohrköpfe, Bohrgestänge, Baumaterial usw.) auf der Straße Vorfahrt. Bis 1994 war die Benutzung der Straße mit Privatfahrzeugen deshalb beschränkt auf die Strecke zwischen Livengood und Dietrich Camp, einem früheren Versorgungslager etwa auf halber Strecke zwischen Fairbanks und Prudhoe Bay. Für die Weiterfahrt benötigte man eine Fahrerlaubnis des Transportministeriums. Seit 1995 dulden nun die Behörden offenbar die Straßenbenutzung bis Deadhorse, allerdings treten im Schadensfall Schwierigkeiten mit dem Versicherungsschutz auf. Die stillschweigende Freigabe der Straße ist nach Auskunft eines Anwohners wahrscheinlich auf Drängen der in den oben erwähnten kleinen Siedlungen lebenden Bevölkerung zurückzuführen, die sich durch das verstärkte Befahren der Straße wirtschaftliche Vorteile verspricht.

3 Der Dempster Highway

Die zweite Straße, der Dempster Highway, beginnt etwa 40 km östlich von Dawson City im Yukon Territorium und verbindet diese alte Goldgräberregion am Klondike mit Inuvik im Mackenzie Delta. Benannt wurde diese Straße nach Inspector W. J. D. Dempster, der 1910 nahe an der heutigen Überquerung des Mackenzie Rivers eine vermißte RCMP Patrouille nach wochenlangem Suchen erfroren aufgefunden hatte.

Der Bau der heutigen Straße begann 1959 im Rahmen des Regierungsprogramms "Roads to Resources" und war erst 1978 abgeschlossen. Die technischen und planerischen Schwierigkeiten waren ähnlich gelagert wie am Dalton Highway in Alaska. Der gesamte Straßenverlauf liegt in Permafrostgebiet und quert die Ogilvie Mountains im Süden und die Richardson Mountains im Norden. Außerdem müssen zwei große Flüsse, der Peel River und der Mackenzie River, mit Fähren überquert werden. Im Gegensatz zum Dalton Highway verbindet der Dempster Highway mehrere ältere Ortschaften miteinander: Dawson City (1852 E), Fort McPherson (632 E), Tsiigehtchic, das frühere Arctic Red River, (140 E) und Inuvik (3400 E). Es ist die einzige Straße, die in Kanada über den Polarkreis hinaus nach Norden führt (329 km). Sie ist mit ihren 734 km ausschließlich als Schotterstraße ausgebaut. Außer an der Abzweigung von der Hauptstraße bei Dawson City und in Inuvik gab es bis 1994 auf halber Strecke bei Eagle Plains eine einzige Tankstelle mit Reparaturwerkstatt. Heute kann man auch in Fort McPherson einfachste Serviceleistungen für Kraftfahrzeuge in Anspruch nehmen. Um sich Entfernungen und Bedingungen überhaupt vorstellen zu können, bedarf es eines Vergleichs: Man stelle sich vor, Freiburg und Hamburg seien nur durch eine meist einspurige, unbefestigte, feldwegähnliche Straße miteinander verbunden und auf halber Strecke gäbe es etwa auf der Höhe von Friedberg oder Gießen eine Tankstelle und auf der Höhe von Bad Hersfeld und Kassel je eine Siedlung mit 632 bzw. 140 Einwohnern.

Es ist kaum anzunehmen, daß alleine für eine Verbindung dieser Siedlungen untereinander eine Straße über diese Entfernung gebaut worden wäre. Auch diese Straße wurde nämlich ursprünglich des Erdöls wegen gebaut, wird heute aber außer für den Tourismus nur zur Versorgung der nördlichen Siedlungen genutzt, da vor wenigen Jahren die Erdölexploration im kanadischen Teil der Beaufort See eingestellt wurde. Die entdeckten Öl- und Gaslagerstätten werden augenblicklich wegen der außerordentlich hohen Förder- und Transportkosten als Reserven für die Zukunft angesehen. In den Inuit-Siedlungen wie z. B. Tuktoyaktuk ist deshalb heute eine Rückbesinnung auf die traditionelle Lebensweise zu erkennen. Eines der gegenwärtigen Probleme liegt allerdings darin, daß im Zug der modernen Tourismusentwicklung auch diese Siedlungen mit Problemen der kulturellen Überfremdung zu kämpfen haben. Dies gilt gleichermaßen für die, in der etwas abseits vom Dempster Highway gelegenen, aber auf Wunsch von der Mackenzie River Fähre angefahrenen Siedlung Tsiigehtchic lebenden Déné. In Fort McPherson hingegen hat sich nach dem Anschluß an das Verkehrsnetz eine kleine kooperativ arbeitende Fabrik für Rucksäcke, Reisetaschen, Zelte usw. niedergelassen. Das ist neben der bereits erwähnten Tankstelle mit Reparaturwerkstatt eine der wenigen Erwerbsquellen für die ortsansässige Bevölkerung, die ansonsten vom Fischen, Jagen und Fallenstellen lebt. Inuvik hat sich in den letzten Jahren zum Zentrum der nördlichen Siedlungen in der Westarktis und zum Ausgangspunkt für Flüge, Bootsfahrten und andere Abenteuerunternehmungen entwickelt. Im Sommer erfolgt von hier aus die Versorgung der arktischen Siedlungen entlang der Küste und auf den vorgelagerten Inseln mit dem Schiff, während im Winter die zugefrorene See und die zahlreichen Mündungsarme des Mackenzie Rivers als Verkehrswege für Pkws und kleinere Nutzfahrzeuge mit Schlittenanhängern genutzt werden.

4 Interessenskonflikte

Beide Straßen wurden, wie erwähnt, zunächst nur als Verbindungslinien zwischen den erhofften und auch teilweise später genutzten Ressourcen im Norden und den Verteilerzentren im Süden geplant und gebaut. Das wachsende Interesse von Touristen an Extremlandschaften wie Wüsten, tropischen Küsten oder auch abgeschiedenen Regionen in Polar- und Subpolargebieten hat auch im Norden Nordamerikas zu ansteigenden Besucherzahlen geführt. Jahr für Jahr kommen mehr als 750 000 Touristen nach Alaska und etwa 350 000 in das kanadische Yukon Territorium. Diese Zahlen erscheinen im Vergleich zu den entsprechenden Werten anderer Bundesstaaten oder Provinzen oder auch im Verhältnis zu der räumlichen Ausdehnung beider Bereiche außerordentlich niedrig. Alaska ist mit 1 518 807 km^2 etwa doppelt so groß wie Texas und etwa 4 ½ mal so groß wie Deutschland und hatte 1995 nur 603 617 Einwohner. Im Yukon Territorium lebten zur gleichen Zeit auf 483 450 km^2 sogar nur 31 881 Menschen, was einer Bevölkerungsdichte von 0,066 E/km^2 (Alaska: 0,39 E/km^2) entspricht. Wenn man nun bedenkt, daß die Bevölkerung beider Gebiete in ganz wenigen "städtischen" Siedlungen lebt, kann man die unendliche menschenleere Weite der Landschaften erahnen. Trotz der riesigen Ausdehnung kann dieses Gebiet mit seinem sensiblen Ökosystem den Ansturm der Touristen - in Alaska jährlich entsprechend der genannten Zahlen etwa 1½ mal soviel wie Einwohner, im Yukon Territorium sogar 11 mal soviel - eigentlich nicht verkraften. Deshalb ist es zu begrüßen, daß die Touristenströme gegenwärtig (noch) nur den Hauptverkehrslinien folgen und die nicht oder wenig erschlossenen Gebiete abseits größtenteils meiden. Allerdings muß man feststellen, daß der sogenannte Abenteuertourismus auch hier immer populärer wird. Dies bringt offen zutage tretende Interessenskonflikte mit sich.

Drei Arten der touristischen Nutzung des Raumes sind hier sehr beliebt. Zum einen handelt es sich um straßengebundenen Fremdenverkehr mit einem deutlichen Schwerpunkt auf dem Wohnmobil als Fortbewegungsmittel und Unterkunft. Auch die Besucher mit PKW und Wohnwagen oder Zelt gehören in diese Gruppe. Die zweite Art der Nutzung ist die durch Fahrradtouristen, Rucksacktouristen (sog. Backpackers) oder Kanu- bzw. Kajakfahrer. Die dritte Gruppe ist die der Teilnehmer an Kreuzfahrten durch die Inland Passage, die in den kleinen Hafenorten mit Bussen abgeholt werden und so auf Tagesausflügen die Region kennenlernen. In Skagway in Alaska können sie auch mit einer historischen Bahn zum Chilkoot Pass fahren und den Spuren der Goldgräber von 1898 folgen. Die Touristen aus der erstgenannten Gruppe bewegen sich erwartungsgemäß auf den vorhandenen Straßen oder Pisten und übernachten entweder in ihren Fahrzeugen, Zelten oder in Motels. Sie können also mehr oder weniger gut unter Kontrolle gehalten werden. Trotzdem stellt diese Kategorie das größte Problem für eine umweltgerechte Nutzung des Raumes dar. Die zweite Gruppe fällt zahlenmäßig zur Zeit noch weniger ins Gewicht, belastet aber die Gebiete abseits der Straßen stärker als die erste. Andererseits zeigen diese Touristen meist ein wesentlich ausgeprägteres Umweltbewußtsein. Die dritte Gruppe fällt eigentlich nur in den größeren Städten und an den attraktiven Punkten von historischem Interesse oder im Denali Nationalpark in Alaska auf. Die Teilnehmer belasten aber, da sie meistens abends wieder zu ihren Schiffen zurückkehren und tagsüber nie die Parkplätze und Aussichtspunkte verlassen, kaum die Natur.

Wie oben angedeutet, sind die Touristen in der erstgenannten Gruppe die eigentlich problematischen. Mit ihren Fahrzeugen bewegen sich die meisten auf den ausgewiesenen und durch grandiose Landschaften führenden Straßen, wobei der 1942 angelegte und heute durchgehend asphaltierte Alaska Highway die größte Bedeutung als Süd-Nord-Verbindung besitzt. Von Dawson Creek in B. C. führt er über 2288 km nach Delta Junction und als Teilstück des Richardson Highways über weitere 160 km nach Fairbanks. Hier liegt der Verteiler für die Verbindungen nach Anchorage und zur Kenai Halbinsel im Süden, nach Manley Hot Springs im NW, nach Circle im NE und vor allem über den Dalton Highway nach Prudhoe Bay im N. Diese Straße wird in den letzten Jahren immer mehr zu einer Touristenattraktion als "Herausforderung" für Fahrerinnen und Fahrer mit "Pioniergeist". Weiter im Süden des Alaska Highways zweigt bei Whitehorse die Verbindungsstraße nach Dawson City an Yukon und Klondike River ab. Kurz vor Dawson City liegt die Abzweigung des zweiten, für diese Gruppe von Touristen attraktiven Highways, des Dempster Highways. Beide Trassen, die jeweils mehr als 700 km lang sind, müssen ständig gewartet werden. Die Fahrbahndecken sind in beiden Fällen nicht befestigt, weil aufgrund der extremen Temperaturverhältnisse und besonders wegen der häufigen Frostwechsel ständig mit Frostaufbrüchen und teuren Fahrbahnschäden zu rechnen wäre.

Welche Konsequenzen bringen nun diese "Highways" für die beiden Regionen? Unter dem Gesichtspunkt, mit ihrer Anlage den Menschen im dichter bewohnten und industriell erschlossenen Süden die unversehrte, naturbelassene Tundra mit all ihren reizvollen Landschaften, Pflanzen und Tieren erschließen und näherbringen zu können, wurde und wird immer noch mit diesen Anreizen für die Benutzung geworben. Der Werbeslogan für Inuvik: "Come join us at the Top of the World" spricht offenbar genau jene Gruppe von Touristen an, die sich hier in der ihrer Meinung nach vollkommen unberührten Tundra frei und ungebunden bewegen zu können glauben. Solange dies entlang angelegter Pfade in der Umgebung der Campingplätze geschieht, sind keine gravierenden Beeinträchtigungen im Ökosystem zu erwarten. Bewegen sich die Menschen aber abseits dieser vorgezeichneten Wege, können irreparable Schäden an der Vegetation und der Bodendecke auftreten. Besonders, wenn die sommerliche Trockenheit die dichte Flechtenbedeckung austrocknen läßt, ist diese besonders trittgefährdet und zerbrechlich. Sobald sich aber nach Niederschlägen die Flechten voll Wasser gesaugt haben, sind sie leicht verformbar und kaum gefährdet. Weiterhin können bei unkontrollierten Wanderungen über die Tundra Pflanzengesellschaften gestört werden, die aufgrund der für sie ungünstigen Klimabedingungen viele Jahre oder gar Jahrzehnte der Regenerierung benötigen. Die Pflanzendecke aber ist zum Schutz des darunterliegenden Permafrostes notwendig. Ist das Lockermaterial oberflächennah gefroren, so beträgt der Eisgehalt in der obersten Lage zwischen 45 und 80 % des Volumens, in Eiskeilen sogar bis zu 100 % (KING 1989: 52). Taut diese Schicht auf, kommt es durch die Verringerung des Volumens zu deutlichem Absinken der Oberfläche und zur Entstehung von Thermokarsterscheinungen wie Mulden und Gräben. In diesen Hohlformen sammelt sich auf dem darunterliegenden gefrorenen Boden das Schmelzwasser. In den ersten Jahren vergrößert sich der Wasserkörper immer mehr, bis er ab einer gewissen Tiefe die Neubildung des Permafrostes verhindert. Dadurch wird das weitere Austauen begünstigt und der Thermokarstsee vergrößert sich. Erst wenn mit der Zeit der so entstandene See wieder verlandet oder zusedimentiert wird, kann sich erneut Permafrost bilden. Das aber dauert, besonders in den extrem flachen Tundrengebieten der arktischen Küstenbereiche, außerordentlich lange. Dieser komplexe Vorgang kann in den betroffenen Gebieten auch durch das Betreten oder Befahren der freien Flächen verursacht bzw. verstärkt werden. Es gibt Beispiele aus dem Mackenzie Tal, wo in den 60er Jahren während der Sommermonate seismologische Messungen zur Ortung von Ölfeldern durchgeführt wurden. Auf einer Gesamtlänge von ca. 300 km wurden damals sogenannte "Seismic Lines" angelegt, wobei eine 4,25 m breite und 25 cm mächtige Bodenschicht abgetragen wurde. Dies führte dazu, daß sich schnurgerade Gräben bildeten, die bis heute in der Landschaft auffallen. Ihre heutige Tiefe von ca. 1,55 m ist nach Berechnungen von FRENCH nur zu 13 % durch die eigentliche Materialentnahme bedingt, während 45 % durch die randliche Ablagerung des Aushubs und die damit verbundene Wasserableitung entstanden sind. Die restlichen 42 % der Reliefveränderung müssen durch Thermokarst verursacht worden sein (FRENCH 1976: 132). Ebenso gefährden stärker befahrene Straßen den tief gefrorenen Untergrund, wenn sie nicht ausreichend isoliert sind. Ohne die heute vorhandene Erfahrung hat man beim Bau des Dempster Highways teilweise die schützende Vegetationsschicht beseitigt und die Trasse planiert. Bereits nach kurzer Zeit zeigten sich deutliche Absenkungserscheinungen, die immer wieder aufwendig ausgeglichen werden mußten. Schließlich hat man bei einer notwendig gewordenen Verlegung der Trasse die Vegetation erhalten, um den unterlagernden Permafrost so weit wie möglich zu konservieren. Zusätzlich wurden noch Schichten aus organischem Material wie kleinen Ästen, Moosen und Flechten aufgelegt, bevor das eigentliche Kiesbett aufgetragen werden konnte. Man kann heute sogar beobachten, daß die notwendigen Arbeiten wie das Fällen der Bäume, das Verlegen der Isolierschicht usw. per Hand oder nur mit kleinen Maschinen erfolgt, um das labile Gleichgewicht im Permafrost nicht unnötig zu stören.

Allerdings ergeben sich in jüngster Zeit im Zusammenhang mit der Straße und der zunehmenden Benutzung durch Touristen andere gefährliche und vor allem kostspielige Situationen. So werden z. B. Touristen, die mit dem Luxusschiff nach Anchorage oder eine andere Hafenstadt in Alaska kommen, mit Bussen über den Dalton Highway entweder bis zum Polarkreis oder sogar bis nach Deadhorse gebracht. Dort übernachten die Reisenden und fahren entweder am nächsten Tag über die gleiche Route zurück oder fliegen über Barrow, Nome oder Kotzebue wieder zu ihrem Abfahrtshafen. Die Zahl der so nach Norden kommenden Kurzurlauber geht in der kurzen Saison in die Hunderte. Die infrastrukturelle Ausstattung in den genannten Orten ist aber diesem Ansturm nicht gewachsen, so daß es zu Problemen hinsichtlich der Ver- und vor allem der Entsorgung der Beherbergungsbetriebe kommt. Das Brauch- und Trinkwasser muß in der Regel aus Grundwasservorräten entnommen werden, weil eine Nutzung des Oberflächenwassers einerseits starken jahreszeitlichen Angebotsschwankungen unterliegt, andererseits das Wasser aber durch die hohen Anteile an mineralischen und organischen Bestandteilen oft ungenießbar ist. Da außerdem die Mächtigkeit des Permafrostes nach Norden hin deutlich ansteigt, muß auch das Grundwasser, das dort unter dem Permafrost lagert, aus großen Tiefen heraufgepumpt werden. Weiter im Süden gelegene Siedlungen sind somit weniger kostenaufwendig mit Wasser zu versorgen, als beispielsweise Deadhorse an der Prudhoe Bay, wo der Permafrost eine Mächtigkeit von ca. 600 m erreicht. Um dieses Wasser an die Stellen des Verbrauchs zu bringen, müssen sowohl die Tankfahrzeuge als auch die verlegten Leitungen sehr gut isoliert sein. In größeren Siedlungen wie beispielsweise Inuvik am Mackenzie Delta werden deshalb kostenintensive Leitungssysteme mit beheizten und gut isolierten Rohren, die sogenannten Utilidors, verlegt, die die Haushalte ver- und entsorgen. Wichtig ist dabei in allen Fällen, daß die Leitungen keine Wärme nach außen abstrahlen, weil andernfalls die oberen Bereiche des Permafrosts auftauen und die gesamte Konstruktion instabil würde. Auch die allerdings eher von der erstgenannten Touristengruppe (Reisende mit PKW oder Wohnmobil) immer häufiger benutzten Campingplätze entlang der Straße müssen entsorgt werden. Da die Einrichtung von standardisierten Kläranlagen unter den beschriebenen Permafrostbedingungen nicht möglich ist, werden Sickergruben (septic fields) angelegt, die verständlicherweise möglichst oft leergepumpt und gereinigt werden müssen. Da die nächstgelegenen Kläranlagen, in die die aus den Sickergruben abgepumpten Fäkalien gebracht werden, sehr weit entfernt sind, ist dies nur mit großem Aufwand möglich. Das bedeutet auch wieder zunehmende Kosten für die verantwortlichen Organisationen. Die Endlagerung der Abwässer ist sehr problematisch, weil die Zersetzung der organischen Stoffe in Kaltklimaten sehr lange dauert. Ursprünglich wurde das Abwasser entweder in Seen bzw. Flüsse geleitet oder im Winter einfach auf die Eisdecke geschüttet, wo es gefrieren konnte und im Frühjahr beim Auftauen weggeschwemmt wurde. Über längere Zeiträume gerechnet führt dies aber zu einer unumkehrbaren Umweltbelastung. Deshalb versucht man seit einigen Jahren, das Abwasser zu behandeln und eine ökologisch unbedenkliche Endlagerungsmöglichkeit zu finden. In den kleineren Siedlungen im Yukon Territorium und in Alaska werden heute noch die Abwässer in den nächstgelegenen See oder in einen Fluß geleitet. Größere Siedlungen wie z. B. Inuvik mit etwa 3400 Einwohnern sind häufig mit kanalisierten Abwasserlagunen ausgestattet. In diesen großen, relativ seichten Vertiefungen kann sich das Abwasser zum Teil unter Luftabschluß zersetzen. Andere Siedlungen entsorgen ihre Abwässer über sogenannte "overland flows", die unseren früheren Rieselfeldern vergleichbar sind. Eine solche, von der Vegetationsbedeckung abhängige biologische Klärung ist aber in extrem kalten Gebieten nicht möglich. Hier kann man hin und wieder Sikkerbecken finden, die mit dem sogenannten "rapid infiltration system" operieren. Sie sind einfach anzulegen und sind deshalb in Kaltgebieten so günstig, weil sie keine Vegetation benötigen, um effizient zu arbeiten. Hier werden die Abwässer in kiesigen oder anderen durchlässigen Untergrund geleitet, wo die Grenze des Permafrosts tiefer als 5 m liegt. Nach etwa 6 Tagen wird dann erneut Abwasser über die ausgetrocknete Oberfläche geleitet, wo es erneut versickern kann. Wichtig ist dabei aber, daß die Abwässer zuvor dahingehend behandelt worden sein müssen, daß nur abbaubare Stoffe in den Untergrund gelangen können. Alle diese der Abwasserbeseitigung dienenden Prozesse können jedoch nur in den Sommermonaten angewandt werden, und man ist so gezwungen, gefährliche und oft toxische Abwässer für längere Zeit in der Nähe der Siedlungen zu lagern. Auch die Gefahr, daß die Abwasserbecken aufgrund ihrer latenten Wärme eine Gefahr für die gefrorene Umgebung darstellen können, kann nicht vernachlässigt werden. Nur bei regelmäßig durchgeführten Kontrollen der Wassertemperaturen in den Becken und in den Leitungen kann das Auftreten von Thermokarst und damit von Schäden an den Leitungen und Gebäuden verhindert werden.

Ein weiterer nicht zu vernachlässigender Gesichtspunkt ist folgender: Mit zunehmender Touristenzahl wächst auch die Notwendigkeit, diese nicht nur mit dem Dringendsten zu versorgen. Da die großen Entfernungen die Versorgung durch die Luft verteuern, bleibt nur der Transport über die Straße. Wie ich aber versucht habe zu zeigen, ist diese jedoch als Schotterstraße im Permafrost besonders anfällig, was wiederum teure Reparaturarbeiten zur Folge hat. Die finanzielle Belastung hat letztendlich aber nicht das Reiseunternehmen oder die privat hierher kommenden Touristen zu tragen, sondern der Staat und damit der Steuerzahler. Wie lange dies nun möglich ist, ist nicht zu prognostizieren. Fest steht, daß im Augenblick von allen Seiten, von Reiseunternehmen aller Art bis hin zu den Medien in allen Ländern mit zahlungskräftigem Touristenpotential Reklame für die "unberührte" Natur und Weite des nördlichen Nordamerika, für die grandiose Pflanzen- und Tierwelt und für das Abenteuer "Wildnis" gemacht wird. Die Tiere der Subarktis und Arktis haben offensichtlich bereits auf die störenden Eindringlinge reagiert: Nach eigener Erfahrung und nach Aussage vieler Leute (Goldgräber, Trapper, Indianer, Inuit), mit denen wir über diese Probleme sprechen konnten, meiden die großen Tiere bereits die Nähe der Straßen und der Pipeline. So bekommt man nur noch mit viel Glück einen Bären oder gar einen Moschusochsen zu Gesicht, und auch die Karibus kommen nur noch während ihrer saisonalen Wanderungen über riesige Entfernungen an und über die Straße. Im Augenblick laufende Untersuchungen von Zoologen sollen zeigen, daß sich beiderseits der 1300 km langen Pipeline bereits zwei unterschiedliche Karibu-Populationen entwickeln konnten.

Unter all diesen Aspekten betrachtet muß man sich darüber im Klaren sein, daß eine verstärkte Erschließung und Entwicklung dieses außerordentlich sensiblen Raumes irreversible Veränderungen im Naturhaushalt und damit im Lebensraum des nordamerikanischen Nordens bedeuten muß.

Literatur

BROWN, R. J. E. (1967): Comparison of Permafrost Conditions in Canada and the USSR. - Polar Record, **13**, No. 87: 741-751; Cambridge.

BROWN, R. J. E. (1970): Permafrost In Canada. - 234 S.; Toronto.

COATES, P. A. (1993): The Trans-Alaska Pipeline Controversy. - Technology, Conservation, and the Frontier. - 445 S.; Anchorage.

COHEN, S. (1988): The Great Alaska Pipeline. - 136 S.; Missoula/Montana.

FRENCH, H. M. (976): The Periglacial Environment. - 309 S.; London.

KING, L. (1989): Das arktische Eis und seine Bedeutung für die Erschließung des kanadischen Nordens. - In: VOGELSANG, R. [Hrsg.]: Kanada in der geographischen Forschung der 80er Jahre: 36-61; Berlin.

LANZ, W. (1990): Along the Dempster - An Outdoor Guide to Canada"s Northernmost Highway - 64 S.; Vancouver.

LORENZ, R. (1982): Regionale Verbreitung von Permafrost und die Auswirkungen auf die Raumerschließung. - Wiss. Arb. z. Staatsexamen für das Lehramt an Gymnasien in Baden-Württemberg: 116 S.; Freiburg i. Br. - [Unveröff.].

PAGE, R. (1986): Northern Development: The Canadian Dilemma. - 361 S.; Toronto.

REISER, R. (1998): Baumaßnahmen im Permafrost NW-Kanadas. - Wiss. Arb. z. Staatsexamen für das Lehramt an Gymnasien in Baden-Württemberg: 122 S.; Freiburg i. Br. - [Unveröff.].

SCHÄTZLE, O. (1997): Erdöl in Alaska - Gunst- oder Ungunstfaktor? - Wiss. Arb. z. Staatsexamen für das Lehramt an Gymnasien in Baden-Württemberg: 115 S.; Freiburg i. Br. - [Unveröff.].

STÄBLEIN, G. (1979): Verbreitung und Probleme des Permafrosts im nördlichen Kanada. - In: PLETSCH, A. & SCHOTT, C. [Hrsg.]: Kanada - Naturraum und Entwicklungspotential. - Marburger Geogr. Schriften, **79**: 27-40; Marburg/Lahn.

Über den Naturraum und seine Inwertsetzung in Burkina Faso

Peter Müller-Haude, Frankfurt am Main

mit 5 Abb. und 1 Tab.

1 Einleitung

Burkina Faso ist ein Agrarstaat. Über 80 % der Bevölkerung leben von der in Subsistenz betriebenen Landwirtschaft. Die Erträge sind in hohem Maße durch die Variabilität der Niederschläge gefährdet (CIA World Factbook, s. Internet-Quellen im Anhang). Die Bevölkerung gliedert sich in zahlreiche ethnische Gruppierungen, die sich in Sprache, materieller Kultur, Religion sowie ihren Wirtschaftsweisen und Anbaupraktiken unterscheiden.

Im Rahmen des Sonderforschungsbereiches 268 "Westafrikanische Savanne" werden die gegenseitigen Beeinflussungen der Bevölkerungsgruppen und ihr Verhältnis zu dem sie umgebenden Naturraum untersucht (HABERLAND 1986; NAGEL 1994). Eine Vielzahl für diese Fragestellungen relevante Informationen liegen in kartographisch verwertbarer Form vor: Karten der Siedlungs- und Sprachgebiete unterschiedlicher ethnischer Gruppierungen und Bevölkerungszahlen, die von verschiedenen Seiten erhoben wurden, sind ebenso verfügbar wie Rasterdaten zur Topographie und Karten zu Bodengüte, Vegetation und dem Anteil landwirtschaftlich genutzter Flächen.

Eine Auswahl des Datenmaterials wurde mit Hilfe eines Geographischen Informationssystems (ArcInfo / ArcView) aufbereitet und modelliert. Im folgenden werden Informationsgehalt und Interpretationsmöglichkeiten der verwendeten Quellen vor dem Hintergrund der genannten Fragestellungen dargestellt und diskutiert.

2 Die Quellen

Die topographische Grundlage bildet ein Datensatz des GTOPO30, der vom U.S. Geological Survey (USGS, siehe Internet-Quellen im Anhang) erstellt wurde und über das Internet kostenfrei abrufbar ist. Es sind Rasterdaten des DEM (Global Digital Elevation Model), die im 30-Sekunden-Abstand (ca. 1 km) Höhenangaben enthalten. Ein Großteil der Daten ist aus den Digital Terrain Elevation Data (DTED) abgeleitet, die eine Auflösung von etwa 90 m haben. Bestehende Lücken wurden mit Daten aufgefüllt, die aus der Digital Chart of the World (DCW), einem Vektordatensatz, deriviert wurden. Dies ist auch für Burkina Faso der Fall, wie in Abb. 1 zu erkennen ist, auf der die Daten in 100 m-Höhenschichten klassifiziert sind. In einigen Bereichen sind die Konturen der 300-400 m-Höhenschicht sehr feingliedrig (DTED), in anderen klar abgegrenzt (DCW). Das wird noch deutlicher bei der Klassifizierung des Datensatzes nach Hangneigungsstufen (Abb. 2). Der Bereich höherer Auflösung zeichnet sich hier, vor allem im Süden Burkina Fasos durch stärkere Hangneigungen aus.

Zur Darstellung der ethnischen Heterogenität wurde die Sprachenkarte des INSTITUT GÉOGRAPHIQUE DU BURKINA (1988) gewählt, auf der 60 Sprachgruppen dargestellt sind (Abb. 3). Neben der Aktualität und der Differenziertheit der Darstellung führte die Verfügbarkeit folgender Zusatzinformationen zur Auswahl: Zu jeder Sprachgruppe werden von dem Summer Institute of Linguistics (SIL, siehe Internet-Quellen im Anhang), das sich auf die gleiche Kartengrundlage bezieht, Angaben über die Zahl der Sprecher einer Sprache und die Beziehungen zu benachbarten Sprachgruppen gemacht. Mit der Angabe der Sprecherzahlen einer Sprache, deren "Verbreitung" kartographisch erfaßt ist, lassen sich die Bevölkerungsdichten in den verschiedenen Sprachgebieten darstellen. Damit ist eine Verbindung geschaffen zwischen den rein demographischen Angaben, die auf Provinzebene erhoben sind und der ethnischen Differenziertheit der Bevölkerung. Zur Darstellung der Bevölkerungsdichte und zur besseren Vergleichbarkeit mit den demographischen Daten wurden die Zahlen wie folgt bearbeitet:

Die Angaben zu den Anzahlen der Sprecher haben unterschiedliche Quellen und gelten für unterschiedliche Zeitpunkte zwischen 1985 und 1995. Zur Angleichung der Zahlen wurden alle Angaben auf den Stand von 1995 gebracht, wobei ein einheitliches Bevölkerungswachstum von 2 % jährlich angenommen wurde (dieser Wert ist dem Statistischen Länderbericht Burkina Faso (STATISTISCHES BUNDESAMT 1986) entnommen; im CIA World Factbook wird die Wachstumsrate für 1997 auf 2,45 % geschätzt). In einem weiteren Schritt zur Darstellung der Sprecherzahlen wurde bei Sprachen, die in mehreren räumlich abgegrenzten Gebieten gesprochen werden, die Sprecherzahl gleichmäßig, d. h., proportional zur jeweiligen Flächengröße verteilt, da nur Angaben über die Gesamtzahl der Sprecher vorlagen.

Die Summe der, einheitlich auf das Jahr 1995 hochgerechneten Sprecherzahlen ergibt einen Wert von 10 365 145. Das Ergebnis des Microzensus von 1991 (INSTITUT NATIONAL DE LA STATISTIQUE ET DE LA DEMOGRAPHIE 1995: 7) nennt eine Gesamtzahl von 9 190 791 Einwohnern, das sind 10 350 323 für das Jahr 1995 bei einer Wachstumsrate von 2 %. Die Differenz beträgt 14 822 Personen bzw. 0,142 % und ist damit sehr gering. Unterstellt man eine Fehlerhaftigkeit der geschätzten Sprecherzahlen, so werden die Fehler in der Über- oder Unterschätzung einzelner Sprachgruppen liegen, die sich in der Summe jedoch weitgehend ausgleichen.

Den Bevölkerungsdichten in den einzelnen Provinzen liegen die Zensusdaten von 1985 zugrunde, die ebenfalls mit einem jährlichen Bevölkerungswachstum von 2 % auf das Jahr 1995 hochgerechnet wurden.

Als Bindeglied zwischen den topographischen und den demographischen Materialien kann die Karte zur Intensität der Landnutzung gelten, die auf einer Digitalisierung der "Carte de la végétation et de l'occupation du sol du Burkina Faso" (FONTÉS & GUINKO 1995) beruht. Die Karte weist 25 Vegetationseinheiten aus, die einer groben zonalen Gliederung unterliegen. Weiterhin ist in der Karte der Anteil feldbaulich genutzter Flächen in drei Klassen (gering, mittel, hoch) und die verfügbare Holzmasse angegeben (gering, mittel, hoch); letzterer Wert ist im Hinblick auf die Brennholznutzung von Bedeutung. Die Ausweisung der Vegetationsflächen und ihrer Attribute wurde vorwiegend anhand von Landsat-Szenen vorgenommen, die größtenteils in den Monaten Oktober und November des Jahres 1987 aufgenommen worden waren. In Abb. 4 wird der Anteil feldbaulich genutzter Flächen dargestellt, Abb. 5 zeigt die Klassifizierung nach Holzmasse.

Die zur Orientierung auf den Karten mit abgebildeten Provinzgrenzen und Ortschaften (Hauptstädte) sind von der "Carte administrative" digitalisiert (INSTITUT GÉOGRAPHIQUE DU BURKINA 1986). Flußnetz und Isohyeten sind dem "Atlas Jeune Afrique" entnommen (LACLAVÈRE 1993).

3 Interpretation des Datenmaterials

Die in Abb. 1 mit Hilfe der Rasterdaten dargestellte Topographie bildet die großräumigen Reliefeinheiten und auch die Eintiefungen des Flußnetzes gut ab, auch wenn die Höhenunterschiede insgesamt sehr gering sind. Über 90 % des Landes haben eine Höhenlage zwischen 200 und 400 m. Das Mossi-Plateau, das von kristallinen Gesteinen der Léo-Schwelle gebildet wird, ist mit Höhen über 300 m gut zu erkennen. Die höchsten Erhebungen im Zentrum (Gebiet um Kaya und Kongoussi) werden von Birrimien-Gesteinen - vorwiegend Gneise, Schiefer und basische Kristallingesteine - gebildet, die in den kristal-

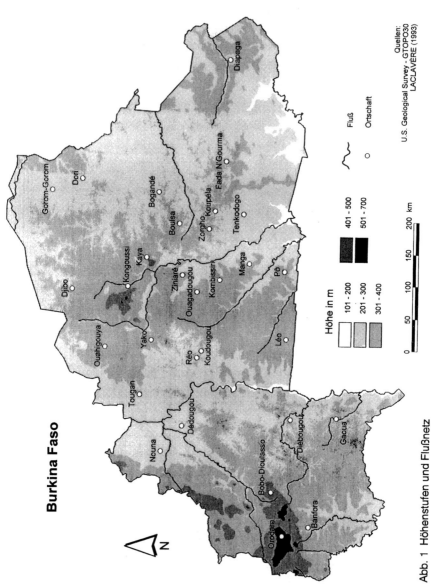

Abb. 1 Höhenstufen und Flußnetz

153

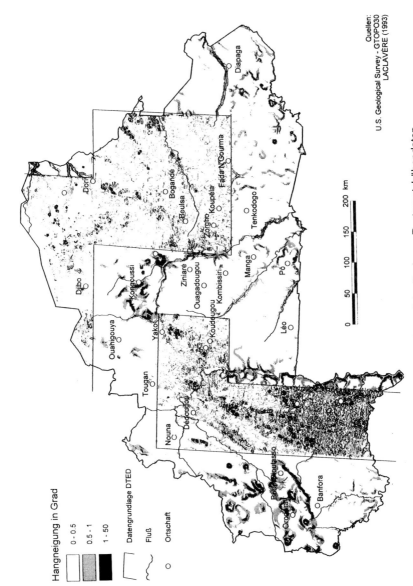

Abb. 2 Reliefdarstellung durch Hangneigungsstufen auf der Basis von Rasternetzhöhendaten

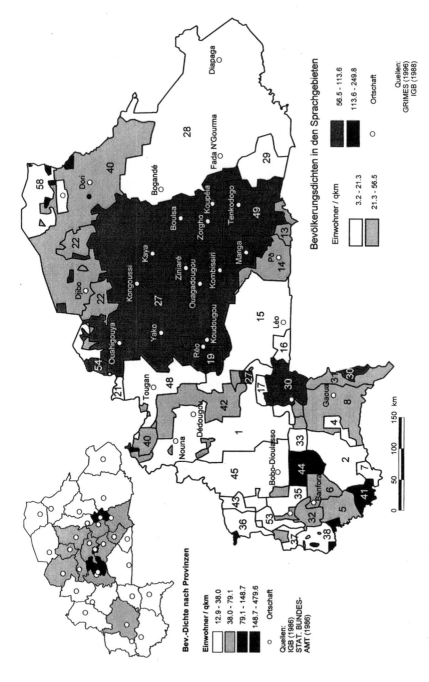

Abb. 3 Bevölkerungsdichten in den Sprachgebieten und den Provinzen (links oben)

Tab. 1 Liste der ethnischen Gruppen und der zugehörigen Nummern auf der Karte (aus Gründen der Übersichtlichkeit sind kleine Flächen auf der Karte nicht mit Nummern versehen)

1	Bwa	20	Pana	40	Fulbe
2	Doghosie	21	Kalemse	41	Dioula
3	Dyan	22	Foulse-Kurumba	42	Marka
4	Gan	27	Mossi	43	Bolon
5	Gouin	28	Gulmance	44	Tiefo
6	Karaboro	29	Yana	45	Bobo
7	Komono	30	Dagara	46	Sambla
8	Lobi	31	Birifor	47	Siamou
12	Koussassi	32	Turka	48	Samo
13	Nankana	33	Viguie	49	Bisa
14	Kassena	34	Samue	50	Ble
15	Nuni	35	Toussian	53	Samogho
16	Sissala	36	Senoufo bambarge	54	Dogon
17	Pougouli	37	Senoufo sipire	55	Sonrhai
18	Ko	38	Senoufo senari	58	Touarek
19	Lyele	39	Senoufo tagba		

linen Sockel eingeschaltet sind (HOTTIN & OUEDRAOGO 1975). Die Bergketten am Westrand des Landes (etwa entlang der Linie Nouna - Bobo Dioulasso) werden von den aufgewölbten Sedimentgesteinen (vorwiegend Sandsteine) am Rand des Taodeni-Beckens gebildet. Größere Berge westlich dieser Linie sind meist auf basaltische Intrusionen zurückzuführen. Kleinere Reliefunterschiede innerhalb des Landes, insbesondere die charakteristischen Laterittafelberge, kommen jedoch nicht zur Geltung. Ihre Ausdehnung und Höhe ist nicht ausreichend, um von dem 1-km-Raster erfaßt zu werden. Lediglich das Birrimien-Hügelland im Südwesten, ungefähr entlang der Linie Gaoua - Diébougou - Dédougou kommt andeutungsweise zur Geltung, punktuell werden hier Höhen über 400 m erreicht.

Etwas prägnanter werden die Reliefunterschiede auf der Karte der Hangneigungsstufen (Abb. 2). Deutlich wird die Sandsteinstufe von Banfora markiert (zwischen Banfora und Bobo Dioulasso) und auch das zuvor erwähnte Birrimien-Hügelland bei Gaoua und Diébougou zeichnet sich besser ab. Dies ist jedoch auch darauf zurückzuführen, daß hier die höher auflösenden Rasterdaten zugrunde liegen, die nicht schon einer Generalisierung durch Vektorisierung unterlegen haben. Insgesamt ist die Reliefenergie jedoch sehr gering, sie übersteigt nur in Ausnahmefällen 2° und liegt in der Regel unter 1°.

Die in Abb. 3 dargestellten Bevölkerungsdichten unterscheiden sich deutlich hinsichtlich der Verteilung. Bei der Darstellung der Bevölkerungsdichten in den Provinzen bildet sich eine zentrale Region hoher Dichte ab. Es ist im wesentlichen das Siedlungsgebiet der Mossi, das auch einige städtische Agglomerationen (Ouagadougou, Koupéla, Tenkodogo, Koudougou) beinhaltet. Ein weiterer Bereich erhöhter Bevölkerungsdichte liegt im Westen, es ist die Provinz mit der Großstadt Bobo-Dioulasso.

Auf der Abbildung der Dichte nach Sprachgebieten (zur Zuordnung der Ethnien zu den Nummern auf der Abb. 3 siehe Tab. 1) sieht dies etwas anders aus: im Norden des Landes zeichnet sich ein breiter Streifen höherer Siedlungsdichte ab und im Südwesten kontrastieren isolierte Gebiete hoher Siedlungsdichte mit Gebieten ausgesprochen geringer Siedlungsdichte. Die Gründe hierfür sind sicherlich vielfältiger Natur. Der Bereich höherer Dichte nördlich des Siedlungsgebietes der Mossi betrifft den Siedlungsschwerpunkt der Fulbe, die als nomadisierende Rinderhalter aber auch in vielen anderen Landesteilen anzutreffen sind. Hier hat möglicherweise die Zuweisung der Gesamtzahl der Sprecher des Fulani auf ein vergleichsweise kleines Territorium zur Ausweisung der hohen Bevölkerungsdichte geführt. Im Südosten liegt Bobo-Dioulasso in einer dünn besiedelten Region, vermutlich weil die relativ kleine Zahl der Bobo-Sprecher ein ausgedehntes Gebiet besiedelt, in Bobo-Dioulasso aber auch viele Angehörige anderer Sprachgruppen leben. Verkehrssprache in dieser Region ist das Dioula (Jula), das aber auf der Sprachenkarte nur kleine Gebiete einnimmt, die weit verstreut entlang der Landesgrenze liegen und die sehr hohe Siedlungsdichten aufweisen. Diese Darstellung ist mit einiger Sicherheit fehlerhaft, worauf auch die Karte der Siedlungsdichte hinweist (s. u.). Höhere Siedlungsdichten weist auch die Region um Gaoua und Diébougou auf. Die Siedlungsgebiete der hier ansässigen Lobi und Dagara sind etwas kleiner als die zugehörigen Provinzen, so daß die höhere Siedlungsdichte dieser Sprachgruppen von den recht geringen Siedlungsdichten in den angrenzenden Gebieten bei der Darstellung auf Provinzebene nivelliert wird. Geringfügig höhere Siedlungsdichten zeichnen sich auch in den Siedlungsgebieten der Marka (nahe den Städten Nouna und Dédougou) und der Kassena und Nankana (Frafra) in der Umgebung von Pô.

Die in den Abb. 4 und 5 dargestellten Nutzungseinflüsse weisen in sehr unterschiedlicher Weise große Kongruenzen sowohl zu den Siedlungsdichten als auch zu den naturräumlichen Gegebenheiten auf. Die Karte des Feldflächenanteils zeigt einen hohen Anteil agrarisch genutzter Flächen im Siedlungsgebiet der Mossi, wobei sich die städtischen Agglomerationsräume wieder deutlich abheben und ein großes Gebiet im Nordosten durch nur geringe Feldnutzung auffällt. Die Bevölkerungsdichte in der zugehörigen Provinz ist gering, auch wenn die Region zum - an sich dicht besiedelten - Mossi-Gebiet zählt.

Insgesamt ist die Nutzung östlich des Mossi-Sprachraums deutlich geringer als westlich davon. Auffällig ist ein isolierter Bereich hoher Nutzungsintensität im Südosten südlich von Diapaga: es ist der Sandsteinzug von Gobnangou, dessen Vorländer intensiv bewirtschaftet werden. Auf den Karten zur Topographie (Abb. 1 und 2) ist er jedoch nur andeutungsweise zu erkennen. Die agrarische Nutzung im Osten des Landes ist differenziert. Als Region mit intensivem Anbau zeichnet sich ein breiter, SW-NE-verlaufender Streifen bei Bobo-Dioulasso ab. Dieser weist allerdings keinerlei Übereinstimmung mit den demographischen Karten auf, sondern vielmehr mit dem Relief (vgl. Abb. 1 und 2). Intensiv genutzt wird offensichtlich der Sandsteinzug von Banfora und sein Vorland. Einen ebenfalls hohen Anteil an landwirtschaftlich genutzten Flächen weist die Region um Gaoua und Diébougou und weiter nach Norden (Siedlungsgebiet der Marka) auf. Zwischen dem letztgenannten Gebiet und dem Sandsteinzug von Banfora liegt ein breiter Streifen sehr geringer Nutzung. Hier gibt es eine gewisse Übereinstimmung mit der Sprachenkarte, die in diesem Gebiet nur geringe Bevölkerungsdichten (z. B. Doghosie) aufweist. Eine große Diskrepanz zwischen Bevölkerungsdichte und Nutzungsintensität ergibt sich allerdings ganz im Süden des Streifens. Die Zuweisung der großen Anzahl von Dioula-Sprechern zu relativ kleinen Flächen führt hier offensichtlich zu einer unrichtigen Darstellung der Siedlungsdichte.

Bei der Betrachtung der Verteilung der Flächen großer agrarischer Nutzung unter Berücksichtigung der Topographie sind folgende Aspekte auffällig:

- Bevorzugte Anbaugebiete sind die Wasserscheidenbereiche; entlang der Flüsse ist die Nutzung meist deutlich geringer.

- Die Nutzung ist in höher gelegenen oder hügeligeren Gebieten eher intensiver als in flacheren oder tiefer liegenden Bereichen.

- Sandsteingebiete und ihre Vorländer sind Regionen großer Nutzungsintensität.

- Die Dünengürtel im Norden des Landes sind ebenfalls Bereiche intensiveren Feldbaus.

Die Karte des Holzpotentials (Abb. 5) zeichnet ein anderes Bild. Am deutlichsten ist hier die Zunahme des Holzanteils nach Süden zu erkennen. Dies ist sicherlich zu einem großen Teil auf die höheren Niederschläge und längeren Regenzeiten zurückzuführen, die längere Wachstumsperioden ermöglichen. Weiterhin ist klar zu erkennen, daß in den intensiv genutzten Gebieten das Holzpotential sehr gering ist. Dies gilt für das Siedlungsgebiet der Mossi, das Siedlungsgebiet der Dagara, aber auch für die Sandsteingebiete bei Banfora und Diapaga. Die dünn besiedelten Gebiete mit geringem Feldflächenanteil im Süden des Landes sind zugleich die Gebiete mit dem höchsten Holzpotential.

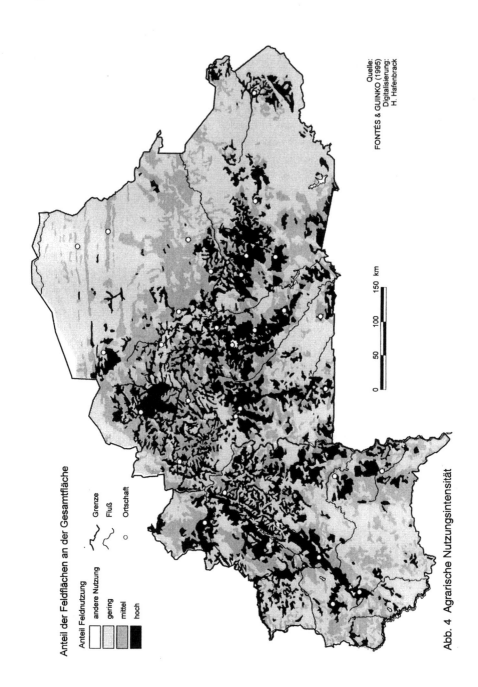

Abb. 4 Agrarische Nutzungsintensität

159

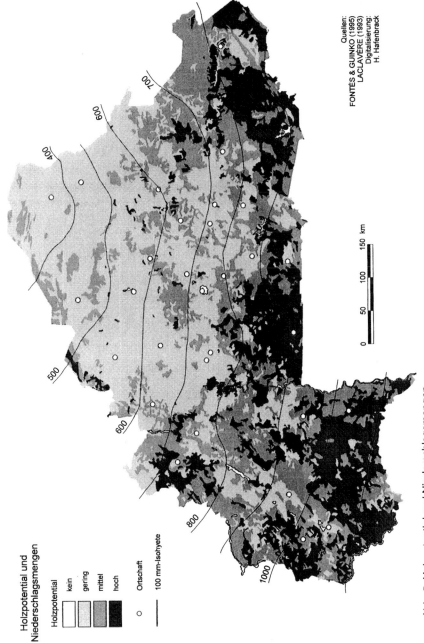

Abb. 5 Holzpotential und Niederschlagsmengen

Eine Ausnahme stellt hier ein Gebiet südlich von Ouagadougou dar. In der Umgebung von Léo ist sowohl relativ intensiver Feldbau als auch ein hohes Holzpotential zu erkennen. Es ist eine Region, in der intensiver Yamsanbau betrieben wird. Und auf den Yamsfeldern werden häufig Bäume zur Beschattung stehen gelassen, da die Yamspflanzen eine allzu starke Austrocknung des Bodens durch intensive Sonneneinstrahlung nicht verkraften (vgl. LACLAVÈRE 1993; MÜLLER-HAUDE 1997).

4 Diskussion

Die integrative Betrachtung der topographischen und demographischen Karten sowie der Kartierungen zu Nutzungsintensität und Holzpotential ermöglichen differenzierte Aussagen zur Landnutzung. Zunächst einmal wird deutlich, daß Gebieten mit hoher Bevölkerungsdichte und intensiver agrarischer Nutzung Gebiete geringer Dichte und extensiver Nutzung gegenüberstehen. Dies läßt sich in einigen Fällen mit bestimmten Ethnien in Verbindung bringen (hohe Dichte: Mossi und Dagara, geringe Dichte: Gulmance und Doghosie). Dabei sind im großen Siedlungsgebiet der Mossi Differenzierungen sichtbar. Einer hohen Siedlungs- und Nutzungsdichte im Westen steht eine Region geringerer Nutzungsintensität im Osten gegenüber, und im Süden sind die Agglomerationsräume Bereiche extrem hoher Siedlungsdichten.

Weiterhin zeigt sich, daß die Nutzungsintensität auch durch naturräumliche Gegebenheiten differenziert wird. Entlang der größeren Flüsse ist die Nutzung in fast allen Landesteilen gering. Selbst in dichtbesiedelten Gebieten nahe den Stadtzentren liegen die Flüsse teilweise in korridorartigen Bereichen geringen Feldbaus. Ein Grund hierfür wird die früher stark verbreitete Flußblindheit entlang der Flüsse sein (LAHUEC 1979). Es scheint auch, daß allgemein höher liegende und stärker reliefierte Bereiche tendenziell intensiverer Nutzung unterliegen als tiefer liegende und ebenere Regionen. So werden die Regionen über 400 m Höhe überdurchschnittlich intensiv agrarisch genutzt, z. B. die Bergländer bei Kongoussi, südöstlich von Bobo Dioulasso und westlich von Nouna. Gebiete geringer Nutzungsintensität sind beispielsweise fast der ganze Osten des Landes und kleinere Gebiete nördlich von Nouna und westlich Tougan.

Über Erklärungsmöglichkeiten kann an dieser Stelle nur spekuliert werden. Es ist denkbar, daß die Böden der Ebenen, die meist von Lateritkrusten unterlagert werden, oftmals nur flachgründig sind. Tritt wegen der ebenen Lage und ungünstigen Substrats dann noch Staunässe auf, sind solche Standorte für den Feldbau nur wenig geeignet. Im Bereich der Fußflächen der Bergländer sind hingegen häufig tiefgründige Lockermaterialdecken anzutreffen, die für den Feldbau gute Voraussetzungen bieten (vgl. BOULET 1976; KALOGA 1987).

Auch ein Einfluß geologischer Faktoren ist bedenkenswert. So fällt auf, daß alle Sandsteingebiete in Burkina Faso überdurchschnittlich agrarisch genutzt werden. Ein markantes Beispiel ist hier der Sandsteinzug südlich von Diapaga, der im Siedlungsgebiet der Gulmance inselartig einen Bereich intensiver Landnutzung darstellt. Die Einheimischen dort nennen als Vorteile der Region unter anderem die anbaufähigen Böden und die gute Verfügbarkeit von Wasser (MÜLLER-HAUDE 1995). Zu untersuchen bleibt auch, ob auf Birrimien-Gesteinen, die ja oft basisch sind, bevorzugte Anbaustandorte entwickelt sind.

Fragen wirft auch die Karte des Holznutzungspotentials auf. Für die Küche ist Brennholz in vielen Regionen unersetzlich. Gebiete hoher agrarischer Nutzung haben jedoch oft nur ein geringes Holzpotential. Besonders deutlich wird dies im Bereich des Mossi-Plateaus. Dennoch sind weite Gebiete mit hohem Holzpotential im Süden des Landes nur dünn besiedelt und werden auch nur in geringem Maß agrarisch genutzt. Möglicherweise liegt gerade in dem Holzpotential der Hinderungsgrund für eine agrarische Nutzung. Schließlich stellt ein vitaler Wald einen viel größeren Rodungsaufwand zur Anlage eines Feldes dar als eine mäßig bestockte Savanne. Dies könnte erklären helfen, warum die höchsten Siedlungsdichten und Anbauintensitäten in der (klimatischen) Mitte des Landes zu verzeichnen sind, und die Gebiete höherer Niederschlagsmengen vergleichsweise dünn besiedelt sind.

Literatur

BOULET, R. (1976): Notice des cartes de ressources en sols de la Haute-Volta. - 97 S.; Paris (ORSTOM).

FONTÉS & GUINKO (1995): Carte de la végétation et de l'occupation du sol du Burkina Faso - Notice explicative. - 67 S.; Toulouse.

GRIMES, B. F. [Hrsg.] (1996): Ethnologue. - 13. Aufl.; Dallas.

HABERLAND, E. (1986): Traditionelle Kulturen und ihre natürliche Umwelt in Afrika südlich der Sahara. - Frankfurter Beitr. z. Didaktik d. Geogr., 9: 333-350; Frankfurt a. M.

HOTTIN, G. & OUEDRAOGO, O.F. (1975): Notice explicative de la carte géologique a 1/1.000.000 de la République de Haute-Volta. - 58 S.; Ouagadougou.

INSTITUT GÉOGRAPHIQUE DU BURKINA (1986): Carte administrative 1:1 000 000. - Ouagadougou.

INSTITUT GÉOGRAPHIQUE DU BURKINA (1988): Carte linguistique 1:1 000 000. - Ouagadougou.

INSTITUT NATIONAL DE LA STATISTIQUE ET DE LA DEMOGRAPHIE (1995): Analyse des resultats de l'enquête démographique 1991. - 358 S.; Ouagadougou.

KALOGA, B. (1986): L'Evolution du Pedoclimat au Cours du Quaternaire dans les Plaines du Centre-Sud du Burkina Faso. - Trav. et Doc. ORSTOM, **197**: 221-225; Paris.

LACLAVÈRE, G. [Hrsg.] (1993): Atlas du Burkina Faso. - 54 S.; Paris.

LAHUEC, J.-P. (1979): Le peuplement et l'abandon de la vallée de la Volta blanche en pays bissa. - Trav. et Doc. de l'ORSTOM, **103**: 7-90; Paris.

MÜLLER-HAUDE, P. (1995): Landschaftsökologie und traditionelle Bodennutzung in Gobnangou (SE-Burkina Faso, Westafrika). - Frankfurter geowiss. Arb., Serie D, **19**: 170 S.; Frankfurt a. M.

MÜLLER-HAUDE, P. (1997): Tradition und Innovation in der Landnutzung bei verschiedenen Bevölkerungsgruppen im Gurunsi-Gebiet. - Ber. SFB 268, **9**: 131-140; Frankfurt a. M.

NAGEL, G. (1994): Die westafrikanische Savanne - eine Kulturlandschaft. - Forsch. Frankfurt, **12** (4): 6-7; Frankfurt a. M.

STATISTISCHES BUNDESAMT (1986): Länderbericht Burkina Faso. - 68 S.; Mainz (Kohlhammer).

Internet-Quellen

CIA World Factbook: http:/www. odci.gov/cia/publications/factbook/uv.html

Summerinstitute of Linguistics: http://www.sil.org/ethnologue/

U.S. Geological Survey - GTOPO30: http://edcwww.cr.usgs.gov/landdaac/gtopo30/gtopo30.html

Vorstudien zu geomorphologischen Arbeiten im Permafrostgebiet des North Slope (Nord-Alaska).

Johannes Preuß, Mainz

mit 2 Abb. und 5 Fotos

1 Einleitung

Mit zunehmender Häufigkeit ihres Auftretens ist die feste Phase des Wassers von zunehmender geomorphologischer Bedeutung. Winterliche Schnee- und Eisbedeckung des Festlandes und von Wasserflächen, die Bildung und Erhaltung von Gletschern, von Aufeis oder Permafrost sind Ausdruck der Speicherung von Wasser als Eis, wobei die Bilanz aus Rücklage und Aufbrauch temporär oder auf Dauer zugunsten des Speichers verschoben ist. Der Vorgang an sich gehört in den Bereich der Hydrologie und Klimatologie. Die Hydrosphäre enthält das Verbreitungsgebiet des Schnees (Chionosphäre) ebenso wie des Eises (Kryosphäre) (REINWARTH & STÄBLEIN 1972). Der naheliegenden Definition eines Begriffes für die geowissenschaftliche Erforschung frostbedingter geowissenschaftlicher Phänomene (Geokryologie) steht entgegen, daß dieser Begriff schon früher, z. B. von FYODOROV & IVANOV (1974) in einem weiteren Sinne verstanden wurde. So beschränkt WASHBURN (1979) ihn auf die Verwendung für saisonal bis permanent gefrorene Gebiete (seasonal frozen ground, permafrost). Viel besser als andere bekannte Begriffe (z. B. Periglazialmorphologie) verweist "Geokryologie" auf den im Mittelpunkt stehenden physikalischen Prozeß und das Erfordernis einer raum-zeitlich differenzierten, prozeßorientierten hydrologischen Betrachtung von Rücklage und Aufbrauch. Diese kann gedanklich in den Rahmen eines Prozeßkorrelations-Systemmodells gestellt werden (LESER & DETTWILER & DÖBELI 1992).

2 Zielsetzung

Die Planung eines Forschungsprojektes zur räumlichen geomorphologischen Bedeutung frostbedingter Prozesse setzt eine Vorstudie voraus, in deren Verlauf Beobachtungen zu Art und Verbreitung von Formen und Vorgängen zu sammeln und Aussagen zu ihrer Bedeutung zu treffen sind. Sie soll repräsentative "Elementarlandschaften mit den Grundelementen der geoökologischen Raumstruktur" im Sinne von LESER (1992: 408) ermitteln, die nach ihrer Größe in der topischen Dimension bearbeitbar und nach ihrer Lage erreichbar sind.

Da die Mehrzahl neuerer deutscher Studien in polaren und subpolaren Regionen in ehemals vergletscherten Gebieten erarbeitet wurde, lag es nahe, für dieses geomorphologisch-geokryologische Arbeitsvorhaben einen Raum zu wählen, der seit langem unvergletschert ist und in dieser Zeit sehr wahrscheinlich kontinuierlich Permafrost aufwies.

Um an spezielle geomorphologische Erfahrungen aus Mitteleuropa vergleichend anknüpfen zu können, wurde bei der Auswahl des Gebietes besonders auf vergleichbare petrographische Beschaffenheit und die Lagerungsverhältnisse geachtet (Schichtstufen, Schichttafeln) (ANDRES & PREUSS 1983; PREUSS 1983). Ferner sollte die Reliefhöhe (Basisdistanz) sowie die Rolle fluvialer Prozesse vergleichbar sein. Unvergleichbar bleibt in jedem Falle die geographische Lage, der klimatische und paläoklimatische Rahmen sowie die Intensität und Dauer der kryogenen Prozesse. Ziel ist daher nicht ein aktualistischer Vergleich, sondern die Betrachtung geokryologisch und hydrologisch gesteuerter geomorphologischer Prozesse unter ähnlichen Gesteins- und Reliefverhältnissen.

3 Gebiet der Vorerkundung

Als Untersuchungsgebiet wurde der North Slope im Norden Alaskas und Kanadas, zwischen Kap Barrow und dem Mackenzie-Delta, ausgewählt. Südlich davon bilden die Höhen der Brooks Range (Gipfelhöhen zwischen 1800 - 2800 m ü. M.) eine natürliche Grenze. Das nördlich anschließende Gebiet des arktischen Küstentieflandes (Arctic Coastal Plain) leitet nach der Durchquerung der Arctic Foothills zur Küste der Beaufortsee über. Dieses Gebiet ist auf der Länge von Barrow (ca. 156° W) etwa 250 km breit. Nach Osten wird es zunehmend schmaler und erreicht seine geringste Breite von 10 km wenig östlich der US-amerikanisch/kanadischen Grenze bei Komakuk Beach (140,1° W). Die West-Ost-Erstreckung dieses Teils des arktischen Küstentieflandes beträgt etwa 1000 km. Dieses Gebiet ist ausschnittsweise im Rahmen der "Fourth International Conference on Permafrost" (1983) in mehreren Publikationen beschrieben worden (WALKER 1983; BROWN & KREIG [Hrsg.] 1983; FRENCH & HEGINBOTTOM [Hrsg.] 1983; RAWLINSON [Hrsg.] 1983). Dadurch ist die gesamte Literatur, aber auch bis dahin unveröffentlichtes Material, gut erschlossen worden.

Die Entwässerung der Brooks Range erfolgt über den Colville River bzw. von der Wasserscheide zwischen Itkillik River und Kuparuk River (ca. 148,5° W) nach Osten direkt zum Nordpolarmeer. Nördlich des Colville River liegt eine Wasserscheide (ca. 450-200 m ü. M.). Sie trennt eine, durch zahllose kleine und wenige große Seen und Buchten sowie mäandrierende Flüsse gekennzeichnete, breite Tieflandszone hydrologisch von den Einflüssen des Gebirges (AERONAUTICAL CHART 1992).

Geologisch wird das arktische Küstentiefland durch kretazische sowie marine tertiäre und marine quartäre Ablagerungen geprägt. Ferner sind fluviale Terrassen und äolische Schluff- und Sandablagerungen weit verbreitet. Hervorzuheben sind mächtige holozäne organische Auflagehorizonte (Torfe). Die Brooks Range ist aus wesentlich älteren paläozoischen Gesteinen aufgebaut (U.S. GEOLOGICAL SURVEY 1965).

Im Rahmen der Erkundung, Erschließung und Ausbeutung von Erdöllagerstätten sind im Bereich des North Slope ab 1944 umfangreiche geologische Kartierungen vorgenommen worden, so daß die geologischen Verhältnisse detailliert bekannt sind (BROSGÉ & WHITTINGTON 1966). Im Rahmen dieser Arbeiten wurden vor mehr als 50 Jahren auch die ersten Luftbilder aufgenommen (Senkrecht- und Schrägbilder. Insgesamt liegen beim U.S. GEOLOGICAL SURVEY fünf Schwarz-Weiß und drei Farb-Infrarot-Befliegungen der Jahre 1955, 1977, 1978, 1979 und 1980 vor. Ältere Aufnahmen befinden sich noch bei der U.S. NAVY). Neuere Ergebnisse zur Vergletscherung der Brooks Range und ihres nördlichen Vorlandes wurden von HAMILTON & REED & THORSON (1986) vorgelegt. Daraus wird deutlich, daß glaziale Ablagerungen nördlich der Brooks Range in ihrer weitesten Ausdehnung den Colville River nicht erreicht haben.

Schotterterrassen als korrelate Ablagerungen der Vergletscherung wurden für die Gunsight Mountain Drift am Colville River und einige aus dem Gebirge kommende Nebenflüsse nachgewiesen (HAMILTON 1986: 15-17). Sie liegen zwischen 55 m (im Westen) und 85 - 100 m (im Osten) über dem heutigen Talboden, bei einer Horizontaldistanz (Luftlinie) von ca. 200 km. Diese Eintiefungsbeträge und die heutige Talbreite legen nahe, daß das Gebiet nördlich des Colville River seit mehreren hunderttausend Jahren unvergletschert gewesen ist.

Der North Slope ist mit baumloser Tundrenvegetation bedeckt. Lediglich in Schutzlagen der Flußtäler treten Weidengebüsche, an den Hängen auch Zwergbirken und Erlen auf. Das Klima wird durch Jahresmitteltemperaturen zwischen -12°C und -9°C und Jahresmittel der Niederschläge zwischen 110 und 240 mm gekennzeichnet. Die mittlere Juli-Temperatur erreicht an der Küste 4 - 5°C, im begünstigten Mackenzie-Delta 14°C. Sie läßt dort Nadelbäume zu. Die langfristigen Januar-Temperaturen dieses zwischen 68° und 71°

nördlicher Breite gelegenen Raumes erreichen Mittelwerte zwischen -29°C und -26°C (MÜLLER 1979).

4 Durchführung der Vorerkundung

Die nachfolgenden Beobachtungen wurden im Verlauf von fünf Reisen gewonnen (s. Abb. 1). Die erste (1984) führte von Howard Pass (Brooks Range, ca. 1500 m ü. M.) über den Etivluk- und Nigu-River zum Colville River bis in dessen Delta. Die zweite Reise (1987) begann in Norman Wells am Mackenzie und endete in Arctic Red River, an der Landstraße, über die Inuvik erreicht werden kann. Von dort schloß sich ein Flug zur Küste, nach Tuktoyaktuk, an. Die dritte Reise (1994) folgte der Küste der Beaufortsee von Prudhoe Bay bis Barrow. Die vierte (1996) führte erneut nach Umiat am Colville-River und endete in Nuigsut, auf der Westseite des Colville-Deltas. Die fünfte (1997) begann in Arctic Red River, am Endpunkt der Reise auf dem Mackenzie von 1987. Sie führte durch dessen Delta, dann entlang der Nordküste des Yukon-Territoriums zur Herschel Insel und weiter bis

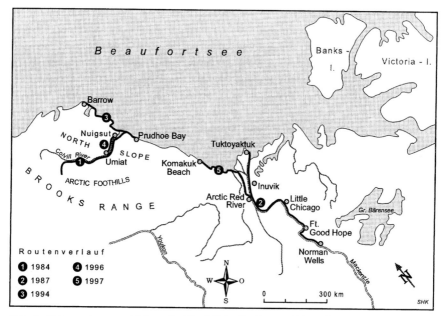

Abb. 1 Untersuchungsgebiet an der Nordküste Alaskas und Kanadas
Quelle: SCHULZE (1982: 80)

nach Komakuk Beach, 20 km östlich der Grenze zu Alaska. Bei dieser Reise wurden Teile des ehemals vergletscherten Gebietes durchquert und das pleistozäne Periglazialgebiet erreicht. Weitere Reisen an die Nordküste Norwegens (1993, 1998) waren mit geomorphologisch-bodenkundlichen Kartierungen verbunden und rundeten das Bild kryogener Formung ab.

Als Transportmittel wurde zumeist ein Faltboot verwendet, das durch die maximal mögliche Zuladung Geländeaufenthalte auf eine Dauer von 5 - 6 Wochen begrenzt. Da pro Reise, mit Ausnahme der vierten, etwa 500 km zurückgelegt wurden, waren die erforderlichen Fahrstrecken leicht zu bewältigen, selbst wenn an manchen Tagen wegen starker Wellen oder ungünstiger Witterungsbedingungen die Weiterfahrt nicht möglich war. Die Zeit reichte aus, das Hinterland der Küste oder des Flußufers bis zu einer Tiefe von etwa 10 km zu begehen. Die Flüge zu den Ausgangs- und Endpunkten der Reisen boten den Überblick über die Reliefformen und das geomorphologische Gefüge. Wertvolle Ergänzungen lieferten die Auswertung von Literatur, von Karten sowie von Luft- und Satellitenbildern. (Faltboot oder Schlauchboot sind für den Lufttransport sehr gut geeignet und können kostengünstig als Reisegepäck befördert werden.)

5 Ergebnisse

Die im Rahmen der Erkundung mit einem Boot gewonnenen Beobachtungen sind entlang von Fahrtrouten gemacht worden, die, im Gegensatz zu Straßen oder Flugrouten, mit geomorphologischen Prozeßräumen korrelieren. Entlang dieser Linien wirkt die fluviale oder marine Erosion und verschafft damit Einblicke, die in der Tundra sonst oft fehlen. Gleichzeitig wird der Beobachter mit einer extremen Morphodynamik konfrontiert, die im Gegensatz zur geringen Dynamik geomorphologischer und bodenkundlicher Prozesse im Hinterland steht. Es liegt daher nahe, für diesen durch tiefgründigen Permafrost gekennzeichneten Raum, von zwei unterschiedlichen geomorphologischen Systemen zu sprechen.

- Flächenhaft vorherrschend ist ein quasi-stabiles, durch periodische Permafrostdegradations- und -aggradationsprozesse gekennzeichnetes System, das durch die klimatischen Vorgänge angetrieben und durch veränderliche Eigenschaften der Erdoberfläche beeinflußt wird.

- Linienhaft ist an Flüssen, an fast der gesamten Meeresküste und manchen Seeufern ein labiles System entwickelt, das zur irreversiblen Degradation des Permafrostes führt. Es wird durch die Thermoerosion des Wassers angetrieben.

Typisch für das labile System sind die horizontal in Vorsprünge und Buchten gegliederten Steilufer der Flüsse. Sie treten unabhängig von Höhe und Material der Ufer in auffällig regelmäßiger Ausbildung auf. Die zurückspringenden oberen Hangteile sind häufig halbtrichterförmig entwickelt und weisen runsenartige Kleinformen auf. Die vorspringenden Teile sind anfangs tonnenförmig, später werden sie zu dreieckigen Formen des Mittelhanges reduziert. BÜDEL (1977: 73) beschreibt verwandte Formen aus Spitzbergen (dreiteiliger Frosthang). Die geomorphologischen Prozesse scheinen sich aber zu unterscheiden. Am Hangfuß wird das korrelate Sediment der Abtragung kegelförmig aufgeschüttet. Am Colville River können solche Hänge bis zu 180 m hoch sein. In den zurückspringenden Trichtern findet sich nicht selten Winterschnee. Für ihre Entstehung sind die folgenden Prozesse verantwortlich.

Geht man von einem durch das Frühjahrshochwasser frisch zurückverlegten Steilufer aus, so bildet sich zuerst eine Vernässung im Oberhang (s. Foto 1, Ishukpak Bluff, 69°47' N, 151°32' W). Es handelt sich dabei um Schmelzwasser aus der Auftauschicht (Active Layer). Beziehungen zu Eiskeilnetzen müssen nicht bestehen, obwohl sie die Regelmäßigkeit der Abfolge von Vorsprüngen und Buchten erklären könnten. Am Ishukpak Bluff (69°47' N, 151°32' W) wurde im Sommer 1996 an einem wohl im gleichen Jahr abgestürzten 60 m hohen Steilufer mehr als 6 m mächtiges Ground Ice (Eisrinde) beobachtet. Die Durchfeuchtung der Oberhänge könnte dabei ganz generell aus dem Aufbrauch des Bodeneises stammen. Dafür sprechen auch Beobachtungen am Shivugak Bluff (69°26' N, 151°40' W) (s. Abb. 2), wo die nach Süden exponierte Kante der bei ca. 200 m ü. M. gelegenen Hochfläche, am Übergang zum Steilufer des Colville River, im Sommer auftaut (s. Foto 2). Wasserübersättigtes Material des Active Layer bewegt sich dann in den trichterförmigen Buchten des Oberhangs abwärts. Die von der Ferne als Runsen erscheinenden Kleinformen sind daher überwiegend rinnenartige Hohlformen von Murenbahnen, die seitlich von Wülsten begleitet werden. Die Akkumulationen am Hangfuß sind demnach Murkegel.

Abb. 2 zeigt die Umgebung des Shivaguk Bluffs am Colville River (Bildmitte). Der Mittelwasserspiegel in der Flußbiegung erreicht etwa 60 m ü. M. Die regelmäßig überschwemmten Schotterplatten in der Flußaue liegen bei ca. 64 m ü. M. Südlich schließt eine Niederterrasse mit Höhen von bis zu 68 m ü. M. an. Sie wird von einem Terrassenniveau in ca. 100 - 110 m ü. M. begrenzt, in das der bohnenförmige See am unteren Bildrand und der östlich folgende, teils verlandete See ca. 25 m eingetieft sind (GOK ca. 83 m ü. M.). Weiter nach Süden steigt das Relief bis zum Niveau der "High-level terrace" auf über 150 m ü. M. an. Das Gebiet nördlich des Colville River steigt auf Höhen bis zu 240 m ü. M. an. Für den Shivugak Bluff können aus der topographischen Karte relative Höhen von 140 - 170 m abgelesen werden (U.S. GEOLOGICAL SURVEY 1955). Der Kulminationspunkt wird mit 240 m ü. M. in ca. 2,5 km Entfernung vom Fluß gemessen. Das

Foto 1 Ishupak Bluff (69°47' N, 151°32' W)
Im Frühjahr 1996 abgestürztes, ca. 60 m hohes Flußufer. 1984 war der Mittel- und Oberhang stark überhängend. Im oberen Abschnitt ist ca. 6 m mächtiges Ground Ice aufgeschlossen.

Foto 2 Shivugak Bluff (69°26' N, 151°40' W)
Die nach Süden exponierte, bei ca. 200 m ü. M. gelegene Kante, ist walmartig abgeflacht. Der Boden ist tiefgründig aufgeweicht und nicht begehbar. Der Stufenbildner ist freigelegt. Das Material des Active Layer fließt murartig ab.

Schichtstufenrelief wird von kretazischen Gesteinen gebildet. Stufenbildner sind feinkörnige Sandsteine mit zwischengelagerten Ton-, Schluff- und Kohleschichten (Kogosukruk tongue, Prince Creek Formation). Der Stufensockel besteht aus Schieferton und tonigem Sandstein der Schrader Bluff Formation (Sentinel Hill Member).

Die Regelmäßigkeit der Formen am Hang wirft die Frage nach ihrer Entstehung auf. Zusammenhänge mit Eiskeilnetzen waren nur bei Steilufern mit geringen Höhen nachweisbar. Die kilometerlangen hohen Bluffs am Colville River gehen aber, wie das Beispiel des Ishukpak Bluffs zeigt, eher auf kryogene Prozesse zurück (Aufbrauch der Rücklage durch Abschmelzen). Der extreme Wassergehalt des Ground Ice führt zur Bildung von Schlammströmen. Die Regelmäßigkeit geht möglicherweise darauf zurück, daß durch den initialen Abfluß zuerst hydrologische Trichter entstehen, die sich solange und so weit ausdehnen, bis sie von anderen, gleichzeitig entstehenden Trichtern begrenzt werden. Für eine mo-

Foto 3 Stufenbucht nördlich des Shivugak Bluffs

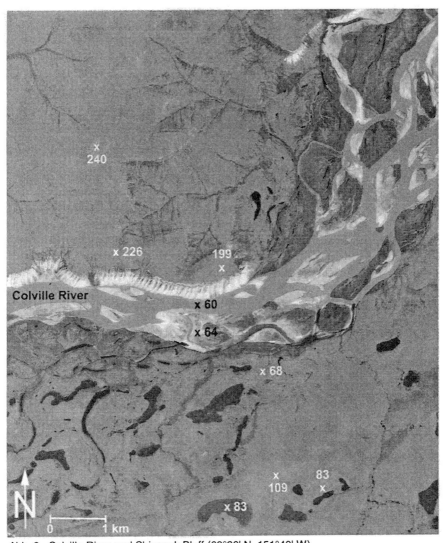

Abb. 2 Colville River und Shivaguk Bluff (69°26' N, 151°40' W)
Quelle: 5580 / 02787 ALK 120 B/W JUL 79, U. S. GEOLOGICAL SURVEY

dellhafte Prüfung dieser komplexen Vorgänge wäre besonders der Shivugak Bluff geeignet (s. Foto 4). Dieser Ausläufer einer zerlappten Schichtstufe (s. Foto 3) weist ferner einen nach Norden exponierten, pedimentartigen Hang auf. An seiner nach Osten gerichteten Flanke, die heute nicht vom Colville River unterschnitten wird, ist eine Niederterrasse erhalten.

Das Panorama (Foto 3) zeigt die Stufenbucht nördlich des Shivugak Bluffs bis zu einer Tiefe von ca. 5 km. Unterhalb der Plateaukante treten Schneeflecken in Nivationsnischen und Weidengebüsche auf. Das Schmelzwasser fließt in Rinnen und flachen, die Hänge gliedernden Mulden ab. Die Hänge des Stufensockels sind mäßig geneigt.

Neben den speziellen Fragen des Eisauf- und -abbaus bieten sich hier gute Möglichkeiten für eine geomorphologische Detailkartierung (M 1:5 000 - M 1:25 000, Schichtstufen- und Schichttafelrelief, fluviale Terrassen, kryogener Formenschatz). Die Entfernung zum Flugplatz Umiat beträgt 20 km, ein Schlauchboot mit Motor wäre für den Materialtransport zum Arbeitsgebiet erforderlich, da nur Winterstraßen vorhanden sind.

Ein weiteres potentielles Kartiergebiet befindet sich in der Mündung des Kikiakrorak River (69°58' N, 151°38' W). Schon von der Mündung des Kogosukruk River (69°57' N, 151°36' W) können vom Colville River aus ehemalige und noch bestehende Auftauseen untersucht werden. Eine leicht zugängliche Flußterrasse mit Holz und Mammut-Resten bildet ein interessantes Gegenstück zu den von HAMILTON (1986) beschriebenen hohen fluvialen Niveaus. In dieser Region treten pleistozäne äolische Sedimente auf. Aus der breiten Flußaue wird aber auch aktuell Sand und Staub ausgeweht.

In der Mündung des Kikiakrorak River ist auf kleinem Raum eine Abfolge von Flußterrassen erhalten, die auf den Colville River eingestellt waren. Von den jüngsten zu den ältesten fortschreitend sind unterschiedliche kryogene Kleinformen auf den Terrassenflächen entwickelt, so daß hier modellhaft die jüngeren Terrassenniveaus studiert werden können.

Vom Kikiakrorak River kann mit einem Boot leicht Nuigsut mit seinem Linienflugplatz erreicht werden.

Ferner wurde 1994 im Rahmen der Vorerkundung östlich von Lonely Air Port (70°51' N, 152°24' W) ein von der Küste aus leicht zugängliches Gebiet mit Alas-artigen orientierten Seen ermittelt (WASHBURN 1979: 272). Es weist einen extrem eisreichen Untergrund auf. Das besondere dieser Küste sind ungewöhnlich große Rückverlegungsbeträge, die durch den hohen Gehalt an Bodeneis bedingt sind.

Foto 4 Shivugak Bluff (69°26' N, 151°40' W)
Überblick über das 140 m hohe Steilufer des Colville River. Die Hänge der buchtartigen Erweiterung im Vordergrund werden durch abgehende Muren zerriedelt.

Foto 5 Durch Waldbrand verursachte Muren am Mackenzie zwischen Fort Good Hope und Little Chicago
Im Sommer 1987 traten am Mackenzie zwischen Fort Good Hope und Little Chicago, einem bewaldeten Permafrostgebiet, als Folge von Waldbränden hunderte derartiger Muren auf.

- Eine Zwischenstellung nehmen quasi-stabile waldbedeckte Permafrostgebiete im kontinentalen Bereich ein, die Bränden ausgesetzt waren.

Wenn die isolierenden organischen Auflagehorizonte verbrannt sind, kann es zum Aufschmelzen des Permafrostes und zur Bildung von Suspensionen und Schlammströmen kommen. Solche Vorgänge wurden am Mackenzie zwischen Fort Good Hope und Little Chicago vielfach beobachtet. Sie führen zu erheblichen Veränderungen der Erdoberfläche (s. Foto 5).

6 Zusammenfassung

Insgesamt erweist sich das Gebiet des North Slope, soweit der Untergrund eisreich ist, als sehr anfällig für thermisch gesteuerte kryogene Prozesse. Die in langen Zeiträumen gebildeten Rücklagen wirken, bildlich gesprochen, wie eine gespannte Schußfeder. Geringe Änderungen des Wärmehaushaltes können irreversible Abbauvorgänge einleiten, wie z. B. die schnelle Rückverlegung von Flußufern und Küsten. Dabei werden gleichzeitig den Flüssen und den küstenparallelen Strömungen erhebliche Feinmaterialfrachten geliefert. Damit es zu diesen Prozessen kommen kann, muß aber das Schmelzwasser abfließen können, d. h., es müssen geeignete Reliefverhältnisse vorliegen.

Ein ideales Gebiet für geomorphologisch-geokryologische Forschungen wurde mit dem Shivugak Bluff bei Umiat am Colville River ermittelt. Hier könnte Fragen des Eisauf- und Eisabbaus unter unterschiedlichen Rahmenbedingungen nachgegangen werden. Die Grundlage dazu bildet die geomorphologische Detailkartierung einer Fläche von 4 x 12 km, entsprechend 12 Blättern der GMK 5 auf Luftbildkarte im Maßstab 1:5 000. Vorbereitend ist das umfangreiche Luft- und Satellitenbildmaterial sowie das digitale Höhenmodell auszuwerten und mit der vorliegenden Geologischen Karte im Maßstab 1:125 000 (BROSGÉ & WHITTINGTON 1966) zu verschneiden. Detailkartierungen dieses Maßstabes und mit der im Rahmen des GMK-Projektes entwickelten Methodik (LESER & STÄBLEIN 1975; PREUSS 1987) liegen vom North Slope bisher nicht vor. Die ausgewählte "Schlüsselstelle" quert das Tal des kleinsten der acht großen arktischen Flüsse, die in das Nordpolarmeer münden und erfaßt alle bekannten fluvialen Niveaus, die auf ihnen entwickelten kryogenen Formen und die randlich anschließende Schichtstufenlandschaft.

Literatur

ANDRES, W. & PREUSS, J. (1983): Erläuterungen zur geomorphologischen Karte 1:25 000 der Bundesrepublik Deutschland, GMK 25/Blatt 11/6013 Bingen. - 69 S.; Berlin.

BROSGÉ, W. P. & WHITTINGTON, C. L. (1966): Geology of the Umiat - Maybe Creek Region, Alaska. Exploration of Naval Petroleum Reserve n° 4 and adjacent Areas, Northern Alaska, 1944-53. Part 3, Areal Geology. - U. S. Geological Survey Professional Paper, **303-H**: 501-598; Washington D.C.

BROWN, J. & KREIG, R. A. [Hrsg.] (1983): Guidebook to Permafrost and related Features along the Elliott and Dalton Highways, Fox To Prudhoe Bay, Alaska. - 230 S.; Fairbanks.

BÜDEL, J. (1977): Klima-Geomorphologie. - 304 S.; Berlin, Stuttgart.

FRENCH, H. M. & HEGINBOTTOM, J. A. [Hrsg.] (1983): Guidebook to Permafrost and related Features of the Northern Yukon Territory and Mackenzie Delta, Canada. - 186 S.; Fairbanks.

FYODOROV, J. S. & IVANOV, N. S. [Hrsg.] (1974): English-Russian Geocryological dictionary. - 127 S.; Yakutsk.

HAMILTON, T. D. (1986): Late cenozoic glaciation of the central Brooks Range. - In: HAMILTON, T. D. & REED, K. M. & THORSON, R. M.: Glaciation in Alaska - the geologic record: 9-49; Anchorage (Alaska Geol. Soc.).

HAMILTON, T. D. & REED, K. M. & THORSON, R. M. (1986): Glaciation in Alaska - the geologic record. - 265 S.; Anchorage (Alaska Geol. Soc.).

LESER, H. (1992): Methodische und ökologische Aspekte im SPE-Projekt: Idee und Wirklichkeit. - In: BLÜMEL, W. D. [Hrsg.]: Geowissenschaftliche Spitzbergen-Expedition 1990 und 1991 "Stofftransporte Land-Meer in polaren Geosystemen". - Stuttgarter Geogr. Stud., **117**: 401-416; Stuttgart.

LESER, H. & DETTWILER, K. & DÖBELI, C. (1992): Geoökosystemforschung in der Elementarlandschaft des Kvikkaa-Einzugsgebietes (Liefdefjorden, Nordwestspitzbergen). - In: BLÜMEL, W. D. [Hrsg.]: Geowissenschaftliche Spitzbergen-Expedition 1990 und 1991 "Stofftransporte Land-Meer in polaren Geosystemen". - Stuttgarter Geogr. Stud., **117**: 105-122; Stuttgart.

LESER, H. & STÄBLEIN, G. (1975): Geomorphologische Kartierung. - Richtlinien zur Herstellung geomorphologischer Karten 1 : 25 000. - 2. veränd. Aufl., Berliner Geogr. Abh., Sonderh.: 39 S.; Berlin.

MÜLLER, M. J. (1979): Handbuch ausgewählter Klimastationen der Erde. - 346 S.; Trier.

PREUSS, J. (1983): Pleistozäne und postpleistozäne Geomorphodynamik an der nordwestlichen Randstufe des Rheinhessischen Tafellandes. - Marburger Geogr. Schr., 93: 175 S.; Marburg/Lahn.

PREUSS, J. (1987): Großmaßstäbige geomorphologische Kartierung auf Blatt 4 - 9672 L Asel (TK 25: 4819 Fürstenberg, Nord-Hessen). - Berliner Geogr. Abh., **42**: 17-23; Berlin.

RAWLINSON, S. E. [Hrsg.] (1983): Guidebook to Permafrost and related Features Prudhoe Bay, Alaska. - 177 S.; Fairbanks.

REINWARTH, O. & STÄBLEIN, G. (1972): Die Kryosphäre - das Eis der Erde und seine Unterscheidung. - Würzburger Geogr. Arb., **36**: 72 S.; Würzburg.

SCHULZE, H. [Hrsg.] (1982): Alexander Weltatlas - Neue Gesamtausgabe. - 1. Aufl.: 226 S.; Stuttgart.

SECTIONAL AERONAUTICAL CHART (1984): Blatt Point Barrow, Scale 1:500 000; Washington D.C.

U. S. GEOLOGICAL SURVEY (1955): Blatt Umiat (B-3), Alaska, 1:63 360 Series (topographic), N6915-W15112/15x36. - Washington D.C.

U. S. GEOLOGICAL SURVEY (1965): Geological Map of North America, Scale 1:5 000 000. - Washington D.C.

VFR NAVIGATION CHART (1993): Blatt Mackenzie Delta, Scale 1:500 000; Ottawa.

WALKER, H. J. (1983): Guidebook to Permafrost and related Features of the Colville River Delta, Alaska. - 34 S.; Fairbanks.

WASHBURN, A. L. (1979): Geocryology - A survey of periglacial processes and environments. - 406 S.; London.

Schluchterosion im Ebrobecken - Großmaßstäbiges Luftbildmonitoring am Barranco de las Lenas und mikromorphologische Beobachtungen an Barranco-Wänden

Johannes B. Ries, Frankfurt am Main

mit 2 Abb., 1 Tab. und 13 Fotos

1 Einleitung: Geologisch/geomorphologischer Überblick

Im zentralen Inneren Ebrobecken südlich Zaragoza bilden die flachen Talbodenverfüllungen (Lokalname: val) aus holozänen Sedimenten einen starken Gegensatz zu den steilen bis sehr steilen stark zerschnittenen Mittel- und Oberhängen aus miozänen Gips-, Ton- und Mergelserien. Im Untersuchungsraum, dem Val de las Lenas nahe María de Huerva, bilden Sandsteine und rote Tone mit Konglomeratschichten die Basis in rund 400 m ü. M., über der Wechsellagerungen von roten Tonen und Sandsteinen folgen. Darüber liegen knollige und gebankte massive Gipse, die mit ihren harten Bänken Steilstufen ausbilden. Erst über einer Höhe von knapp 600 m ü. M. bilden die miozänen Kalke, aufgebaut aus Wechsellagerungen von grauen Mergelserien und Kalken im Liegenden und Kalk- und Mergelserien im Hangenden, die oberen erosionsresistenteren Deckschichten, die den "Plataformas Estructurales", im SE des Huerva-Tales die Plana de Zaragoza und im SW die Meseta de la Muela, ihr charakteristisches tafelbergartiges Aussehen geben (ITME 1998). Wo sie abgetragen sind, bilden die weitgehend von Gipsen dominierten Serien eine beeindruckende Erosionslandschaft bestehend aus Ausliegern und Zeugenbergen mit meist gestreckten bis konvex gewölbten Ober- und Mittelhängen, die mit einem deutlichen Hangknick in hangschuttbedeckte Glacis übergehen, welche ohne weiteren Gefällsknick auf den ebenen Talboden überleiten.

Die bis zu 20 m mächtigen holozänen Talverfüllungen, die im Untersuchungsgebiet Val de las Lenas von 380 m ü. M. am Talausgang bis auf etwa 580 m ü. M. am oberen Talende ansteigen, sind aufgebaut aus 20 bis 60 cm mächtigen Wechsellagen von schluffigen Lehmen, sandig-lehmigen bis sandigen Schluffen, tonigen Lehmen sowie lehmigen To-

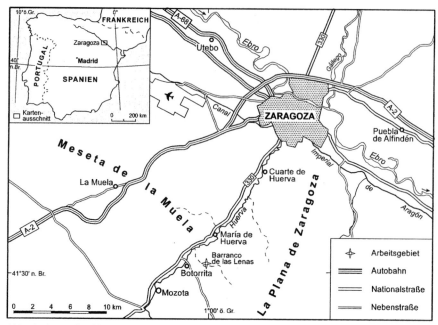

Abb. 1 Lage des Untersuchungsgebietes Barranco de las Lenas im Val de las Lenas bei María de Huerva im zentralen Inneren Ebrobecken

Foto 1 Blick über Val de las Lenas nach Süden auf den Schichtstufenrand der Plana de Zaragoza

Im Vordergrund rechts der Barranco de las Lenas (Ries 03.1997)

nen, unterbrochen von 5 - 20 cm mächtigen diskontinuierlichen Stein- und Gruslagen mit schluffig sandiger Matrix. Während die gut sortierten feinkörnigeren, zumeist schluffigen Substrate vornehmlich aus dem Lenas-Tal und damit aus den weiter flußaufwärts gelegenen Teilen des Einzugsgebietes stammen, liegt das gröbere Material häufig als Fanglomerat-Schüttung vor und verweist auf die episodischen Abtragungsprozesse infolge von Starkregen an den Hängen seitlich einmündender Nebentäler. Sekundäre Kalk- und Gipsanreicherungen sind an Aufschlüssen in ca. 20 cm mächtigen Bändern im Abstand von 1 bis 2 m zu finden.

Die Sedimente im Haupttal weisen an der Basis nach PEÑA MONNÉ & ECHEVERRÍA & PETIT-MAIRE & LAFONT (1993: 326ff.) ein Alter von 5910 ± 270 BP auf und sind in mehreren Phasen mit unterschiedlicher Geschwindigkeit abgelagert worden. Auf eine ca. 2 m mächtige Folge von vorwiegend sandigen Schichten mit wenigen, dazwischen geschalteten Kieslagen aus miozänen Kalken und Gipsen folgt ein ca. 6,5 m hoher Abschnitt, der in seinem unteren Meter aus Sanden, Kiesen und Steinen und in den oberen 5,5 m aus bis zu 70 cm mächtigen schluffigen Lehmen mit wenigen, cm-dünnen sandigen Kiesschichten aufgebaut ist. Nach ^{14}C-Datierungen an Holzkohlen wurde er zwischen 2470 ± 150 BP und ca. 1500 BP geschüttet (PEÑA et al. 1993: 326). Die gegenüber 0,57 mm a^{-1} im unteren Abschnitt mit 6,7 mm a^{-1} deutlich erhöhte mittlere jährliche Sedimentationsrate setzt entsprechend stärkere Abtragungsprozesse voraus, die SANCHO & GUTIÉRREZ ELORZA & PEÑA MONNÉ (1991: 227) mit der Metallverarbeitung in der prärömischen Eisenzeit und der Römerzeit in Verbindung bringen. Auf die Phase der Aufschüttung folgte seit dem frühen Mittelalter eine Phase verstärkter Einschneidung, in der Teile der Talböden rückschreitend aufgezehrt werden durch tiefe Schluchterosion, die das Sediment bis auf den anstehenden miozänen Gips ausräumt (PEÑA et al. 1993: 330).

Im Val de las Lenas entstand entlang der Tiefenlinie eine Erosionsschlucht (span. barranco) mit bis zu 25 m hohen Wänden und von dieser ausgehend sich finger- und fiederförmig verzweigende Erosionsschluchten und -gräben mit steilen, vielfach senkrechten Wänden, Spornen und isolierten Türmen. Durch Nach- und Abbrechen entlang von Trocken- und Frostrissen sowie von Entlastungsklüften werden die Wände versteilt und die immer schmaler werdenden Restflächen zwischen ihnen aufgezehrt. Dabei entstehen unterhöhlte Wandabschnitte mit Überhängen und überbrückte Durchgänge unter den schmalen Flächenresten (MÄCKEL & RIES 1995: 33f.).

An den oberen Enden arbeiten Grabenköpfe an der linearen Ausweitung: Über die senkrechte Stirnwand stürzt bei Starkregenereignissen der konzentrierte Oberflächenabfluß in Sturz- und Strudellöcher und unterhöhlt die Grabenrückwand durch Auspülung und

Durchfeuchtung durch Spritzwasser. Die Grabenrückwand bricht nach und der Barranco wächst rückschreitend stirnwärts.

Von besonderem Interesse ist die Geschwindigkeit dieser Entwicklungen, da die weit verbreiteten Barrancos als wichtige Sedimentquellen gelten, aus denen Feinmaterial ausgetragen wird. Für die ephemere Gully-Erosion im semiariden Südosten Spaniens geben POESEN & VANDAELE & VAN WESEMAEL (1996: 257f.) 9,7 m^3 ha^{-1} a^{-1} Sedimentaustrag an und betonen, daß Gully-Erosion auf Flächen mit steinreichen Böden im Mediterrangebiet mehr als 80% des Gesamtaustrages umfaßt. Über die Flüsse transportiert gelangt ein Teil des Materials in die Staureservoire des Ebro und sedimentiert dort. Die Verfüllung der für die Wasserversorgung im Ebrotal so wichtigen Stauseen stellt eines der größten Probleme in der Region dar.

Foto 2 Der Barranco de las Lenas
Tiefe Schluchterosion zerschneidet die holozäne Talverfüllung. Es entstehen nahezu senkrechte Wände und isolierte Türme (Ries 04.1997).

Im Rahmen des von der Deutschen Forschungsgemeinschaft finanzierten Forschungsprojektes "Landnutzungswandel, Erosion und Desertifikation in Nordostspanien" (EPRO-DESERT), in dem Vegetationssukzession und aktuelle Geomorphodynamik auf Brachflächen unterschiedlichen Alters entlang eines Transektes vom Pyrenäenhauptkamm bis in das Innere Ebrobecken untersucht werden, konnte der nordwestliche Seitenarm des Barranco de las Lenas über 3 Jahre mittels multitemporaler Luftbildaufnahmen beobachtet und die unterschiedlichen Prozesse seiner Weiterbildung dokumentiert werden.

Im August 1996 war Professor Dr. Wolfgang Andres mit Studentinnen, Studenten und dem Autor im Val de las Lenas zu Geländearbeiten. Die im folgenden skizzierten Ergebnisse sollen eine kleine Erinnerung an die vielen Diskussionen vor Ort sein und den Dank des Autors für die Unterstützung bei der Beschaffung des Heißluftzeppelins und die Hilfestellung bei der Durchführung des Unternehmens zum Ausdruck bringen.

2 Luftbildgestütztes Monitoring am Barranco de las Lenas mit einem heißluftbetriebenen Luftschiff

Zur Dokumentation der Grabenentwicklung wurden von einem Grabenkopf des nordwestlichen Seitenarmes des Barranco de las Lenas zu sechs Zeitpunkten großmaßstäbige Luftbilder aus unterschiedlichen Flughöhen von einem heißluftbetriebenen ferngesteuerten Luftschiff aufgenommen (Foto 3). Die Aufnahmezeitpunkte lagen zwischen Oktober 1995 und August 1998, so daß ein Zeitraum von 34 Monaten unterteilt in fünf Zeitabschnitte zwischen je 4 und 12 Monaten überblickt werden kann (Fotos 5-10). Konstruktion der Luftschiffe, Befliegungstechnik, Kamerasystem, Abbildungsmaßstäbe und Auflösung der Bilder sind in anderen Arbeiten bereits ausführlich beschrieben (RIES 1996: 10ff.; MARZOLFF 1996: 205ff.; RIES & MARZOLFF 1997: 296ff.; RIES 1997: 138ff.; MARZOLFF & RIES 1997: 91ff.; MARZOLFF 1998: 22-52). An dieser Stelle sei betont, daß die Flughöhe und damit der Abbildungsmaßstab, der Zeitpunkt der Aufnahme und damit der Lichteinfall und die Wiederholungsfrequenz und damit das Monitoring von den Bearbeitern im Rahmen der technischen Möglichkeiten und Beschränkungen im Gelände frei gewählt und der jeweiligen Fragestellung angepaßt werden können. Dies unterscheidet die vorliegende Studie von anderen, in denen herkömmliche Luftbilder wesentlich kleinerer Maßstäbe Verwendung fanden, z. B. VANDAELE & POESEN & MARQUES DE SILVA & GOVERS & DESMET (1997) oder BARRÓN & ECHEVERRÍA & IBARRA & MARCO & PÉREZ (1994: 263). Großmaßstäbige terrestrische Schrägaufnahmen zur Barranco-Entwicklung im Barranco de las Lenas wurden von SORIANO (1993: 191) erstellt, ihre Auswertung erwies sich jedoch aufgrund der unterschiedlichen Perspektiven als schwierig.

Foto 3 Heißluftbetriebener, gefesselter und ferngesteuerter 220 m³ großer Zeppelin des Institutes für Physische Geogrphie/Universität Frankfurt kurz vor dem Aufstieg über den Baranco de las Lenas (Ries 04.1998)

Foto 4

Überblick über den nordwestlichen Seitenarm des Barranco de las Lenas aus ca. 280 m Flughöhe

Das nach Nordosten ausgerichtete Bild zeigt links das tief eingeschnittene verzweigte Schluchtsystem mit den Barranco-Köpfen oben und das Camp auf einer terrassierten Brachfläche rechts unten; darunter ist die ca. 12 mal 16 m große Auflaßplane zu erkennen.

(EPRODESERT-Luftbild, Ries 04.1998)

2.1 Nordwestlicher Seitenarm des Barranco de las Lenas

Der Grabenkopf liegt auf einer ca. 60 Jahre alten terrassierten Brachfläche und ist von einem Meßnetz mit einer Gitterweite von 2 m überspannt. Er gliedert sich in eine auf der oberen Terrassenfläche gelegenen Spülwanne, die den Oberflächenabfluß der Terrassenfläche aufnimmt und zur eigentlichen Stirnwandkante leitet, wo er über eine ca. 70 cm hohe Stufe das oberste Barranco-Niveau erreicht. Über eine zweite ca. 50 cm hohe Stufe verläuft die Tiefenlinie durch eine Verengung, welche von der zweiten Terrassenstufe aus Bruchsteinmauerwerk herrührt, die den obersten Grabenkopfbereich einschnürt. Dieser stellt gegenüber der Spülwanne ein weiteres Entwicklungsstadium dar. Die Terrassenfläche wird rückwärtig ausgeräumt, die von Mauerwerk gestützte Stufe bleibt dagegen länger erhalten. Unterhalb der Stirnwand liegt eine zerbrochene Badewanne, rechts davon verläuft die Abbruchkante der Stirnwand mit kleinen Ausbuchtungen (Abb. 2 u. Fotos 5-10).

Im mittleren Barranco-Abschnitt ist der bewachsene Barranco-Boden in mehrere Ebenen gegliedert: Von links führt ein ca. 2 m tiefes Niveau unter einer nur noch ca. 30 cm schmalen Brücke, die einen schon fast freistehenden Turm ausliegerartig an das Restflächenniveau anbindet, auf eine geringfügig höhere Fläche, in der ein großes Subrosionsloch (Piping-Loch) eingebrochen ist. In diesem Loch sind abgebrochene und eingesunkene Schollen zu erkennen. Am rechten unteren Ende des Loches steht eine isolierte Säule, deren Spitze bis auf einen Meter an das Restflächenniveau heranreicht, welches von unten ins Bild hereinreicht. Sie ist auf einer nachsackenden Scholle von der Wand weg- und abgerutscht. Unterhalb ist die Barranco-Entwicklung auf einem dritten, ca. 4,5 m tiefen Niveau ausgebildet. Die in subrosiven Prozessen aus- und durch das Piping-Loch hindurchgespülten Materialmengen gelangen durch ein enges und verzweigtes Röhrensystem unter dem schmalen Restflächenriegel hindurch und treten hier wieder an die Oberfläche.

Über die Rolle von Piping bei der Barranco-Bildung gibt es mehrere Erklärungsansätze: Übereinstimmend gehen GUTIÉRREZ & BENITO & RODRÍGUEZ (1988: 57), MÄCKEL & RIES (1996: 40f.), GARCÍA-RUIZ & LASANTA & ALBERTO (1997: 276f.) und TERNAN & ELMES & FRITZJOHN & WILLIAMS (1998: 82) von einer grundsätzlich vorbereitenden Rolle aus, bei der durch das Ausspülen, insbesondere durch Dispergierung, von unterirdischen Röhrensystemen oberhalb weniger wasserdurchlässiger Schichten die spätere Barranco-Anlage vorgezeichnet wird. Die Hohlräume brechen ein und pausen sich so durch Nachbrechen bis an die Oberfläche durch. TERNAN et al. (1998: 88) identifizierten Rißdichte als wichtigsten bodenphysikalischen Parameter und pH-Wert, elektrische Leitfähigkeit, die wasserlöslichen Ionen Na^+, Ca^{2+}, Mg^{2+}, K^+ und die austauschbaren Mg^{2+} sowie den Anteil an austauschbaren Na^+ als die entscheidenden bodenchemischen Parameter für die Ausbildung von Pipes in vergleichbaren Sedimenten in Zentralspanien.

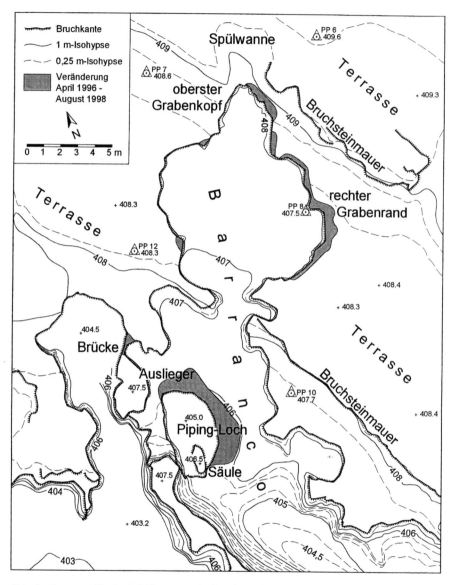

Abb. 2: Barranco-Kopfentwicklung von April 1996 bis August 1998. Großmaßstäbige topographische Karte Barranco de las Lenas, María de Huerva (Zaragoza) (verkleinerter und veränderter Ausschnitt, Originalmaßstab 1:100) auf der Grundlage von stereoskopischen EPRODESERT-Luftbildern vom April 1996. Photogrammetrische Auswertung und Kartographie: R. Thormann 1997, FH Karlsruhe.

Bei dem hier untersuchten Grabenkopf sind Formen, die auf Subrosion schließen lassen, und Spuren von fluvialem Transport subrosiven Materials auf dem Barranco-Boden zu erkennen, was die Beteiligung von subrosiven Prozessen an der Weiterbildung der Schlucht belegt. Trotzdem bleibt die Rolle der Subrosion als Vorreiter bei der Entwicklung dieser Form unklar, da eindeutige Hinweise auf Schachtbildung oberhalb des Grabenkopfes fehlen. Stattdessen weisen die Spülwannen oberhalb des Barranco-Kopfes auf die Bedeutung der Spülvorgänge an der Oberfläche hin. Im Barranco können an den Wänden Risse und Spalten unterschiedlichster Länge und Breite bis zur Basis der Verfüllung beobachtet werden. Die Verbreiterung der Schlucht verläuft entlang dieser Schwächelinien im wesentlichen durch Stürze und Brüche.

2.2 Luftbildmonitoring

Die großmaßstäbigen Luftbildaufnahmen (Fotos 5-10) entstanden am 06. Oktober 1995, 06. April 1996, 18. August 1996, 02. April 1997, 08. April 1998 und 07. August 1998 jeweils in den Morgenstunden zwischen 7 und 9 Uhr. Die langen Schlagschatten der noch tiefstehenden Sonne werden auf den nach Nordosten ausgerichteten Bildern von rechts oben nach links unten geworfen. Die abgedruckten Bilder zeigen ungeschnittene Abzüge unkorrigierter, d. h. verzerrter Originalaufnahmen. Ausschnittvergrößerungen fanden nicht statt. Auffallend ist die hohe Deckungsgleichheit der Ausschnitte, die ähnlichen Ausrichtungen und Maßstäbe der Photographien. So ist ein Vergleich der einzelnen Aufnahmen leicht möglich. Betrachtet werden soll im folgenden der oberste Grabenkopf, der sich seitlich rechts anschließende Grabenrand, der Ausliegerturm und das Subrosionsloch mit Säule (s. Abb. 2 sowie Fotos 5-10):

- Vom Oktober 1995 bis April 1996 wurde die Badewanne zur Hälfte mit verstürztem Material aus der Wand verfüllt, auch rechts davon erkennt man die Rückverlegung der Kante um bis zu 30 cm an den frisch abgebrochenen groben Materialanhäufungen, die sich hell auf dem bewachsenen Barranco-Boden abheben. Das Subrosionsloch hat sich um ca. 2,5 m^2 nach links oben erweitert. Durch Unterhöhlung ist hier der Rand des mit *Lygeum spartum* dicht bestandenen mittleren Barranco-Bodenniveaus abgebrochen; das grobschollige Material ist auf den eingesunkenen Schollen ca. 1 m tiefer noch gut zu erkennen. Von April 1996 stammen die stereoskopischen Aufnahmen, auf deren Basis die großmaßstäbige hochpräzise topographische Karte erstellt wurde (Abb. 2 sowie Fotos 5 u. 6).

- Bis zum August 1996 ist aus der oberen rechten Stirnwand am Grabenkopf Material herausgebrochen und hat die Badewanne fast ganz bedeckt. Die linke Hälfte ist schon ganz überwachsen; sonst sind kaum Veränderungen an der Barranco-Kante zu beobachten. Die geglätteten Oberflächen zeigen, daß das im vorangegangenen Zeitabschnitt ab- und eingebrochene Material jetzt verspült wurde. Dies gilt sowohl für Bereiche unterhalb des rechten Grabenrandes als auch für das Subrosionsloch (Fotos 6 u. 7).

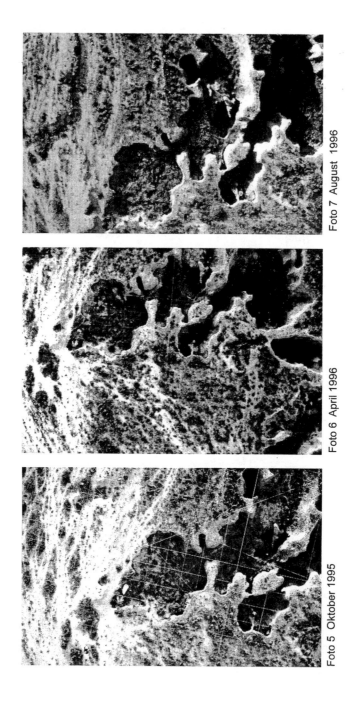

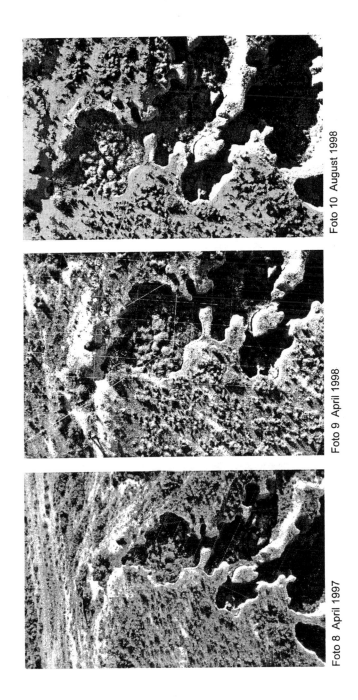

Foto 10 August 1998

Foto 9 April 1998

Foto 8 April 1997

- Bis zum April 1997 ist die Badewanne im Grabenkopf vollständig überschüttet, der rechte Grabenrand hat sich bei Paßpunkt 8 (vgl. Abb. 2) um ca. 20 cm verlagert, das grobschollige abgebrochene Material ist unterhalb der Kante zu erkennen. Das Subrosionsloch hat sich erweitert, jetzt sowohl nach links als auch rechts oben um zusammen ca. 4 m². Der obere Teil der Säule ist abgebrochen und in das Loch hinabgestürzt, wo er auf dem zuvor eingebrochenen Material gut zu erkennen ist. Der Auslieger ist zur Insel geworden, da die ca. 1 m lange und 30 cm schmale Brücke, die ihn an die Restfläche angebunden hat, eingebrochen ist (Fotos 7 u. 8).

- Ein Jahr später, im April 1998, liegt die Stirnwand nur am obersten Teil des Grabenkopfes wenige Zentimeter weiter oberhalb, ansonsten erscheint die Barranco-Kante weitgehend unverändert. Nur an einzelnen frisch abgebrochenen Schollen auf dem Boden ist zu erkennen, daß an den zwei Spornen Material abgebrochen ist. Die alte Säulenspitze ist im Subrosionsloch liegend in drei Teile zerbrochen (Fotos 8 u. 9).

- Bis zum August 1998 sind keinerlei Veränderungen wahrzunehmen: Grabenkopf und -kante zeigen die gleiche Ausformung wie vier Monate zuvor. Da auch das vorher verstürzte Material grobschollig erhalten ist, können auch schwächere Spülprozesse ausgeschlossen werden (Fotos 9 u. 10).

Über den Beobachtungszeitraum von 34 Monaten zeigt der Barranco bei einer Gesamtniederschlagsmenge von 805 mm, die gut 100 mm unter dem langjährigen Durchschnitt liegt, aber mit 23 Ereignissen von mehr als 10 mm (ausreichend für die Entstehung von Oberflächenabfluß) und immerhin 2 Ereignissen nahe der 40 mm-Grenze, eine deutliche Weiterentwicklungstendenz. Die stärksten Veränderungen fanden durch subrosive Prozesse auf dem Barranco-Boden mit der Erweiterung des Piping-Loches um 6,5 m² statt. Sowohl die seitlichen Wandabbrüche als auch die Entwicklung am Grabenkopf fallen dagegen geringer aus und betragen zusammen ca. 3,5 m². Materialabbrüche aus der Wand können lokalisiert werden, sind aber von geringer Bedeutung. Wird der ganze in Foto 5 abgelichtete Barranco-Abschnitt zugrunde gelegt, so ergibt die Kartierung auf der Basis von entzerrten digitalen Luftbildern einen vergleichbaren Wandrückverlagerungswert von Oktober 1995 bis April 1998 von 3,2 m² (MARZOLFF 1998: 152ff.). Die vom Autor für den obersten, ca. 60 m² großen Barranco-Abschnitt (oberhalb der unteren Terrassenstufe) geschätzten mittleren jährlichen Erweiterungsbeträge von gut 1 m² a^{-1} seit der Auflassung des Feldes vor ca. 60 Jahren konnten bestätigt werden (MÄCKEL & RIES 1996: 38). Auf der Grundlage von Tiefenmessungen im Gelände wurde ein mittlerer Materialaustrag von 26,7 kg m^{-2} a^{-1} geschätzt. Diese Werte verdeutlichen die hohen Materialausträge bei der Barranco-Entwicklung. Die Tieferlegung des Barranco-Bodens, die Wasser- und Materialabfuhr erfolgen vorrangig subrosiv unter dem sichtbaren Bodenniveau. Eine Quantifizierung der Austragsraten mit Meßverfahren wäre daher ein schwieriges Unterfangen.

3 Der Wandabtrag und sein Beitrag zur Erweiterung der Barrancos

Im Gegensatz zu den Großformen der Barranco-Entwicklung, die durch Wandbildung und deren Rückverlagerung entstehen, wie Abbrechen, Abrutschen und Umstürzen ganzer Schollen, Türme und Säulen und das Einbrechen und Nachbrechen unterhöhlter Bereiche, bilden die Prozesse und Formen an den zumeist senkrechten, teilweise sogar überhängenden Wänden nano- bis mikromorphologische Muster aus, die nicht weniger spektakulär sind. Während die genannten Großformen im großmaßstäbigen Luftbild erfaßt und in ihrer Entwicklung dokumentiert werden können, entziehen sich die Kleinformen dem Kameraauge aus der Luft, weniger wegen ihrer Größe als vielmehr durch ihre Lage im Relief.

3.1 Sockel und Decksteine

In den oberen, mit ca. 60° bis 75° nicht ganz so steil geneigten Wandpartien sind kleine, ca. 2 - 6 cm hohe Sockel aus Feinmaterial zu beobachten, die als Decksteine zumeist flache Gipsplättchen tragen. Es handelt sich dabei um die Reste der Steine, des Mittel- und Feingruses der bis zu 20 cm dicken diskontinuierlichen Lagen, die in dem Fanglomeratkörper in schluffig-sandiger Matrix enthalten sind. Die Steine und der Grus schützen

Foto 11 Feinmaterialsockel mit Decksteinen aus Gips, die durch Lösungsverwitterung zu dünnen Plättchen verwittert sind (Ries 04.1997)

das unter ihnen liegende Feinmaterial vor der ablösenden Wirkung der auftreffenden Regentropfen solange, bis sie selbst durch das Niederschlagswasser lösungsverwittert sind. Erst danach kann das unter ihnen liegende Feinmaterial abgetragen werden.

Niederschläge fallen im zentralen Ebrobecken häufig als Starkregen in Verbindung mit Gewittern, die in der baumlosen Steppe hohe Windgeschwindigkeiten mit sich bringen können und den Niederschlag an den Wänden schräg auftreffen lassen. Die Feinmaterialsockel sind mit Rillen vom ablaufenden Wasser überzogen, welches sich am Sockelfuß sammelt und an der rückwärtigen Abschneidung tieferliegender Sockel beteiligt ist. So entsteht eine in zahllose Sockel, Türmchen und dazwischenliegenden Rillen aufgelöste Oberfläche an den oberen Wandpartien, die durch die selektiv wirkende Regentropfenschlagerosion abgeschrägt und zurückverlegt wird. Ähnliche Formen entstehen an den steilen Wandteilen weiter unten, wenn stein- und grusreiche Lagen auftreten. Sie bilden dann Vorsprünge, die gegenüber den feinmaterialreichen Schichten abtragungsresistenter sind.

3.2 Fließkrusten

Die verbreitetste Form sind flächenhaft anzutreffende, tapetenartige, 0,3 bis ca. 1,5 cm mächtige Fließkrusten, die sich bereits wenige Dezimeter unterhalb der Sockelzone auszubilden beginnen und i. d. R. die gesamte Wand nach unten hin überziehen. Da Zuschußwasser aufgrund eines fehlenden Einzugsgebietes an den Säulen, Türmen und weitgehend isolierten Auslegern ausscheidet, kommt nur das direkt auf die Wand auftreffende Niederschlagswasser als Agens in Frage. Es nimmt vorwiegend schluffiges Material aus den oberen Wandpartien zwischen den Sockeln auf, transportiert es in Rillen abwärts und bildet an den steilen Wandbereichen Krusten aus. Der Vergleich der Korngrößenklassen einer Kruste mit dem dahinter entnommenen Material zeigt, daß es sich nicht nur um Durchfeuchtungskrusten, sondern um fluvial transportiertes Material handelt (Tab. 1). Die Krustenprobe hat - bei erhöhten Schluff- und leicht erhöhten Tonanteilen - in allen Klassen deutlich verminderte Sandanteile. Auch die Differenz zur Einwaage, die bei durchgeführter Gipswäsche neben dem Meßfehler vor allem den ausgewaschenen Gipsanteil beinhaltet, liegt bei der Krustenprobe unter dem Wert der Vergleichsprobe aus der Wand. Das verspülte Material hat durch den Transport einen geringeren Gipsanteil.

Die Fließkrustenschicht weist eine differenzierte Oberfläche auf: Sie ist in Vorsprünge und dazwischenliegende rillenartige Einkerbungen gegliedert. Am auffälligsten sind 2 - 4 mm breite und bis zu 3 mm tiefe Rillen, die häufig auf der Mitte der Vorsprünge verlaufen, als Geflecht die ganze Kruste überziehen und mit besonders feinkörnigem Material ausge-

Tab. 1 Korngrößenverteilung in Gewichts-% und Differenz zur Einwaage (ausgewaschener Gips in Gewichts-%) einer Kruste und einer Vergleichsprobe aus Wandmaterial

	S	U	T	gS	mS	fS	gU	mU	fU	T	Differenz zur Einwaage (Gips)
Fließkruste	10,5	61,7	27,8	1,8	3,0	5,7	17,7	21,8	22,2	27,8	16,7
Wandmaterial	18,2	55,9	25,8	3,1	6,8	8,3	19,5	17,2	19,2	25,8	19,3

kleidet sind (Foto 12). Charakteristisch für diese Rillen sind die beidseitig verlaufenden 1 - 2 mm breiten und ebenso hohen Wülste, die gleichsam als "Dammufer" den Rillenverlauf begleiten. Daß es sich bei den Rillen um echte Akkumulationsformen handelt, belegt ein Dünnschliff eines Fließkrustenstückes mit Rille, welcher senkrecht zur Fließrichtung, also horizontal angelegt ist (Foto 13). Durch die feinere Textur und die Schichtung hebt sich die bis zu 5 - 6 mm dicke, oben aufliegende Kruste gut vom grobkörnigeren ungeregelten Wanduntergrund ab. Die quer geschnittene Rille und die Wülste haben ihren Verlauf durch die Ablagerungen von feinem, vorwiegend schluffigem Material in 0,1 bis ca. 0,4 mm mächtigen Schichten aufgehöht und so die Kruste nach oben bzw. außen verdickt. Die Dammuferform blieb über diesen Akkumulationsprozeß erhalten und ist stetig mit neuem Material überdeckt worden. Sie läßt sich bis in eine Tiefe von 5,5 mm unter dem aktuellen Rillenboden erkennen. Rillen und Wülste zeigen eine sehr feinkörnige, massive und kohärente Aus- und Überkleidung, die für den Abschluß eines Fließereignisses kennzeichnend sind (vgl. dazu auch HIRT 1997: 86ff.). Mindestens 6 solche feinkörnigen Bänder über teilweise erheblich gröberen Material sind im Rillenprofil zu erkennen und lassen ebenso viele Fließereignisse vermuten. Zwischenzeitlich scheint die Rille mit ca. 3 mm Breite und Tiefe größer als zuletzt gewesen zu sein. Die Rille hat ihr Bett um ca. 2 mm über das Krustenniveau zum rechten Rand des Schnittes gehoben. Am linken Rand ist eine ältere Rille inzwischen mit gröberem Material verfüllt, ihr fehlt die feinkörnige Auskleidung, die für den Abschluß eines Fließereignisses typisch ist.

Im Rillenverlauf kommt es im Abstand weniger Zentimeter zur Änderung der morphologischen Lage: Vom erhöhten Verlauf auf einem Vorsprung biegen die Rillen in tiefere Bereiche zwischen den zuvor von ihnen aufgebauten Vorsprüngen ab und beginnen dort mit dem Aufbau eines neuen Vorsprunges (Foto 12). Durch den alternierenden Verlauf der Rillen wird die Kruste so flächenhaft weitergebildet. Dieses Fließverhalten tritt auch bei leicht überhängenden Wandpartien auf! An Abrißkanten und Krustenabbrüchen bilden sich unterhalb der Rillen tropfenförmige Nasen aus.

Foto 12 Fließkruste an einer leicht überhängenden Barranco-Wand (Ries 04.1997)

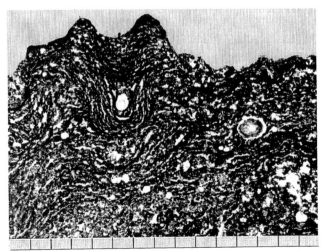

Foto 13 Dünnschliff einer Fließkruste senkrecht zur Fließrichtung. Ein Teilstrich entspricht einem Millimeter. (Ries 11.1998)

Die mehrschichtig aufgebauten Fließkrusten bilden im trockenen Zustand ähnlich den Sedimentationskrusten auf horizontalen Flächen verhärtete Schichten aus, die den Unter- oder besser Hintergrund vor der Splash-Erosion und vor dem Windeinfluß schützen. Die Fließkrusten an Barranco-Wänden sind somit das Ergebnis von Abtragungsprozessen und gleichzeitig Schutz vor weiterem Wandabtrag. Nach dem Austrocknen lassen sie sich aber an vielen Stellen leicht von der Wand ablösen, mit der sie nicht fest verkittet sind.

Die Barranco-Entwicklung wird somit durch Spülprozesse oberhalb des Barranco-Kopfes, Abbrüche und Stürze an den Barranco-Wänden, subrosive Prozesse am Barranco-Boden, selektive Regentropfenschlagerosion an den oberen Wandbereichen sowie Fließprozesse mit Krustenbildung durch aufbauende Rillengeflechte an den unteren senkrechten und überhängenden Wandpartien gesteuert.

Danksagung

Der Autor dankt allen Studentinnen und Studenten der EPRODESERT-Geländekampagnen 1995 bis 1998, ohne deren Hilfe der Zeppelin nicht hätte in die Luft gebracht werden können. Besonderer Dank gilt Frau S. Neeb und Frau Ch. Pfahls für die Dünnschliffherstellung. Der Deutschen Forschungsgemeinschaft gebührt unser gemeinsamer Dank für die großzügige Unterstützung der Forschungen im Ebrobecken mit Sachmitteln.

Literatur

BARRÓN, G. & ECHEVERRÍA, M. T. & IBARRA, P. & MARCO, P. & PÉREZ, F. (1994): Algunas consecuencias geomorfológicas del uso del suelo agrícola en las últimas décadas. La actividad del piping en el bajo valle del Huerva (Zaragoza, España). - In: ARNÁEZ, J. & GARCÍA-RUIZ, J. M. & GÓMEZ VILLAR, A. [Hrsg.]: Estudios de Geomorfología en España, III Reunión de Geomorfología: 255-266; Logroño/Spanien.

GARCÍA-RUIZ, J. M. & LASANTA, T. & ALBERTO, F. (1997): Soil erosion by piping in irrigated fields. - Geomorphology, **20**: 269-278; Amsterdam.

GUTIÉRREZ, M. & BENITO, G. & RODRÍGUEZ, J. (1988): Piping in the badlands of the middle Ebro basin. - Catena, Suppl., **13**: 49-60; Braunschweig.

HIRT, U. (1997): Untersuchungen an Schlämmkrusten auf Ackerbrachen in Aragón/ Spanien mit Hilfe von Dünnschliffen. - Dipl.-Arb., Inst. Physische Geographie, Univ. Frankfurt: 113 S.; Frankfurt a. M. - [Unveröff.].

ITME (Instituto Tecnológico Geominero de España) [Hrsg.] (1998): MAPA GEOLÓGICO DE ESPAÑA, Escala 1:50 000, Bl. 383/27-15 Zaragoza; Madrid.

MÄCKEL, R. & RIES, J. B. (1996): Geomorphologische Untersuchungen zur Degradation landwirtschaftlicher Nutzflächen in María de Huerva. - In: RIES, J. B. & MARZOLFF, I. [Hrsg.]: EPRODESERT, Geländephase 2 (Herbst 1995): Untersuchungen zu Geomorphodynamik und erste Schritte zum Luftbildmonitoring auf extensivierten Nutzflächen in Aragón/Spanien. APT-Ber., **5**: 29-59, Inst. Physische Geographie, Univ. Freiburg; Freiburg i. Br.

MARZOLFF, I. (1996): Luftbildmonitoring mit einem gefesselten, ferngesteuerten Heißluftzeppelin auf ausgesuchten Brachflächen in Aragón. - In: MÄCKEL, R. & RIES, J. B. & MARZOLFF, I. [Hrsg.]: Landnutzungswandel und Umweltveränderungen in Spanien. Tag.-Ber. Arbeitstreffen 11.07.-13.07.1996 in Freiburg i. Br., APT-Ber. **7**: 205-214, Inst. Physische Geographie, Univ. Freiburg; Freiburg i. Br.

MARZOLFF, I.: Großmaßstäbige Fernerkundung mit einem unbemannten Heißluftzeppelin für GIS-gestütztes Monitoring von Vegetationsentwicklung und Geomorphodynamik in Aragón (Spanien). - Diss., Geowiss. Fak. Univ. Freiburg, 226 S.; Freiburg i. Br. - [Im Druck].

MARZOLFF, I. & RIES, J. B. (1997): 35-mm photography taken from a hot-air blimp: monitoring processes of land degradation in Northern Spain. - In: ASPRS [Hrsg.]: Proceedings of the First North American Symposium on Small Format Aerial Photography, Oct. 14-17 1997, Cloquet/Minnesota, ASPRS Technical Papers: 91-101; Bethesda/USA.

PEÑA MONNÉ, J. L. & ECHEVERRÍA, M. T. & PETIT-MAIRE, N. & LAFONT, R. (1993): Cronología e interpretación de las acumulaciones holocenas de la Val de las Lenas (Depresión del Ebro, Zaragoza). - Geographicalia, **30**: 321-332; Zaragoza.

POESEN, J. W. & VANDAELE, K. & VAN WESEMAEL, B. (1996): Contribution of gully erosion to sediment production on cultivated lands and rangelands. - In: WALLING, D. E. & WEBB, B. W. [Hrsg.]: Erosion and sediment yield: global and regional perspectives. - Proceedings of the Exeter Symposium, July 1996. IAHS Publication, **236**: 251-266; Exeter.

RIES, J. B. (1996): Landnutzungswandel und Geomorphodynamik in Spanien - eine Einführung in das Projekt EPRODESERT. - In: MÄCKEL, R. & RIES, J. B. & MARZOLFF, I. [Hrsg.]: Landnutzungswandel und Umweltveränderungen in Spanien. Tag.-Ber. Arbeitstreffen 11.07.-13.07.1996 in Freiburg i. Br., APT-Ber., **7**: 3-16, Inst. Physische Geographie, Univ. Freiburg; Freiburg i. Br.

RIES, J. B. (1997): Aktuelle Geomorphodynamik auf Brachflächen in Aragón - erste Ergebnisse großmaßstäbiger Luftbildfernerkundung mit einem Heißluft-Monitoring-Zeppelin. - In: BLÜMEL, W. D. [Hrsg.]: Beitr. Geomorphologie, 22. Tag. Dt. Arbeitskreis Geomorphologie Stuttgart. - Stuttgarter Geogr. Studien, **126**: 138-153; Stuttgart.

RIES, J. B. & MARZOLFF, I. (1997): Identification of sediment sources by large scale aerial photography taken from a monitoring blimp. - Physics and Chemistry of the Earth, **22** (3-4): 295-302; Oxford, New York.

SANCHO, C. & GUTIÉRREZ ELORZA, M. & PEÑA MONNÉ, J. M. (1991): Erosion and sedimentation during the upper holocene in the Ebro Depression: Quantification and environmental significance. - In: SALA, M. & RUBIO, J. L. & GARCÍA-RUIZ, J. M. [Hrsg.]: Soil erosion studies in Spain. - Geoforma Ediciones: 219-228; Logroño/Spanien.

SORIANO, M. A. (1993): Seguimiento fotográfico de la erosion en la Val de las Lenas (Zaragoza). Estudio preliminar. - Rev. Academia de Ciencias, Zaragoza, **48**: 185-194; Zaragoza.

TERNAN, J. L. & ELMES, A. & FRITZJOHN, C. & WILLIAMS, A. G. (1998): Piping susceptibility and the role of hydro-geomorphic controls in pipe developement in alluvial sediments, Central Spain. - Z. Geomorph., N. F., **42** (1): 75-87; Berlin, Stuttgart.

THORMANN, R. (1997): Analytisch-photogrammetrische Stereoauswertung von Kleinbilddias für ein digitales Geländemodell und eine topographische Karte. - Dipl.-Arb. FB Geoinformationswesen, FH Karlsruhe: 85 S.; Karlsruhe. - [Unveröff.].

VANDAELE, K. & POESEN, J. & MARQUES DE SILVA, J. R. & GOVERS, G. & DESMET, P. (1997): Assessment of factors controlling ephemeral gully erosion in Southern Portugal and Central Belgium using aerial photographs. - Z. Geomorph., N. F., **41** (3): 273-287; Berlin, Stuttgart.

| Frankfurter geowiss. Arbeiten | Serie D | Band 25 | 197-220 | Frankfurt am Main 1999 |

Eine boreale-subboreale Molluskensukzession als Spiegel der Vegetationsgeschichte in der Ohmniederung bei Marburg/Lahn

Holger Rittweger, Frankfurt am Main

mit 3 Abb. und 1 Tab.

1 Einleitung

Mit der Molluskenanalyse ist der Quartärforschung eine Methode gegeben, die wie die Pollenanalyse oder die Bestimmung botanischer Makroreste wesentlich zur Erhellung palökologischer Fragestellungen beitragen kann. Dies haben neben den grundlegenden Arbeiten von LOŽEK (1964, 1965, 1976, 1986) und den umfangreichen Untersuchungen von MANIA (1972, 1973), MANIA & TÖPFER (1973) sowie MANIA et al. (1993) auch zahlreiche Einzeluntersuchungen (u. v. a. ZEISSLER 1974, RÄHLE 1983 o. REGENHARDT 1994) immer wieder in anschaulicher Weise gezeigt.

Im Gegensatz zu den angrenzenden Landschaften auf dem Gebiet der ehemaligen DDR (siehe z. B. Literaturangaben in BÖSSNECK & KNORRE 1997) ist in Hessen bislang nur sehr wenig über die quartäre Molluskenfauna bekannt. Neben den älteren Arbeiten von BOETTGER (1886, 1889), WITTICH (1902), WENZ (1911, 1935) und BOECKEL (1937) sind die Untersuchungen von HUCKRIEDE & JACOBSHAGEN (1958), JAECKEL (1961), HUCKRIEDE (1965, 1974), REMY (1969), WEDEL (1996), RITTWEGER (1997) sowie eine Untersuchung aus archäologischem Zusammenhang zu nennen (NOTTBOHM 1997). Eine umfassende Darstellung der quartären, vor allem der spätglazialen und holozänen Molluskensukzession ist damit ein wichtiges Desiderat der Quartärforschung in Hessen.

Die vorliegenden Befunde konnten in einem Baggerschnitt in der Ohmniederung zwischen den Ortschaften Mardorf und Schweinsberg gewonnen werden (Abb. 1), der im Herbst 1995 im Rahmen des von Prof. Dr. W. Andres koordinierten DFG-Schwerpunktprogramms "Wandel der Geo-Biosphäre während der letzten 15 000 Jahre - Kontinentale Sedimente als Ausdruck sich verändernder Umweltbedingungen" (ANDRES 1994) angelegt wurde.

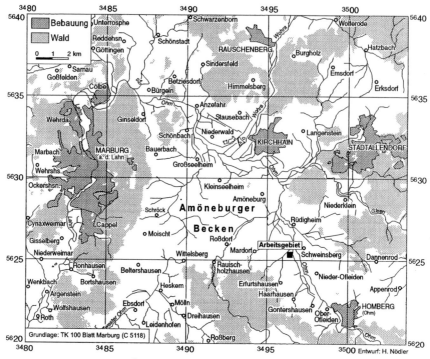

Abb. 1 Geographischer Überblick und Lage des Arbeitsgebietes

Hier waren kalkreiche Sedimente aufgeschlossen, die erstmals gestatten, die Sukzession der Mollusken für einen Teil des Holozäns im Überblick nachzuzeichnen (siehe auch ANDRES et al. 1997; WUNDERLICH 1998; WUNDERLICH & RITTWEGER in Vorb.). Der Schurf wurde am unmittelbaren Auenrand in direkter Nachbarschaft zu zahlreichen Siedlungsbefunden (von der Linearbandkeramik bis in die Römische Kaiserzeit) angelegt, die derzeit in mehreren Kampagnen von Dr. M. Meyer (Berlin) ausgegraben werden. Kolluvien nahezu aller Siedlungsperioden verzahnen sich in diesem Teil der Aue mit Torfen, Kalk- und Detritusmudden (Abb. 2). Neben den zoologischen Fossilien enthalten die Sedimente hier meist auch botanische Mikro- und Makroreste. Damit ergibt sich die außergewöhnliche Möglichkeit, die lokale Landschaftsgeschichte sehr detailliert zu rekonstruieren und die mit unterschiedlichen Methoden erarbeiteten Befunde direkt miteinander zu vergleichen.

2 Methoden

Der Baggerschnitt bot die Gelegenheit, sehr große Sedimentproben zu entnehmen (insgesamt mehr als 450 l), die gestatten, auch seltene Arten aufzuspüren. Für die statistische Auswertung wurde jedoch auf Teilproben zurückgegriffen. Auskunft über die Entnahmestellen und den Umfang der Proben geben die Profilzeichnung (Abb. 2) und das Molluskendiagramm (Abb. 3). Die Bezeichnung der Proben ist am besten anhand eines Beispiels zu erklären: "MS-TG 1200/292-312" bedeutet "Mardorf/Schweinsberg - Tiefschnitt Großprobe, 1200 cm horizontale Entfernung vom Meßpunkt / 292-312 cm unter der Oberfläche".

Die Beschreibung und Ansprache der Sedimente basiert weitgehend auf den Richtlinien der Bodenkundlichen Kartieranleitung (AG BODENKUNDE 1982 u. AG BODEN 1994). Informationen über den Kalkgehalt, den Anteil an organischer Substanz und die Korngrößenverteilung konnten mittels Laboranalysen gewonnen werden (s. WUNDERLICH 1998).

Für die Großrestanalysen wurden die Proben durch einen Laborsiebsatz mit den Maschenweiten 4,0, 1,0, 0,5 und 0,25 mm gespült und unter Zusatz eines Fungizids zunächst in Schraubgläser zur Aufbewahrung überführt. Mittels Binokularlupe und Uhrmacher-Pinzette wurden die Reste schließlich ausgelesen, bestimmt, separiert und gezählt.

Zur Bestimmung der Konchylien dienten die Werke von LOŽEK (1964), KERNEY et al. (1983), PFLEGER (1984), FECHTER & FALKNER (1990), JUNGBLUTH et al. (1992), GLÖER & MEIER-BROOK (1994) sowie die Vergleichssammlung des Verfassers. In Einzelfällen konnte auf die Sammlung und den Rat von Prof. Dr. R. Huckriede (Marburg/Lahn) sowie die Sammlung der Naturforschenden Gesellschaft Senckenberg in Frankfurt a. M. (Dr. R. Janssen) zurückgegriffen werden. Die Nomenklatur der Arten richtet sich im wesentlichen nach KERNEY et al. (1983) sowie GLÖER & MEIER-BROOK (1994). Die vollständigen wissenschaftlichen Namen sowie die entsprechenden deutschen Namen sind in der "Alphabetischen Artenliste" im Anhang zusammengestellt.

Die Altersbestimmung der Sedimente stützt sich auf unterschiedliche Methoden. Neben zahlreichen ^{14}C-Daten (Tab. 1) sowie IRSL-Datierungen der Kolluvien (A. Lang, Heidelberg) basiert sie auf der Begutachtung archäologischer Funde (Prof. Dr. L. Fiedler, Marburg/Lahn u. Dr. M. Meyer, Berlin), sedimentologisch-stratigraphischen Vergleichen, auf der Bestimmung botanischer und zoologischer Großreste (ANDRES et. al. 1997; WUNDERLICH 1998; WUNDERLICH & RITTWEGER in Vorb.) sowie auf Pollenanalysen. Letztere liegen jedoch bislang nur für den Zeitraum Spätglazial - Boreal und zudem nur für einen etwa 150 m weiter auenwärts liegenden Bohrkern vor (BOS 1998).

Tab. 1 ^{14}C-Daten aus den Sedimenten im Baggerschnitt (MS-T)

Proben-Nr.	Labor-Nr.	^{14}C-Alter BP	Altersintervall cal BP	δ^{13}C ‰	Datiertes Material
MS-TG 860/254-264	UtC-5130	8210 ± 60	9250 - 9000	-25,2	Holzkohle
MS-TG 860/264-274	UtC-5131	9110 ± 50	10070 - 10000	-26,3	Holzkohle
MS-TG1180/195-255	UtC-5132	3414 ± 39	3690 - 3620	-28,2	Samen (terrestr. Arten)
MS-TG1200/252-292	UtC-4827	3943 ± 46	4420 - 4310	-26,6	Samen (terrestr. Arten)
MS-TG1200/252-292	UtC-4830	3968 ± 35	4500 - 4410	-26,0	Holzkohle
MS-TG1200/292-312	UtC-5133	6494 ± 44	7390 - 7290	-27,3	Holzkohle
MS-TG1200/312-332	UtC-5134	7682 ± 46	8480 - 8380	-25,3	Holz (angekohlt)
MS-TG1600/265-290	UtC-5135	3450 ± 47	3820 - 3630	-28,1	Samen (terrestr. Arten)
MS-TG1600/335-360	UtC-5136	7910 ± 47	8940 - 8560	-31,3	Früchte (terrestr. Arten)
MS-TG1700/255-285	UtC-5096	3088 ± 34	3350 - 3260	-27,2	Samen (terrestr. Arten)
MS-TG1700/285-310	UtC-4451	4024 ± 42	4530 - 4420	-27,7	Samen (terrestr. Arten)
MS-TG1700/310-330	UtC-5097	5776 ± 39	6660 - 6500	-27,2	Holzkohle
MS-TG1720/200-235	UtC-5129	2670 ± 60	2790 - 2750	-27,0	Samen (terrestr. Arten)

Das auf der Grundlage der von LOŽEK (1964, s. auch 1986) entwickelten Methode erstellte Molluskendiagramm (Abb. 3) stützt sich auf die Auszählung von mehr als 26 000 Schnecken und Muscheln. Insgesamt konnten 60 verschiedene Taxa festgestellt werden (s. "Alphabetische Artenliste"). Der obere Teil des Diagramms informiert über die Stratigraphie sowie über das nachgewiesene (bzw. zu vermutende) Alter der Sedimente. Die Individuenspektren zeigen den jeweiligen prozentualen Anteil der Summe aller zu den betreffenden ökologischen Gruppen (nach LOŽEK 1964) gehörenden Individuen. Die Artenspektren informieren dagegen über den prozentualen Anteil aller zu den jeweiligen ökologischen Gruppen gehörenden Arten (Anzahl aller Arten je Gruppe = 100 %). Damit erhält jede Spezies innerhalb der Thanatozönosen den gleichen Rang, und die Überbetonung mancher in hoher Individuenzahl vorliegender Lokalarten wird ausgeglichen, so daß übergeordnete Entwicklungen besser ablesbar werden (vgl. MANIA 1973: 47).

Die Prozentwerte in den Individuen- und Artenspektren sowie für die ökologischen Gruppen 8 - 10 (nach LOŽEK 1964) beruhen auf einer Gesamtberechnung. Die Prozentwerte für die restlichen, nicht (vorwiegend) an Feuchtstandorten oder im Wasser lebenden Schneckenarten basieren auf einer Grundsumme, die sich durch die Addition aller Individuen in den ökologischen Gruppen 1 - 7 (LOŽEK 1964) ergibt. Damit wird versucht, wenigstens in Ansätzen eine der Methodik der Pollenanalyse entsprechende Trennung zwischen "lokalen und regionalen Elementen" zu erreichen (vgl. z. B. FAEGRI et al. 1989 o. MOORE et al. 1991). Einige nur in geringer Individuenzahl vorliegende Arten wären in einer Gesamtberechnung zudem nicht mehr zeichnerisch darstellbar.

3 Die Sedimente und ihre Einordnung

Die ältesten durch den Baggerschnitt freigelegten Sedimente datieren in das Boreal (Abb. 2). Die tieferen Schichten konnten durch zusätzliche Bohrungen erschlossen werden, die z. T. noch palynologisch ausgewertet werden (WUNDERLICH & RITTWEGER in Vorb.). Wie die IRSL- und ^{14}C-Datierungen erkennen lassen (Tab. 1), ist damit insgesamt eine nahezu vollständige holozäne Sequenz aufgeschlossen. Hinweise auf eine nacheiszeitliche Störung durch die heute in mehr als 500 m Entfernung fließende Ohm gibt es nicht. Die Basis des Sedimentpaketes bilden Schotter und Sande der Ohm (Niederterrasse); darüber folgt eine Schluffmudde aus der Jüngeren Tundrenzeit (YD), die umgelagerte Laacher-See-Tephra (LST) enthält. Nach einer Pollenanalyse an vergleichbaren Bildungen in etwa 150 m Entfernung (s. o.) dürfte die Bildung organischer Sedimente im Präboreal begonnen haben (BOS 1998). Ob es sich um telmatische Bildungen (Torf) oder limnische Sedimente handelt, ist nicht immer leicht zu entscheiden. Reste von Schwimmpflanzen fehlen zwar weitestgehend. Die immer wieder auftretenden Süßwassermollusken sprechen jedoch eindeutig für eine ständige Wasserbedeckung (bzw. Phasen mit höherem Wasserstand), so daß meist von Detritusmudden auszugehen ist.

Eine starke Störung des Schichtverbandes durch jüngere, sekundär von oben eingedrungene, teilweise recht große Erlenwurzeln hat eine klare Abgrenzung der Horizonte gegeneinander oftmals sehr erschwert. So war es beispielsweise nicht möglich, die hangende, schmutzig grauweiße Kalkmudde in Probe MS-TG 860/254-274 vollständig von der liegenden graubraunen Sand-Schluffmudde (bzw. Hangfußkolluvium?) zu trennen. Da Mollusken nur in der Kalkmudde vorkommen, kann dieses Problem hier jedoch vernachlässigt werden. Die liegende, minerogene Schicht enthält große Mengen verlagerter LST; eine ausgelesene Holzkohle wurde an die Wende Präboreal/Boreal radiokarbondatiert (Tab. 1). Die hangende Kalkmudde ist durch eine schwache Laminierung gekennzeichnet. Der hohe Anteil an Kalkkonkretionen (z. T. mit Blattabdrücken) und das im Vergleich geringe Aufkommen an Süßwassermollusken (Kap. 4) sprechen für eine den Quellenkalken nahestehende Bildung im sumpfigen Randbereich eines ehemaligen Gewässers (vgl. Befunde im Zentrum des Amöneburger Beckens: RITTWEGER 1997). Anhand von Bohrungen konnte die Schicht aber auch weiter auenwärts unter den jüngeren Mudden nachgewiesen werden. Wie alle molluskenführenden Horizonte keilt sie jedoch in Richtung Aue allmählich aus. Unverkohlte botanische Reste sind kaum erhalten. Eine ausgelesene Kiefern-Holzkohle ergab hier ein jünger boreales ^{14}C-Alter (Tab. 1). Insgesamt dürfte damit eine recht genaue Alterseinstufung der Probe gelungen sein, die auch durch die Molluskenfauna eindeutig gestützt wird (Kap. 4 u. 5).

In Großrestprobe MS-TG 1600/335-360 sind ebenfalls unterschiedliche Sedimente zu-

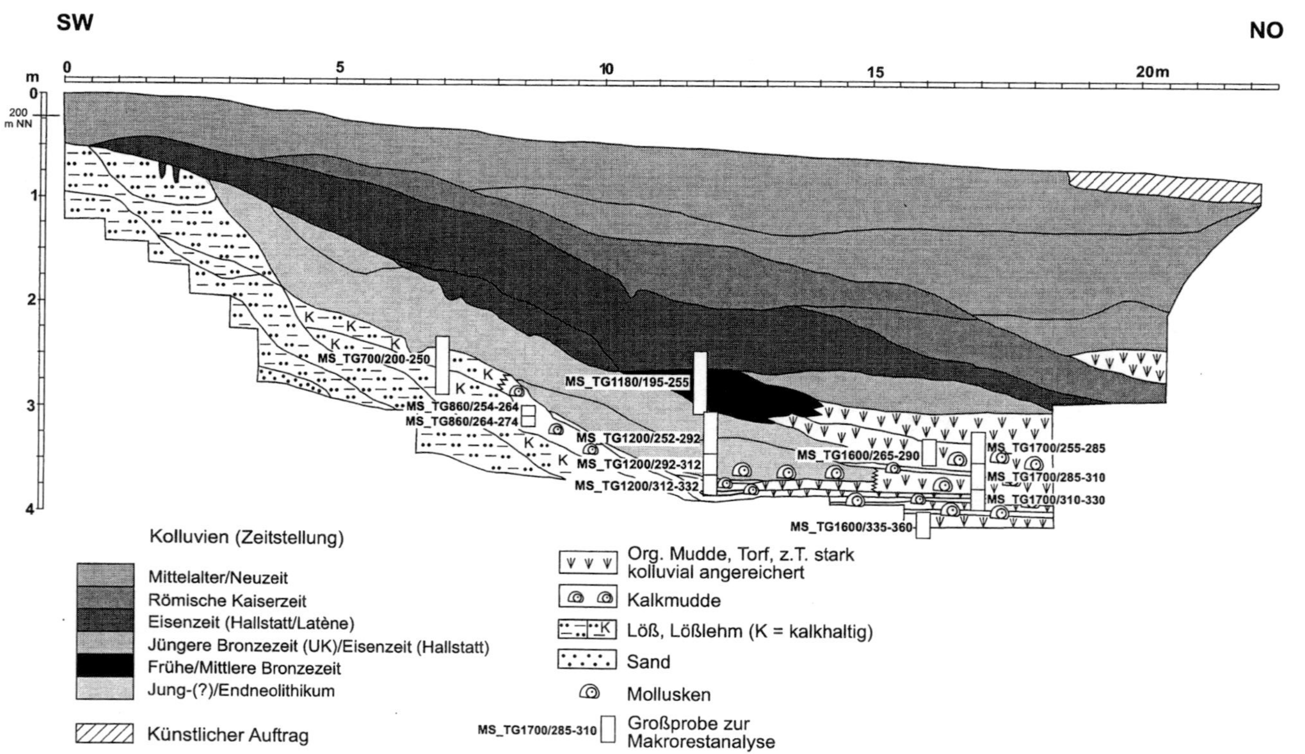

Abb. 2 Die Stratigraphie in der Ohmniederung (Baggerschnitt MS-T) zwischen den Ortschaften Mardorf und Schweinsberg

sammengefaßt. Es handelt sich um eine Sequenz aus einer liegenden, schwach laminierten, zersetzten Kalk-Detritusmudde, eines dünnen Brandhorizontes, einer mit zahllosen Holzkohleflittern durchsetzten grauen Kalkmudde sowie mineralischen Einspülungen, was aufgrund der Erlenwurzeln jedoch nur stellenweise gut zu erkennen ist. Eine klare Trennung der Schichten ist deshalb bei einer großvolumigen Probe leider gleichermaßen ausgeschlossen, so daß man sich damit zufrieden geben muß, die Makroreste in einem größeren Altersintervall zusammenfassend auszuwerten. An einer kleinen Teilprobe, deren Volumen aber nicht für eine statistische Erhebung ausreicht, konnten die Schichten jedoch getrennt beprobt werden, und auch durch die noch ausstehenden Pollenanalysen ist die Chance gegeben, die Entwicklung detaillierter darzustellen. Für das Alter der Abfolge gibt es dennoch klare Hinweise: Eine ausgelesene Haselnußschale, die der liegenden Kalk-Detrituslage entstammt, ergab ein spätboreales ^{14}C-Alter (Abb. 2; Tab. 1). Diese Schicht, die sehr reich an Birkenholzresten ist, läßt sich über den gesamten Schnitt verfolgen und ist auch in Probe MS-TG 1200/312-332 erfaßt. Hier ergab die Datierung eines angekohlten Birkenholzes ein etwa 200 Jahre jüngeres ^{14}C-Alter (Tab. 1). Der hangende Teil der Schichtenfolge reicht jedoch mit Sicherheit bis in das Mittlere Atlantikum hinein, da aus dem Sediment eine eindeutig linearbandkeramische Scherbe geborgen werden konnte (archäologische Begutachtung durch Prof. Dr. L. Fiedler, Marburg/Lahn).

Aus der nach oben anschließenden Großprobe MS-TG 1700/310-330 wurde eine Holzkohle in das Jüngere Atlantikum, archäologisch gesehen, in die Zeit der Rössen-Kultur des Mittelneolithikums, radiokarbondatiert (Tab. 1). Es handelt sich um eine Sequenz aus schwarzgrauen und grauschwarzen Kalk- und Detritusmudden mit deutlichen kolluvialen Einschaltungen, die unzählbare Holzkohleflitter (< 0.5 mm), einige größere Holzkohlen sowie vereinzelte Flintabsplisse und Brandlehmbröckchen führen.

Leider sind die organischen Reste in den atlantischen Schichten - wie in nahezu allen mitteleuropäischen Flußauen - nur sehr schlecht erhalten; es dominieren sekundäre, unterirdische botanische Reste (hier vor allem Erlenwurzeln). Nach Ansicht des Verfassers zeichnet sich hier erneut eine flächendeckend nachzuweisende, spätatlantische bis subboreale Trockenphase ab, die auch zur Entstehung des sog. "Schwarzen Auenbodens (SAB)" führte (RITTWEGER 1996, 1997, 1999). In der Folge kam es zu einer Grundwasserabsenkung, die zur Zersetzung und schließlich zum Zusammenschrumpfen ehemaliger organischer Schichten in den Auenbereichen führte. Damit wird klar, daß pollenanalytischen Daten aus diesen Horizonten mit Zurückhaltung zu begegnen ist. Es muß sowohl mit Bioturbation als auch mit Perkolation gerechnet werden.

Mit Probe MS-TG 1200/292-312 ist das älteste "echte" Kolluvium am Standort erfaßt. Aufgrund des durch die Molluskenfauna belegten Eintrags in ein stehendes Gewässer kann die Bildung auch als kolluvial entstandene Kalk-Schluffmudde oder Schneckenmergel bezeichnet werden. Die ^{14}C-Datierung einer (wahrscheinlich sekundär verlagerten) Holzkohle ergab zwar ein bandkeramisches Alter (Tab. 1). Das Artenspektrum der Mollusken zeigt jedoch sehr deutliche Verbindungen zu den hangenden, subborealen Sedimentfolgen (Kap. 4; Abb. 3). Zusammen mit der stratigraphischen Einbettung wird damit ein spätatlantisches bis frühsubboreales Alter der Bildung sehr wahrscheinlich (Kap. 5). Die organische Substanz ist erneut nur schlecht erhalten.

Auch die hangenden Kolluvien verzahnen sich auenwärts mit Kalk-Detritusmudden (bzw. Torfen), die allesamt subborealen Alters sein dürften. Nach den ^{14}C-Datierungen ausgelesener Holunder- und Himbeersamen ist Probe MS-TG 1700/285-310 in das Endneolithikum, Probe MS-TG 1600/265-290 in die Frühe Bronzezeit und MS-TG 1700/255-285 in die Mittlere Bronzezeit zu stellen (Tab. 1). Durch die versetzte Beprobung (Abb. 2) ist jedoch von einer zeitlichen Überlappung der Spektren auszugehen. Eine dünne Kalkmuddenlage ist nur noch in der erstgenannten Probe erfaßt (Abb. 2 u. 3), darüber folgen zunächst ein rötlich dunkelbrauner, schneckenreicher Torf (bzw. Detritus), der hangend allmählich in eine braunschwarze Torfschicht übergeht. Beide organischen Sedimente sind stark kolluvial angereichert und zeichnen sich durch einen hohen Gehalt an Holzkohlen, Keramikresten und Knochenmaterial aus. Leider führen alle hangenden Sedimente keine Mollusken mehr, so daß keine Daten über die anschließende Entwicklung (während des Subatlantikums) zu gewinnen sind.

4 Die Entwicklung der Fauna

In der borealen Kalkmudde MS-TG 860/254-274 ist das Spektrum durch ein deutliches Aufkommen an Arten gekennzeichnet, die im Wald oder an vornehmlich bewaldeten Standorten leben. Wichtige Zeigerarten sind *Acanthinula aculeata*, *Aegopinella nitidula*, *Discus ruderatus*, *Ena obscura* und *Macrogastra plicatula*. Letztere konnte nur in dieser ältesten Bildung nachgewiesen werden. Nach LOŽEK (1964) sowie FECHTER & FALKNER (1990: 142) gehört auch *Vertigo pusilla* zu den an Wald gebundenen Arten, nach JUNGBLUTH et al. (1992: 214) bewohnt sie jedoch auch allgemein "trockene Orte, unter Moos, Laub, Steinen, in Wäldern und Gebüschen, an Felsen und Mauern" (vgl. KERNEY et al. 1983: 90). Sehr deutlich zeichnen sich auch *Discus rotundatus* und *Vitrea crystallina* ab, wenngleich sie nicht streng an Wald gebunden sind, hier aber doch in die gleiche Richtung weisen. Auffallend ist auch die hohe Beteiligung an mesophilen, euryöken Arten, unter denen besonders *Nesovitrea hammonis* und *Punctum pygmaeum* (53,3 %!) hervorstechen, die ebenfalls oft "in der Laubstreu von Wäldern" vorkommen (FECHTER & FALKNER 1990: 170). An boreo-alpinen Elementen sind noch *Discus ruderatus*, *Nesovi-*

trea petronella, Vertigo substriata sowie die nachfolgend verschwindende Vertigo alpestris vorhanden. Die Zeigerarten für nicht mit Wald bedeckte Standorte erreichen zusammen nur weniger als 10 %: Während Vallonia pulchella feuchtere Standorte bevorzugt, ist Vallonia costata eine Zeigerart für verhältnismäßig trockene und besonnte Standorte (KERNEY et al. 1983; JUNGBLUTH et al. 1992). Die in Sümpfen, Auwäldern oder feuchten Wiesen lebenden Zwergschnecken (Carychium tridentatum u. C. minimum) erreichen dagegen mehr als 70 Ges.-%. Zusammen mit dem verhältnismäßig geringen Aufkommen an Süßwassermollusken dürfte sich hierin die auch aus dem Profilbild (Abb. 2) ersichtliche Position am sumpfigen Rand eines ehemaligen Gewässers spiegeln (vgl. Kap. 3).

Eine starke Veränderung zeigen die beiden Molluskenspektren aus den Schichtenfolgen MS-TG 1600/335-360 und MS-TG 1700/310-330, die in einem Zeitraum zwischen dem ausgehenden Boreal und dem jüngeren Atlantikum gebildet wurden (Kap. 3). In beiden Abfolgen zeigt die Molluskenfauna in ihrer Gesamtheit eine sehr deutliche Waldauflichtung am Standort an. Die meisten Waldarten bleiben zwar erhalten, die Anzahl der Individuen geht jedoch stark zurück. Discus ruderatus verschwindet während dieser Entwicklungsphase endgültig aus den Spektren (vgl. HUCKRIEDE 1965; RITTWEGER 1997). Neu hinzu kommen die anspruchsvollen Arten Acicula polita, Clausilia bidentata, Cochlodina laminata, Ena montana, Macrogastra ventricosa sowie Semilimax semilimax (vgl. MANIA 1973: 122). Unter den euryöken Begleitarten erreicht Punctum pygmaeum immer noch Werte um 30 %. Trichia hispida tritt erstmals auf; Clausilia dubia ist nur in dieser Probe nachzuweisen. Unter den Freilandarten erreicht Vallonia pulchella mehr als 50 %. Vallonia costata geht dagegen leicht zurück. Die an ähnlichen Standorten lebende Vertigo pygmaea ist erstmals nachzuweisen. Auffallend ist auch der Rückgang von Carychium tridentatum zugunsten von Carychium minimum (54,8 %!) sowie eine vorübergehende Zunahme von Vertigo angustior. Unter den Sumpfarten treten nun auch erstmals und gleichzeitig die boero-alpine Art Vertigo geyeri sowie die meridional-atlantische Vertigo moulinsiana auf (zur Deutung s. 5.2).

Eine erneute, krasse Veränderung zeigt das Spektrum aus dem nachfolgend abgelagerten, wohl spätatlantischen-subborealen Kolluvium MS-TG 1200/292-312. Die Molluskenfauna zeugt eindeutig von einer Wiederbewaldung am Standort. Als wichtigste Indikatoren sind Acicula polita, Aegopinella nitidula (15 %), Clausilia bidentata, Discus rotundatus (fast 20 %), Ena montana und Ena obscura sowie die erstmals auftretenden Arten Aegopinella pura, Perforatella incarnata und Clausilia pumila zu nennen. Letztere kommt zusammen mit Macrogastra ventricosa vor allem in Auwäldern vor. Gleichzeitig erreicht Vallonia costata - typisch für trockene, offene Standorte - mit 16 % den bisher höchsten Wert. Unter den euryöken Taxa nehmen Nesovitrea hammonis und Limacidae zu, Punctum pygmaeum dagegen deutlich ab; erstmals tritt Oxychilus cf. cellarius auf. Unter den feuchte-

und nässeliebenden Arten nimmt *Carychium tridentatum* wieder deutlich zu, *Carychium minimum* hingegen ebenso deutlich ab. Insgesamt unterscheidet sich dieses artenreichste Spektrum damit doch sehr stark von den zuvor behandelten atlantischen Vorkommen. Dagegen zeigen sich deutliche Parallelen zu den rechts anschließenden subborealen Sedimentfolgen (Abb. 3), die nun abschließend zu betrachten sind.

Die drei subborealen Spektren MS-TG 1700/285-310, MS-TG 1600/265-290 und MS-TG 1700/255-285 überschneiden sich z. T. zeitlich (Kap. 3). Dennoch ist eine klare Tendenz der Entwicklung abzulesen. Die Fauna läßt erneut eine lokale Bewaldung erkennen, leichte Veränderungen treten nur in der Artenzusammensetzung auf. *Acicula polita* und *Aegopinella nitidula* nehmen zunächst deutlich ab, im weiteren Verlauf jedoch wieder zu. Deutlich höhere Werte erreicht dagegen *Discus rotundatus*, wenngleich sie später wieder abfallen. Interessant ist, daß die anspruchsvollen Waldarten *Macrogastra lineolata*, *Azeka goodallii* und *Isognomostoma isognomostoma* hier erst ab der Bronzezeit nachzuweisen sind. MANIA (1973) meldet die beiden Letztgenannten dagegen schon aus dem Atlantikum. Bemerkenswert sind auch die beständig zunehmenden Werte für die in feuchten Auenwäldern lebenden Arten *Clausilia pumila* und *Perforatella bidentata*. Letztere ist eine osteuropäische Art (KERNEY et al. 1983: 254), die hier erstmals im hessischen Holozän nachgewiesen ist. Sie scheint ebenfalls erst im Subboreal bei uns angekommen zu sein. MANIA (1973: 126) meldet sie dagegen schon im Boreal des "Mitteldeutschen Trockengebietes". Unter den Freilandarten nimmt *Vallonia pulchella* zwar zunächst wieder etwas zu. Sie erreicht aber nie mehr so hohe Werte, wie während der mittelatlantischen Entwaldungsphase (s. o.). *Vallonia costata* nimmt dagegen zunächst ab, erreicht anschließend mit 30,2 % aber einen Rekordwert. *Vertigo pygmaea* besitzt einen ähnlichen Zeigerwert, ist aber nicht in allen drei Spektren nachweisbar. Unter den euryöken Arten fällt die vorübergehende starke Zunahme von *Nesovitrea hammonis* und *Cochlicopa lubrica* auf. Die Mengenverhältnisse der beiden Zwergschneckenarten verschieben sich wieder mehr in Richtung der an feuchteren Standorten lebenden *Carychium minimum*. Die wärmeliebende Sumpfschnecke *Vertigo moulinsiana* ist letztmalig im älteren Subboreal nachzuweisen. Unter den Wassermollusken ist neben der vorübergehenden starken Zunahme von *Anisus leucostomus* vor allem das stete Zunehmen der Erbsmuscheln (*Pisidium* sp.) auffallend.

5 Vergleich der Befunde - Diskussion der Ergebnisse

Bei einer Interpretation von Mollusken-Thanatozönosen darf nicht außer acht gelassen werden, daß sie in erster Linie einen lokalen Zeigerwert für das jeweilige Landschaftsbild besitzen. Aufgrund der geringen Mobilität der Tiere, ihres massenhaften Vorkommens in den betreffenden Sedimenten sowie ihrer z. T. strengen Bindung an bestimmte Biotope ist ihr Zeigerwert für das unmittelbare Umfeld jedoch von umso größerer Bedeutung. Je näher die Sedimente am Auenrand liegen, um so höher ist der Anteil an parautochthonen, "regionalen" Komponenten, die nicht an die feuchte Aue gebunden sind (vgl. Kap. 2). Die Auenrandfazies ist daher aus palökologischer und umweltarchäologischer Sicht ein besonders lohnendes Studienobjekt.

Wie aus der Beschreibung der Sedimente (Kap. 3) deutlich geworden ist, zeigen die einzelnen Proben im Molluskenspektrum (Abb. 3) nicht die Fauna eines genau definierten Zeitabschnittes. Vielmehr sind Zeitspannen von unterschiedlicher Dauer erfaßt; auch Überschneidungen der Proben sind nicht auszuschließen. Somit ist aus dem Diagramm keine absolute Chronologie, sondern eine relative Chronologie der Faunenentwicklung abzulesen.

5.1 Boreal

Das Spektrum aus der borealen Kalkmudde zeigt, daß während dieser Epoche lokal mit einer dichteren Bewaldung zu rechnen ist (vgl. Kap. 4). Gleichzeitig treten noch einige Arten mit in der Gegenwart boreo-alpiner Verbreitung auf, die in der frühholozänen Landschaft als Eiszeitrelikte zu betrachten sind. Da sie sich im Präboreal noch wesentlich deutlicher abzeichnen (RITTWEGER 1997), ist ihr allmähliches Ausklingen im vorliegenden Diagramm ein anschaulicher Beleg für den Übergang zu einem zunehmend warmen Klima. Zu nennen sind *Vertigo alpestris*, *Discus ruderatus*, *Nesovitrea petronella* sowie *Vertigo substriata*. Die erstgenannte Spezies wurde hier erstmals fossil im hessischen Quartär gefunden, ist aber noch heute als Relikt an einigen Standorten in Hessen zu finden (JUNGBLUTH 1978 und HESSISCHES MINISTERIUM DES INNERN UND FÜR LANDWIRTSCHAFT, FORSTEN UND NATURSCHUTZ 1996; s. auch KOBELT 1871: 146). Auch *Nesovitrea petronella*, die im vorliegenden Diagramm bis in das Subboreal hinein nachweisbar ist, hat heute noch Reliktstandorte in Deutschland, vor allem in montanen Wäldern (KERNEY et al. 1983: 168). Noch weiter verbreitet ist *Vertigo substriata*. KERNEY et al. (1983: 328) zeigen zwar, daß sie heute in Europa auch noch nördlich des Polarkreises vorkommt; im gemäßigten Klimabereich findet sie jedoch ihr Optimum (vgl. HUCKRIEDE 1965: 202). Auch *Discus ruderatus* - der als "altholozäne Leitart" gelten kann (LOŽEK 1964; s. auch HUCKRIEDE 1965) - hat heute noch Reliktstandorte in Hessen, z. B. im Hohen Vogelsberg (JUNGBLUTH 1978). HUCKRIEDE (1974) fand die Art schon in einer altwürmzeitlichen "*fruticum*-Fauna" in Nordhessen. Der bislang älteste Nachweis im Untersuchungsraum datiert in die Allerödzeit (RITTWEGER 1997; vgl. auch HUCKRIEDE & JACOBSHAGEN 1958). Heute bewohnt *Discus ruderatus* vornehmlich montane und feuchte Nadelwälder (PFLEGER 1984). Nach DEHM (1967) darf er als Charakterart der subalpinen Fichtenwälder gelten, die in den Gebirgen auch über die Waldgrenze hinausgeht (KERNEY et al. 1983: 137).

Der Vergleich mit den botanischen Befunden untermauert den Indikatorwert der Schnekken. Leider sind in der Schicht kaum unverkohlte Pflanzenreste erhalten; einige wenige Holzkohlen konnten jedoch als Birke (*Betula* sp.) und Kiefer (*Pinus* sp.) identifiziert werden. Aus den Pollenanalysen von DISSELNKÖTTER (1983) und BOS (1998) ist für das Boreal eine Bewaldung mit Kiefer, Hasel, Eichen, Ulmen und später auch der Linde abzulesen. Auffallend ist die sehr starke Beteiligung der Kiefer am Aufbau des Waldes, die wahrscheinlich bis in das Atlantikum hinein angedauert hat (vgl. KALIS & STOBBE 1992; STOBBE 1996; RITTWEGER 1997).

Die Kalkmudde ist jedoch an einem dauerhaft nassen Standort gebildet worden. Hier ist mit anderen Baumarten oder aber baumfreien Ersatzgesellschaften (wie Röhricht oder Seggenried) zu rechnen (vgl. BOS 1998: 144). Einen weiteren Hinweis geben die botanischen Großreste aus der bereits erwähnten, etwa 500 ^{14}C-Jahre jüngeren birkenholzreichen Schicht, die auch im unteren Teil der Probe MS-TG 1600/335-360 erfaßt ist und ins späte Boreal datiert wurde (vgl. Kap. 3). In dieser Kalk-Detritusmudde zeichnet sich lokal ein Birken-Sumpfwald (*Betula* cf. *pendula*) mit *Thalictrum* cf. *flavum* (Wiesenraute) ab (WUNDERLICH & RITTWEGER in Vorb.). Auch der Rote Hartriegel (*Cornus sanguinea*), die Haselnuß (*Corylus avellana*), die Him- und Brombeere (*Rubus idaeus, R. fruticosus* agg.) sowie die Felsen-Himbeere (*Rubus saxatilis*) hatten während dieser Zeit einen nicht weit entfernten Wuchsort (vgl. URZ 1995).

Bemerkenswert ist, daß die Birkenholzreste hier großenteils angekohlt sind. Auch BOS (1998: 144) nimmt für das späte Boreal Birken-Bestände in der Umgebung an und berichtet darüber hinaus über "charred stems of *Equisetum* sp. ..., which indicates that this vegetation must have burned occasionally". Es ist demnach klar nachzuweisen, daß in diesem Teil der Ohmniederung wenigstens ein Brandereignis größeren Ausmaßes schon im Spätmesolithikum erfolgte. Ob es sich um einen natürlichen Vorgang oder aber um (gezielte) anthropogene Eingriffe handelt, läßt sich nicht sagen. Interessant ist jedoch, daß sich in der weiteren Folge deutliche Veränderungen der Faunen- und Florenzusammensetzung ablesen lassen.

5.2 Atlantikum

Leider kann bislang nicht gesagt werden, wo der genaue Zeitpunkt für den Beginn dieser Veränderungen liegt. In Probe MS-TG 1600/335-360 folgen auf die birkenholzreiche Kalk-

Detritusmudde weitere Kalkmuddeschichten mit mineralischen Einspülungen sowie weiteren, deutlichen Spuren einer Einwirkung von Feuer (Kap. 3). Die in der Schichtenfolge gefundene bandkeramische Scherbe zeigt zudem, daß mit dieser Probe ein Zeitraum von gut 1000 Jahren erfaßt ist. Zusammen mit der hangenden, in die Rössen-Zeit des Mittelneolithikums datierten Schichtenfolge MS-TG 1700/310-330 wird jedoch deutlich, daß sich hier Veränderungen abzeichnen, die bis in das Jüngere Atlantikum hineinreichen. Für eine genauere Datierung der Ereignisse müssen deshalb die Ergebnisse der Pollenanalysen abgewartet werden. Aufgrund der archäologischen Funde im Sediment und der in unmittelbarer Nachbarschaft archäologisch nachgewiesenen linearbandkeramischen und rössenzeitlichen Siedlungsreste (Dr. M. Meyer, Berlin) kann jedoch insgesamt davon ausgegangen werden, daß sich in beiden Schichtenfolgen vor allem Eingriffe des früh- und mittelneolithischen Menschen abzeichnen.

So lassen die Individuenspektren schon auf den ersten Blick einen starken Rückgang der Bewaldung am Standort erkennen (vgl. Kap. 4). An den sich kaum verändernden Artenspektren ist jedoch gleichzeitig die Anwesenheit (bzw. die Einwanderung) einer Reihe anspruchsvoller Waldarten (in geringer Individuenzahl) abzulesen, die für das milde Klima des Atlantikums kennzeichnend sind (vgl. MANIA 1973: 123). Sie zeigen, daß in der weiteren Umgebung durchaus noch Waldbestände vorhanden waren. Die explosionsartige Zunahme und extreme Dominanz von *Vallonia pulchella*, die auf "offenen Standorten auf kalkreichem Untergrund", z. B. auf "feuchten Wiesen und Sumpf," aber "nicht im Wald" vorkommt (KERNEY et al. 1983: 127), zeigt, daß lokal jedoch mit einer nahezu vollständigen Entwaldung zu rechnen ist.

Trotz der schlechten Erhaltung der organischen Reste gerade in den atlantischen Schichten, die auf eine postsedimentäre Absenkung des Grundwasserspiegels zurückzuführen ist (Kap. 3), scheint es auch archäobotanische Belege für eine lokale Vegetationsauflichtung zu geben. Zwar ist mit einer Zersetzungsauslese zu rechnen, die zum Überwiegen widerstandsfähiger Großreste geführt hat. Dennoch scheint sich in den oberhalb der birkenholzreichen Mudde (s. o.) abgelagerten Schichten eine Massenvermehrung des lichtliebenden Wasserdostes (*Eupatorium cannabinum*) sowie des Rohrkolbens (*Typha* cf. *latifolia*) abzuzeichnen, die gut mit dem Verlust einer vorhergehenden Bewaldung zu erklären wäre (vgl. ROTHMALER 1886 u. ELLENBERG et al. 1992). Neu hinzu treten das Zypergras (*Cyperus fuscus*), der Blutweiderich (*Lythrum salicaria*), die Glieder-Binse (*Juncus articulatus*) und der Gift-Hahnenfuß (*Ranunculus sceleratus*). Für eine endgültige Bewertung dieser Befunde müssen indes die Ergebnisse der noch ausstehenden Pollenanalysen abgewartet werden.

Von der lokalen Sumpflandschaft kann aufgrund dieser Befunde jedoch schon ein recht anschauliches Bild entstehen. Interessant ist, daß die boreo-alpin verbreitete Sumpfschnecke *Vertigo geyeri* erst in diesen Spektren auftaucht, während sie in der borealen Kalkmudde nicht nachgewiesen werden konnte. Dies dürfte mit den Standortansprüchen der Tiere zusammenhängen (Kalkmoore, Sümpfe), die nach dem lokalen Verlust der Bewaldung wieder mehr Konkurrenzkraft entfalten konnten. Auch die an gleichartigen Standorten vorkommende, jedoch wärmeliebende, meridional-atlantisch verbreitete Sumpfschnecke *Vertigo moulinsiana* ist erst ab diesem Zeitraum nachweisbar. Nach KERNEY et al. (1983: 93) ist sie "oft auf Phragmites am Ufer von Niederungsbächen und -seen" zu finden, was dem damaligen Sedimentationsmilieu durchaus nahekommt (s. auch Kap. 4).

5.3 Spätes Atlantikum / Frühes Subboreal

Das oberhalb der zuvor besprochenen Schichten zur Ablagerung gekommene Kolluvium (MS-TG 1200/292-312) könnte sehr rasch eingespült worden sein und damit einen wesentlich kürzeren Zeitraum umfassen. Es läßt sich zeitlich nicht ganz genau eingrenzen (Kap. 3), ein jung- bis endneolithisches Alter kann aber recht sicher angenommen werden.

Während die Art des Sedimentes nun eindeutig für besonders nachhaltige Eingriffe des Menschen spricht, läßt die Molluskenfauna keinen Zweifel über eine lokale Wiederbewaldung offen. Demgegenüber stehen jedoch die mit 16,0 % plötzlich sehr hohen Werte für *Vallonia costata*, die recht eindeutig für in der Nähe liegende, verhältnismäßig trockene und besonnte Standorte, wie Geröll, Steinmauern oder Trockenrasen sprechen (JUNGBLUTH et al. 1992: 217). Sediment wie Fauna zeigen somit klar eine starke Beeinflussung des Landschaftsbildes weiter hangaufwärts, außerhalb der Aue an.

Leider können die botanischen Belege auch hier nur bedingt zu Vergleichen herangezogen werden, da die organische Substanz erneut nur sehr schlecht erhalten ist (s. o.). Als Sträucher oder Bäume konnten nur der Schwarze Holunder und die Himbeere nachgewiesen werden, so daß bislang offen bleiben muß, wie sich der lokale Wald zusammensetzte. Einige wenige Ackerunkräuter (z. B. *Aethusa cynapium*) weisen jedoch gleichermaßen auf den anthropogenen Einfluß in der Nachbarschaft hin.

5.4 Subboreal

Sehr ähnliche Verhältnisse sind aus den drei subborealen Spektren MS-TG 1700/285-310, MS-TG 1600/265-290 und MS-TG 1700/255-285 abzulesen (vgl. Kap. 4). Die

Schnecken-Fauna zeigt zum einen einen lokalen, dichten Auenwald an. Gleichzeitig erreicht aber die auch in hochglazialen Lössen vorkommende *Vallonia costata* nun phasenweise mehr als 30 %.

Der Vergleich mit den botanischen Großresten, die nun deutlich besser erhalten sind, zeigt auch hier, daß die Molluskenfauna einen ausgezeichneten Indikatorwert besitzt. Ein lokaler dichter Auenwald wurde von der Erle (*Alnus glutinosa*) dominiert. Zahlreiche Nutzpflanzen- und Wildkrautreste zeigen aber, daß in der unmittelbaren Umgebung Äcker und Ruderalstandorte gelegen haben (WUNDERLICH & RITTWEGER in Vorb.). Auch der auffallend hohe Anteil an Holzkohlen, Keramikresten, Mahlstein-Bruchstücken, Brandlehmfragmenten und zerbrochenen Knochen in den Torfen (bzw. Detritusmudden) läßt auf eine sehr starke anthropogene Einflußnahme in unmittelbarer Nähe schließen. Das Material ist sicher nicht in Gänze eingespült worden. Vielmehr gewinnt man den Eindruck, daß es sich um absichtlich eingebrachte Abfälle und damit um eine frühe Verschmutzung eines Auenbiotops handelt.

Insgesamt gesehen zeichnen sich somit für das Subboreal im Unterschied zu den atlantischen Schichten vor allem Eingriffe außerhalb der Aue ab, während lokal ein Erlenauenwald offenbar über einen längeren Zeitraum Bestand hatte. Eine extreme Veränderung des Standortes erfolgte erst im Laufe der Jüngeren Bronzezeit, der sich leider nicht malakozoologisch belegen läßt (Kap. 3). An den botanischen Großresten aus einem hangenden, grauen Kolluvium, das an das Ende der Urnenfelderzeit bzw. den Beginn der Hallstattzeit datiert wurde, ist jedoch abzulesen, daß der Auenwald gerodet und am Standort in eine sumpfige Naßwiese (stellenweise Seggenried) verwandelt wurde (WUNDERLICH & RITTWEGER in Vorb.).

6 Zusammenfassung der wichtigsten Ergebnisse

(1) Für die Ohmniederung kann (erstmals in Hessen) eine holozäne Molluskensukzession dargestellt werden, die zwar noch einzelne Lücken aufweist, für die Datierung vergleichbarer Sedimente in der Zukunft aber von besonderer Bedeutung ist. Sie läßt sowohl klimatische Veränderungen als auch anthropogene Einflüsse erkennen, was besonders durch den Vergleich mit paläobotanischen, geomorphologischen und archäologischen Befunden in die Lage versetzt, sowohl die unterschiedlichen Zeigerwerte der verschiedenen Fossiliengruppen miteinander zu vergleichen als auch differenzierte Daten zur lokalen Landschaftsgeschichte miteinander zu verknüpfen.

(2) Das allmähliche Ausklingen boreo-alpiner Elemente bei gleichzeitiger Zunahme an-

spruchsvoller Waldarten ist ein anschaulicher Beleg für die Klimaentwicklung während des Holozäns.

(3) Während für das Boreal von einer vornehmlich bewaldeten Landschaft auszugehen ist, zeichnet sich für das Mittlere Atlantikum lokal eine deutliche Entwaldungsphase ab, die mit dem Wirken des neolithischen Menschen in Verbindung zu bringen ist. Im anschließenden Subboreal bildet sich lokal ein dichter Auenwald, außerhalb der Aue zeichnen sich dagegen jetzt sehr deutliche anthropogene Eingriffe ab.

(4) Eine den Ergebnissen von MANIA (1972, 1973) aus dem "Mitteldeutschen Trockengebiet" vergleichbare Beteiligung an Steppen- und Freilandarten kann nicht festgestellt werden. Die Entstehung von "Offenland" ist hier als sekundärer Prozeß zu betrachten und eindeutig auf den Menschen zurückzuführen.

(5) Alle nachgewiesenen Süßwassermollusken weisen in ihrer Gesamtheit während allen behandelten Epochen auf ein stehendes und eher seichtes, pflanzenreiches Gewässer (z. B. auf das Ufer eines größeren Sees oder einen beständigen Sumpf) hin (LOŽEK 1964; GLÖER & MEIER-BROOK 1994). Wasserspiegelschwankungen sind nach den sedimentologischen Befunden zwar sehr wahrscheinlich, auf der Basis der Molluskenanalysen aber nicht zu belegen.

Alphabetische Artenliste

Acanthinula aculeata (O. F. MÜLLER, 1774) - Stachelschnecke
Acicula (Platyla) polita (HARTMANN, 1840) - Glatte Nadelschnecke
Aegopinella nitidula (DRAPARNAUD, 1805) - Rötliche Glanzschnecke
Aegopinella pura (ALDER, 1830)- Kleine Glanzschnecke
Anisus leucostomus (MILLET, 1813) - Weißmündige Tellerschnecke
Aplexa hypnorum (LINNAEUS, 1758) - Moos-Blasenschnecke
Azeka goodallii (FÉRUSSAC, 1821) - Bezahnte Achatschnecke
Bathyomphalus contortus (LINNAEUS, 1758) - Riemen-Tellerschnecke
Bithynia tentaculata (LINNAEUS, 1758) - Gemeine Schnauzenschnecke
Bradybaena (Bradybaena) fruticum (O. F. MÜLLER, 1774) - Genabelte Strauchschnecke
Carychium minimum O. F. MÜLLER, 1774 - Bauchige Zwergschnecke
Carychium tridentatum (RISSO, 1826) - Schlanke Zwergschnecke
Cepaea (Cepaea) hortensis (O. F. MÜLLER, 1774) - Weißmündige Bänderschnecke
Clausilia (Clausilia) bidentata (STRÖM, 1765) - Zweizähnige Schließmundschnecke
Clausilia (Clausilia) dubia DRAPARNAUD, 1805 - Gitterstreifige Schließmundschnecke
Clausilia (Clausilia) pumila C. PFEIFFER, 1828 - Keulige Schließmundschnecke
Cochlicopa lubrica (O. F. MÜLLER, 1774) - Gemeine Achatschnecke

Cochlicopa nitens (GALLENSTEIN, 1848) - Glänzende Achatschnecke
Cochlodina (Cochlodina) laminata (MONTAGU, 1803) - Glatte Schließmundschnecke
Columella edentula (DRAPARNAUD, 1805) - Zahnlose Windelschnecke
Discus (Discus) rotundatus (O. F. MÜLLER, 1774) - Gefleckte Schüsselschnecke
Discus (Discus) ruderatus (FÉRUSSAC, 1821) - Braune Schüsselschnecke
Ena (Ena) montana (DRAPARNAUD, 1801) - Bergturmschnecke
Ena (Ena) obscura (O. F. MÜLLER, 1774) - Kleine Turmschnecke
Euconulus (Euconulus) fulvus (O. F. MÜLLER, 1774) - Helles Kegelchen
Galba truncatula (O. F. MÜLLER, 1774) - Kleine Sumpfschnecke, Leberegelschnecke
Helicigona lapicida (LINNAEUS, 1758) - Steinpicker
Isognomostoma isognomostoma (SCHRÖTER, 1784) - Maskenschnecke
Limacidae - Schnegel (Familie)
Macrogastra (Macrogastra) lineolata (HELD, 1836) - Mittlere Schließmundschnecke
Macrogastra (Macrogastra) plicatula (DRAPARNAUD, 1801) - Gefältelte Schließmundschnecke
Macrogastra (Macrogastra) ventricosa (DRAPARNAUD, 1801) - Bauchige Schließmundschnecke
Nesovitrea hammonis (STRÖM, 1756) - Streifen-Glanzschnecke
Nesovitrea petronella (L. PFEIFFER, 1853) - Weiße Streifen-Glanzschnecke
Oxychilus (Oxychilus) cellarius (O. F. MÜLLER, 1774) - Keller-Glanzschnecke
Oxyloma elegans (RISSO, 1826) - Schlanke Bernsteinschnecke
Pisidium sp. - Erbsenmuschel
Perforatella (Perforatella) bidentata (GMELIN, 1788) - Zweizähnige Laubschnecke
Perforatella (Monachoides) incarnata (O. F. MÜLLER, 1774) - Rötliche Laubschnecke
Punctum (Punctum) pygmaeum (DRAPARNAUD, 1801) - Punktschnecke
Segmentina nitida (O. F. MÜLLER, 1774) - Glänzende Tellerschnecke
Semilimax (Semilimax) semilimax (FÉRUSSAC, 1802) - Weitmündige Glasschnecke
Stagnicola corvus (GMELIN, 1791) - Große Sumpfschnecke
Stagnicola palustris (O. F. MÜLLER, 1774) - Gemeine Sumpfschnecke
Succinea (Succinella) oblonga DRAPARNAUD, 1801 - Kleine Bernsteinschnecke
Succinea (Succinea) putris (LINNAEUS, 1758) - Gemeine Bernsteinschnecke
Trichia (Trichia) hispida (LINNAEUS, 1758) - Gemeine Haarschnecke
Vallonia costata (O. F. MÜLLER, 1774) - Gerippte Grasschnecke
Vallonia pulchella (O. F. MÜLLER, 1774) - Glatte Grasschnecke
Valvata cristata O. F. MÜLLER, 1774 - Flache Federkiemenschnecke
Vertigo (Vertigo) alpestris (ALDER, 1838) - Alpen-Windelschnecke
Vertigo (Vertilla) angustior JEFFREYS, 1830 - Schmale Windelschnecke
Vertigo (Vertigo) antivertigo (DRAPARNAUD, 1801) - Sumpf-Windelschnecke
Vertigo (Vertigo) genesii (GREDLER, 1856) - Blanke Windelschnecke
Vertigo (Vertigo) geyeri LINDHOLM, 1925 - Vierzähnige Windelschnecke
Vertigo (Vertigo) moulinsiana (DUPUY, 1849) - Bauchige Windelschnecke
Vertigo (Vertigo) pusilla O. F. MÜLLER, 1774 - Linksgewundene Windelschnecke
Vertigo (Vertigo) pygmaea (DRAPARNAUD, 1801) - Gemeine Windelschnecke
Vertigo (Vertigo) substriata (JEFFREYS, 1833) - Gestreifte Windelschnecke
Vitrea (Crystallus) crystallina (O. F. MÜLLER, 1774) - Gemeine Kristallschnecke
Zonitoides (Zonitoides) nitidus (O. F. MÜLLER, 1774) - Glänzende Dolchschnecke

Danksagung

Besonderer Dank gebührt Herrn Prof. Dr. W. Andres (Frankfurt a. M.) und der Deutschen Forschungsgemeinschaft (Bonn), ohne deren ideelle wie finanzielle Unterstützung die für die vorliegenden Untersuchungen notwendigen grundlegenden Datenerhebungen nicht möglich gewesen wären.

Zur Bestimmung kritischen Materials durfte ich in Einzelfällen auf die Sammlung und den Rat von Prof. Dr. R. Huckriede (Marburg/Lahn) sowie die Sammlung der Naturforschenden Gesellschaft Senckenberg in Frankfurt a. M. (Dr. R. Janssen) zurückgreifen, wofür an dieser Stelle ebenfalls herzlich gedankt sei.

Herrn Dr. J. H. Jungbluth (Naturhistorisches Museum Mainz) danke ich für Auskünfte bezüglich malakozoologischer Literatur in Hessen.

Weiterhin gebührt den Damen Dipl.-Geogr. B. Jost und A. Sauer Dank für die gewissenhaft durchgeführten Gelände- und Laborarbeiten.

Meinem Kollegen Priv.-Doz. Dr. Jürgen Wunderlich danke ich schließlich für die gute Zusammenarbeit, die Hilfe bei der Anfertigung der Abb. 1 und 2 sowie für eine kritische Durchsicht des Manuskriptes.

Literatur

AG BODEN (1994): Bodenkundliche Kartieranleitung. - 4. Aufl.: 392 S.; Hannover.

AG BODENKUNDE (1982): Bodenkundliche Kartieranleitung. - 3. Aufl.: 331 S.; Hannover.

ANDRES, W. (1994): Changes in the Geo-Biosphere during the last 15 000 years. Continental sediments as evidence of changing environmental conditions. - IGBP Informationsbrief, **16**: 1-2; Berlin.

ANDRES, W. & HOUBEN, P. & KREUZ, A. & NOLTE, S. & RITTWEGER, H. & WUNDERLICH, J. (1997): Projekt: Paläökologie Hessische Senke. - In: DEUTSCHE FORSCHUNGSGEMEINSCHAFT [Hrsg.]: Protokoll d. Teilkolloquien zu den im Schwerpunktprogramm "Wandel der Geo-Biosphäre während der letzten 15 000 Jahre bearbeiteten Zeitscheiben am 15., 16. u. 17.12.1997 in Bonn; Bonn.

BOECKEL, W. (1937): Die Schneckenfauna eines alluvialen Kalktufflagers bei Dermbach (Rhön). - Arch. Moll., **69**: 169-173; Frankfurt a. M.

BOETTGER, O. (1886): Die altalluviale Molluskenfauna des Großen Bruchs bei Traisa, Prov. Starkenburg. - Notizbl. Ver. Erdk. Darmstadt, **7** (IV): 1-7; Darmstadt.

BOETTGER, O. (1889): Eine Fauna im alten Alluvium der Stadt Frankfurt a. M. - Nachr. Bl. dtsch. malak. Ges., **21**: 187-195; Frankfurt a. M.

BOS, J. A. A. (1998): Aspects of the Lateglacial - Early Holocene Vegetation Development in Western Europe. Palynological and palaeobotanical investigations in Brabant (The Netherlands) and Hessen (Germany). - LPP Contributions Series, **10**: 240 S., LPP Foundation; Utrecht, Den Haag.

BÖSSNECK, U. & KNORRE, D. VON (1997): Bibliographie der Arbeiten über die Binnenmollusken Thüringens mit Artenindex und biographischen Notizen [Malakologische Landesbibliographien XI]. Hrsg. v. Naturschutzbund Deutschland (NABU) - Landesverband Thüringen u. d. Thüringer Univ.- und Landesbibliothek, 156 S.; Jena.

DEHM, R. (1967): Die Landschnecke *Discus ruderatus* im Postglazial Süddeutschlands. - Mitt. bayer. Staatsslg. Paläontol. histor. Geol., **7**: 135-155; München.

DISSELNKÖTTER, B. (1983): Untersuchungen zur Vegetations- und Moorentwicklung am Beispiel des Schweinsberger Moores und des Saurasens im Amöneburger Becken mit Hilfe pollenanalytischer und vegetationskundlicher Methoden. - 156 S., Dipl.- Arb. FB Geographie, Philipps-Univ. Marburg. - [Unveröff.].

ELLENBERG, H. & WEBER, H. E. & DÜLL, R. & WIRTH, V. & WERNER, W. & PAULISSEN, D. (1992): Zeigerwerte von Pflanzen in Mitteleuropa. - Scripta Geobotanica, **XVIII**. - 2. Aufl.: 258 S.; Göttingen.

FAEGRI, K. & KALAND, P. E. & KRZYWINSKI, K. (1989): Knut Faegri / Johs. Iversen - Textbook of Pollen Analysis. - 4. Aufl.: 328 S.; Chichester.

FECHTER, R. & FALKNER, G. (1990): Weichtiere. Europäische Meeres- und Binnenmol lusken. - Steinbachs Naturführer, **10**: 287 S.; München.

GLÖER, P. & MEIER-BROOK, C. (1994): Süsswassermollusken. Ein Bestimmungsschlüssel für die Bundesrepublik Deutschland. - Hrsg. v. Dt. Jugendbund f. Naturbeobachtung, 11. Aufl.: 135 S.; Hamburg.

HESSISCHES MINISTERIUM DES INNERN UND FÜR LANDWIRTSCHAFT, FORSTEN UND NATURSCHUTZ [Hrsg.] (1996): Rote Liste der Schnecken und Muscheln Hessens. - 60 S.; Wiesbaden.

HUCKRIEDE, R. (1965): Eine frühholozäne *ruderatus*-Fauna im Amöneburger Becken (Mollusca, Hessen). - Notizbl. Hess. L.-Amt Bodenforsch., **93**: 196-206; Wiesbaden.

HUCKRIEDE, R. (1974): Die altweichselzeitliche Fruticum-Fauna auch in Hessen. - Geol. et Palaeontol., **8**: 193-195; Marburg/Lahn.

HUCKRIEDE, R. & JACOBSHAGEN, V. (1958): Der Fundplatz des Menschenschädels von Rhünda (Niederhessen). - N. Jb. f. Geol. u. Paläontol., Mh., **1958**: 114-129; Stuttgart.

JAECKEL, S. G. A. (1961): Die Molluskenfauna der spätglazialen Gyttja von Klein-Linden. - In: DAHM, H. - D. & GÜNTHER, E. W. & JAECKEL, S. G. A. & WEILER, W. & WEIL, R. & WIERMANN, R.: Eine spätglaziale Schichtfolge aus der Grube Fernie bei Gießen-Klein-Linden. - Notizbl. Hess. L.-Amt Bodenforsch., **89**: 332-359; Wiesbaden.

JUNGBLUTH, J. H. (1978): Der tiergeographische Beitrag zur ökologischen Landschaftsforschung (Malakozoologische Beispiele zur Naturräumlichen Gliederung). - Biogeographica, **13**: 354 S.; The Hague, Boston, London.

JUNGBLUTH, J. H. & KILIAS, R. & KLAUSNITZER, B. & KNORRE, D. VON (1992): Mollusca. - In: HANNEMANN, H. - J. & KLAUSNITZER, B. & SENGLAUB, K.: Erwin Stresemann [Begr.] - Exkursionsfauna von Deutschland, Bd. 1 Wirbellose (ohne Insekten): 141-319. - 8. Aufl.: 627 S.; Berlin.

KERNEY, M. P. & CAMERON, R. A. D. & JUNGBLUTH, J. H. (1983): Die Landschnecken Nord- und Mitteleuropas. Ein Bestimmungsbuch für Biologen und Naturfreunde. - 384 S.; Hamburg, Berlin.

KOBELT, W. (1871): Fauna der Nassauischen Mollusken. - Jb. Nassauischer Ver. Naturkde., **25**: 1-286; Wiesbaden.

LOŽEK, V. (1964): Quartärmollusken der Tschechoslowakei. - Rozpr. ustredn. ustavu geol. Svazek, **31**: 374 S.; Prag.

LOŽEK, V. (1965): Das Problem der Lößbildung und der Lößmollusken. - Eiszeitalter u. Gegenwart, **16**: 61-75; Öhringen.

LOŽEK, V. (1976): Klimaabhängige Zyklen der Sedimentation und Bodenbildung während des Quartärs im Lichte malakozoologischer Untersuchungen. - Razpravy Ceskoslovenské Akademie Ved. Rada Matematickych a Prirodnich Ved., **86** (8): 97 S.; Prag.

LOŽEK, V. (1986): Mollusca analysis. - In: BERGLUND, B. E. [Hrsg.]: Handbook of Holocene Palaeoecology and Palaeohydrology: 729-740; Chichester, New York.

MANIA, D. (1972): Zur spät- und nacheiszeitlichen Landschaftsgeschichte des mittleren Saalegebietes. - Hallesches Jb. mitteldt. Erdgesch., **11**: 7-36; Leipzig.

MANIA, D. (1973): Paläoökologie, Faunenentwicklung und Stratigraphie des Eiszeitalters aufgrund von Molluskengesellschaften. - Geologie, Beih. **78/79**: 175 S.; Berlin/DDR.

MANIA, D. & SEIFERT, M. & THOMAE, M. (1993): Spät- und Postglazial im Geiseltal (mittleres Elbe-Saalegebiet). - Eiszeitalter u. Gegenwart, **43**: 1-22; Hannover.

MANIA, D. & TOEPFER, V. (1973): Königsaue. Gliederung, Ökologie und mittelpaläolithische Funde der letzten Eiszeit. - Veröff. Landesmus. Vorgesch. Halle, **26**: 164 S.; Berlin.

MOORE, P. D. & WEBB, J. A. & COLLINSON, M. E. (1991): Pollen Analysis. - 2. Aufl.: 216 S.; Oxford.

NOTTBOHM, G. (1997): Die Molluskenfauna jungsteinzeitlicher Siedlungsplätze bei Goddelau, Krs. Groß-Gerau und Bruchenbrücken, Stadt Friedberg, Wetteraukreis und ihre faunistisch-ökologische Einordnung. - In: LÜNING, J. [Hrsg.]: Ein Siedlungsplatz der Ältesten Bandkeramik in Bruchenbrücken, Stadt Friedberg/Hessen. - Univ.-Forsch. z. prähist. Archäologie, **39**: 351-368; Bonn (Seminar Vor- und Frühgeschichte, Univ. Frankfurt).

PFLEGER, V. (1984): Schnecken und Muscheln Europas. Land- und Süßwasserarten. - Kosmos-Naturführer: 192 S.; Stuttgart.

RÄHLE, W. (1983): Die Mollusken der Grabung Helga-Abri bei Schelklingen mit einer Anmerkung zum Fund einiger mesolithischer Schmuckschnecken. - Archäol. Korr.bl., **13** (1): 29-36; Mainz.

REGENHARDT, U. (1994): Vorstellung der Molluskenfunde der Abris Bettenroder Berg I und IX, Sphinx II, Stendel XVIII und Schierenberg I. - In: GROTE, K.: Die Abris im südlichen Leinebergland bei Göttingen. Archäologische Befunde zum Leben unter Felsschutzdächern in urgeschichtlicher Zeit. Teil II. Naturwiss. Teil. = Veröffentlichungen urgeschichtl. Slgn. Landesmus. Hannover, **43**: 71-96; Hannover.

REMY, H. (1969): Würmzeitliche Molluskenfauna aus Lößserien des Rheingaues und des nördlichen Rheinhessens. - Notizbl. Hess. L.-amt Bodenforsch., **97**: 98-116; Wiesbaden.

RITTWEGER, H. (1996): Der "Schwarze Auenboden" - Frühholozäner Leithorizont und Zeiger für eine Trockenzeit im Subboreal? DEUQUA '96 - Alpine Gebirge im Quartär (Gmunden/Österreich). - Kurzfassungen der Vorträge und Poster: 40; Hannover.

RITTWEGER, H. (1997): Spätquartäre Sedimente im Amöneburger Becken - Archive der Umweltgeschichte einer mittelhessischen Altsiedellandschaft. - Materialien Vor- u. Frühgesch. Hessen, **20**: 242 S.; Wiesbaden.

RITTWEGER, H.: The "Black Floodplain Soil" - A lower Holocene marker horizon and indicator for an upper Atlantic to Subboreal dry period. - In: FELIX-HENNINGSEN, P. & SCHOLTEN, T. [Hrsg.]: Catena, **533** (special issue); Amsterdam, Lausanne, New York, Shannon, Tokio. - [Im Druck].

ROTHMALER, W. [Begr.] (1986): Exkursionsflora für die Gebiete der DDR und BRD. - Bd. 4: Kritischer Band. Hrsg. R. SCHUBERT & W. VENT. - 6. Aufl: 811 S.; Berlin.

STOBBE, A. (1996). Die holozäne Vegetationsgeschichte der nördlichen Wetterau - paläoökologische Untersuchungen unter besonderer Berücksichtigung anthropogener Einflüsse. - Dissertationes Botanicae, **260**: 216 S.; Berlin, Stuttgart.

URZ, R. (1995). Jung-Quartär im Auenbereich der mittleren Lahn. Stratigraphische und paläontologische Untersuchungen zur Rekonstruktion vergangener Flußlandschaften. - Diss. FB Geowiss., Philipps-Univ. Marburg: 198 S.; Marburg/Lahn. - [Selbstverlag].

WEDEL, J. (1996): Mollusken und Kleinsäuger aus verlandeten Altrheinarmen bei Groß-Rohrheim. - Jb. Nassauischer Ver. Naturkde., **117**: 7-63; Wiesbaden.

WENZ, W. (1911): Die Conchylienfauna des alluvialen Moores von Seckbach bei Frankfurt a. M. - Nachr. Bl. dt. malak. Ges., **43**: 135-141; Frankfurt a. M.

WENZ, W. (1935): Die Fauna des Kalktuffs von Rendel (Oberhessen). - Arch. Moll., **67**: 100-102; Frankfurt a. M.

WUNDERLICH, J. (1998). Palökologische Untersuchungen zur spätglazialen und holozänen Entwicklung im Bereich der Hessischen Senke - Ein Beitrag zur internationalen Global Change-Forschung. - Habil.-Schrift, FB Geographie, Philipps-Univ. Marburg: 206 S.; Marburg. - [Unveröff.].

WUNDERLICH, J. & RITTWEGER, H.: Zur spät- und postglazialen Landschaftsgschichte der Ohmniederung bei Marburg (Mittelhessen). - [In Vorb.].

ZEISSLER, H. (1974): Konchylien aus einem vorübergehenden Aufschluß im holozänen Travertin von Mühlhausen/Aue. - Malak. Abh. Mus. Tierkde. Dresden, **4** (1973-1975): 125-132; Leipzig.

Der Einfluß von Oberflächen- und Standortfaktoren auf das Spektralsignal von multitemporalen Satellitendaten an einem Beispiel aus der Sudanzone von Burkina Faso (Westafrika)

Stefan Schmid, Frankfurt am Main

mit 1 Abb. und 4 Tab.

1 Fragestellung

Die Verwendung von Satellitendaten hochauflösender Sensoren wie dem hier verwendeten SPOT-XS für die Kartierung von Vegetations-, Boden- und Landnutzungsinformation wird seit vielen Jahren in den unterschiedlichsten Natur- und Kulturräumen der Erde betrieben. Da die Sensoren wie der HRV-Sensor des französischen SPOT-Satelliten eine nur geringe räumliche Auflösung haben - ein Pixel entspricht ca. 400 m^2 auf der Erde - sind alle Anwendungen mit dem Problem der nicht linearen Mischung von Boden- und Vegetationsinformation konfrontiert (RAY & MURRAY 1996). Besonders im Falle aufgelockerter oder offener Vegetationsbedeckung und sehr variabler Oberflächenverhältnisse, wie sie in Savannengebieten Afrikas zu finden sind, ist die Isolierung von vegetations-, boden- und standortspezifischer Information nur schwer möglich. Da die in drei Wellenbereichen (rotes, grünes und infrarotes Farbspektrum) arbeitenden SPOT-Sensoren besonders empfindlich auf Veränderungen im Vegetationsbereich reagieren, spielen zudem saisonale Einflüsse eine entscheidende Rolle.

Das komplexe Zusammenspiel von Oberflächenfaktoren wie Feuchtigkeit, Rauhigkeit, Farbe und Wasserhaushalt einerseits und Vegetationsparametern wie Dichte, Höhe und Artenzusammensetzung andererseits wird von einer Vielzahl von Autoren diskutiert. So stellen HEILMAN & BOYD (1986) fest, daß die Variabilität der Spektralkurven bei unterschiedlicher Vegetationsbedeckung auf nassen Böden deutlich stärker ist als auf trockenen Böden, und zwar bei allen Bodentypen. Spektrometermessungen von DE WISPELAERE (1985) im Niger ergaben, daß für einen Standort mit konstanter Vegetationsbedeckung von 35 % die Unterschiede in der Reflexion zwischen trocken und feucht beträchtlich sind. So nimmt auf feuchten Böden die Reflexion im Grünkanal um 4,2 % ab, im Rotkanal um 6,1 % und im Infrarotkanal um 4,8 %. Fehlt die Vegetationsbedeckung ganz, so sinken die Werte gar um 8,3 %, 12,2 % und 9,6 %. Der große Einfluß dieser Bodenparameter ist aber nicht nur bei der Untersuchung wenig deckender Vegetationstypen vorhanden, sondern ist erstaunlicherweise besonders stark bei Bedeckungsgraden zwischen 40 und 75 %, wie HUETE & TUCKER (1991: 1224) in ihren Modellierungsstudien an einem Beispiel aus Mali nachweisen: "Soil-related problems can often increase in more dense vegetation canopies as an result of the manner in which vegetation-scattered radiant energy interacts with the underlying soil".

Feuchtigkeit, hohe Oberflächenrauhigkeit und kompostierte Streu sind bei diesen Bedeckungsgraden die Hauptursache für eine bis zu 25 % höhere, bodeninduzierte Steigerung des aus den Satellitendaten berechneten Vegetationsindex NDVI. Nach HUETE & JACKSON & POST (1985) durchdringt die Strahlung im infraroten Lichtbereich bis zu fünf übereinanderliegende Blattschichten und ist selbst bei Bedeckungsgraden von 75 % noch in der Lage Bodenhelligkeitsunterschiede abzubilden.

Im Rahmen von eigenen Untersuchungen in der Sudanzone (SCHMID 1992, 1993, 1999) wurde u. a. der Frage nachgegangen, inwieweit die oberflächeninduzierten Faktoren die visuelle Interpretation und die digitale Klassifizierung verschiedener SPOT-Satellitendaten beeinflussen. Primäres Ziel dieser Untersuchungen ist dabei die möglichst genaue Erfassung der in der Sudanzone vorkommenden Vegetationstypen und nicht die Erfassung von Bodenparametern. Es muß aber hierzu geklärt werden, inwieweit eine Isolierung von Boden- und Vegetationsparametern zu den verschiedenen Aufnahmezeitpunkten überhaupt möglich ist, oder ob es bei der Klassifizierung von Satellitendaten generell unumgänglich ist, die gewünschten Klassen so zu wählen, daß diese sowohl Vegetations-, als auch Boden- und Standortparameter umfassen.

Im Rahmen der hier vorgestellten Ergebnisse sollen zwei Teilaspekte dieser Untersuchung diskutiert werden:

- Ist der Einfluß von Bodenhelligkeit, -farbe und -rauhigkeit auf das Spektralsignal der im Untersuchungsgebiet vorkommenden Vegetationstypen nachweisbar?

- Welche Rolle spielt die Charaktierisierung eines Standortes in feucht/trocken für die spektrale Klassenbildung und damit für die Kartierbarkeit bestimmter Vegetationstypen?

2 Untersuchungsgebiet

Das Untersuchungsgebiet liegt in der relativ dünn besiedelten (24 E/km²) Region von Tô im Süden von Burkina Faso (Abb. 1) und umfaßt eine Fläche von ca. 1600 km². Die durchschnittlichen jährlichen Niederschläge liegen bei ca. 900 mm, wobei starke interannuelle Schwankungen festzustellen sind. Vorherrschende Böden sind mittel- bis tiefgründige Acrisols oder Lixisols mit sandig-lehmiger Textur (BRAUN & HAHN-HADJALI & MÜLLER-HAUDE 1997). Örtlich treten Plinthosols sowie sehr flachgründige Lithosols auf. Phytogeographisch wird das Gebiet dem Grenzbereich zwischen der Nord- und der Südsudanzone zugeordnet (FONTES & GUINKO 1995). Weitläufige Strauch-, Baum- und Waldsavannen, in die intensiv genutzte Bereiche und Felder mosaikartig eingestreut sind, prägen diese typische sudanische Landschaft.

Abb. 1 Die Lage des Untersuchungsgebietes in der Sudanzone von Burkina Faso

Die wichtigsten geoökologischen Einheiten in dem sehr schwach reliefierten Gebiet lassen sich nach DE BOER (1992) folgendermaßen charakterisieren: Auf der Lateritkruste und dem anstehenden Granit ist die Gehölzdichte gering (15 bis 20 Stämme/ha). Die wichtigsten Grasarten sind die annuellen Gräser *Microcloa indica* und *Loudetia togoensis*.

Auf geringmächtigen Böden kommt meist eine Strauch- und Baumsavanne mit Gehölzbedeckungsgraden von unter 25 % vor, die durch *Detarium microcarpum* und *Burkea africana* gekennzeichnet sind. Diese Geländeeinheit wird höchstens zum Erdnußanbau genutzt. Auch die Hügelkuppen und oberen Hanglagen werden nur bewirtschaftet, wenn die besseren Lagen bereits kultiviert sind. In mittlerer Hanglage, die teilweise gut für Kulturen geeignet ist, ist die Oberfläche meist flach gewellt und die Bodentextur des Oberbodens sandig-grusig. Hier finden sich dichte Baumsavannen der Gehölzarten *Isoberlinia doka* und *Danielia olivieria*. In unterer Hanglage oder in Depressionen sind die Böden fruchtbarer als bei der vorhergehenden Klasse, und es findet sich weniger Pisolithmaterial im sandig-schluffigen Oberboden. Die vorherrschenden Buschsavannen werden deshalb meist für den Getreideanbau gerodet. Ebenso wie die vorherige Klasse sind die Waldsavannenparzellen in mittlerer Hanglage gut für Kulturen geeignet. An Wasserläufen finden sich offene bis dichte Galeriewälder auf einem schluffig-tonigen Oberboden. Die Gehölzarten umfassen *Khaya senegalensis, Acacia sieberiana, Daniellia olivieria*.

3 Datengrundlage und Methodik

Für die Untersuchungen im Rahmen des Sonderforschungsbereiches 268 "Kulturentwicklung und Sprachgeschichte im Naturraum Westafrikanische Savanne" (BRAUN & HAHN & SCHMID 1996) wurden in der Provinz Sissili im Süden von Burkina Faso (Abb. 1) in insgesamt siebenmonatiger Feldarbeit 136 Parzellen aufgenommen, wobei wegen der Bedeutung der vertikalen und horizontalen Schichtung der Vegetation für die im Mittelpunkt stehende Fragestellung (SCHMID 1999) die Methode der linearen Transekte angewandt wurde. Neben der Erfassung der Schichtungs- und Bedeckungsparameter, der Artenzusammensetzung und des anthropogenen Einflusses auf Gras- und Gehölzschicht wurden an 98 Standorten eine Probe des Oberbodens in trockenem Zustand gesiebt und ihre Munsell-Farbe bestimmt. Außerdem wurde die Oberflächenrauhigkeit mit Hilfe eines Klassenkatalogs geschätzt (s. u.). Zusätzliche Bohrungen von Herrn Dr. P. Müller-Haude (SFB 268) und botanische Aufnahmen von Frau Dr. K. Hahn-Hadjali (SFB 268) erbrachten entscheidende Hinweise auf die Standorteigenschaften der Parzellen.

Die Umrisse der aufgenommen Parzellen wurden anschließend in den verschiedenen Satellitendatensätzen lokalisiert. Für die hier vorgestellten Untersuchungen wurde auf folgende SPOT-Datensätze zurückgegriffen, die sich hinsichtlich des Endes der jeweiligen Regenzeit folgendermaßen charakterisieren lassen:

- SPOT-XS vom 12.09.1993: Zwei Wochen vor Ende der Regenzeit (Kürzel: Sep)
- SPOT-XS vom 02.12.1993: Vier Wochen vor Ende der Regenzeit (Kürzel: Nov)

- SPOT-XS vom 02.12.1993: Vier Wochen vor Ende der Regenzeit (Kürzel: Nov)

- SPOT-XS vom 19.02.1994: Neun Wochen vor Ende der Regenzeit (Kürzel: Dez)

Die im Feld aufgenommenen Parzellen wurden in den mit GPS-Daten georeferenzierten Satellitendaten identifiziert und ihre Umrisse festgelegt. Die aus den Parzellenumrissen extrahierten statistischen Parameter der Grauwerteverteilung (Minimum, Maximum, Mittelwert und Standardabweichung) wurden zusammen mit den Felddaten und den Ergebnissen von unüberwachten Klassifizierungen in einer Datenbank des Programmes ACCESS 2.0 für Windows in Form relational verbundener Tabellen und daraus abgeleiteter Abfragen gespeichert.

Für die Charakterisierung der Oberflächen- und Standorteigenschaften wurden neben der Reliefposition, der Munsell-Farbe und der Profilangaben folgende Klassifizierungsergebnisse gespeichert:

- **Oberflächenrauhigkeit**

Klasse 1   Bedeckung mit grobkörnigem oder felsigem Lateritschutt ≥ 50 % oder anstehende Kruste über ≥ 50 % der Oberfläche

Klasse 2   Bedeckung mit grobkörnigem oder felsigem Lateritschutt ≥ 25 - 50 % der Gesamtfläche oder anstehende Lateritkruste über ≥ 25 - 50 % der Oberfläche

Klasse 3   Bedeckung mit Lateritschutt ≥ 5 - 25 %

Klasse 4   Keine oder geringe Bedeckung (< 5 %) mit Lateritschutt, vorwiegend sandige Textur des Oberbodens

Klasse 6   Keine oder geringe Bedeckung (< 5 %) mit Lateritschutt, vorwiegend schluffige Textur des Oberbodens

Klasse 7   Keine oder geringe Bedeckung (< 5 %) mit Lateritschutt, vorwiegend tonige Textur des Oberbodens

- **Helligkeit des Oberbodens**

Zusätzlich wurden die Munsell-Colorfarben in einer aufsteigenden Reihenfolge der Helligkeit geordnet. Hierzu wurden die Farbbezeichnungen zuerst nach "Value" geordnet, dann nach "Hue" und abschließend nach "Chroma". So ergab sich folgende Rangliste der Farbwerte (von hell nach dunkel): 7,5 YR 8/2, 10 YR 7/2, 10 YR 6/2, 10 YR 6/3, 10 YR 6/4, 7,5 YR 6/2, 10 YR 5/2, 10 YR 5/3, 10 YR 5/4, 10 YR 5/6, 7,5 YR 5/4, 2,5 YR 5/2, 10 YR 4/2, 10 YR 4/3, 10 YR 3/2, 10 YR 3/3, 10 YR 3/4, 7,5 YR 3/2 und 5 YR 3/2.

- **Rotfärbungsindex (RI)**

Die Munsell-Farbwerte wurden in einen Rotfärbungsindex (RI) nach Madeira umgerechnet (DEVINEAU & ZOMBRÉ 1996: 129). Für die Farbtafeln der Reihe YR, die in dieser Untersuchung für alle Parzellen Anwendung fanden, geschieht die Umrechnung in Tab. 1 nach der Formel: RI = [(12,5-Hue) x Chroma] /Value.

Tab. 1   Umrechnung der Munsell-Werte in Rotfärbungsindexwerte

Hue (YR)	Value	Chroma	Rotfärbungsindex nach Madeira
7,5	8	2	1,25
10	7	2	0,71
10	6	2	0,83
10	6	3	1,25
10	6	4	1,66
7,5	6	2	1,66
10	5	2	1,
10	5	3	1,5
10	5	4	2
10	5	6	3
7,5	5	4	4
2,5	5	2	4
10	4	2	1,25
10	4	3	1,87
10	3	2	1,66
10	3	3	2,5
10	3	4	3,33
7,5	3	2	3,33
5	3	2	5

- **Standortvariante**

Auf der Basis botanischer Aufnahmen wurden die Pflanzengesellschaft und ihre Standortvariante bestimmt (siehe 4.2).

Mit Hilfe der aus der Datenbank generierten Abfragen wurden Korrelationsberechnungen durchgeführt, Klassifizierungsergebnisse interpretiert und Untersuchungen an spektralen Ähnlichkeitsmaßen durchgeführt (SCHMID 1999). Im folgenden sollen lediglich die Korrelationsuntersuchungen an Oberflächenfaktoren sowie die Diskussion der Standortproblematik ausgeführt werden.

4 Ergebnisse

4.1 Korrelationsuntersuchungen zu verschiedenen Oberflächenparametern

Da zur Untersuchung des Einflusses der Oberflächenhelligkeit und -rauhigkeit auf das Spektralsignal nur Ranglisten verwendet werden können, wurde der Spearman'sche Rangkorrelationskoeffizient für die in der Datenbank gespeicherten Ranglisten "Oberflächenrauhigkeit" und "Oberflächenhelligkeit" berechnet (siehe Kap. 3).

Da hier nur Daten aus der ersten Feldkampagne zur Verfügung stehen und nur von Buschfeuern unbeeinflußte Verhältnisse untersucht werden sollten, reduziert sich die Anzahl der untersuchten Beispiele im ersten und zweiten Datensatz auf 98 und im dritten auf 90. Bei der vorhandenen Differenzierung der Vegetation ist eine Untersuchung der Bodenparameter unter konstanten Vegotationsbedingungen praktisch unmöglich, wie dies auch HUETE & TUCKER (1991: 1236) für Mali formulieren: "Since vegetation changes over a landscape are normally accompanied by soil changes, it is difficult to observe similar vegetation conditions on different soil substrats and vice versa".

Um zu testen, inwiefern der isolierte Faktor Grasbedeckung einen Einfluß auf die Korrelationen zwischen Spektralsignal und Bodeninformation hat, und zwar unabhängig von der vorherrschenden Gehölzstruktur, wurden drei Untergruppen gebildet, die verschiedene Grasbedeckungsgrade aufweisen. Um der Frage nachzugehen, ob es einen Unterschied macht, ob der Boden von Gras oder von Gehölzen bedeckt wird oder ob beide gleichwertige "Deckungsfaktoren" sind, werden zusätzlich zwei Gehölzdichteklassen gebildet, wobei zunächst die Bedeckung durch Gras ignoriert wird. In der letzten Spalte wird dann eine Schnittmenge aus beiden Tabellen selektiert, nämlich diejenigen Parzellen, die eine

Gehölzbedeckung unter 40 % sowie eine Gesamtgrasbedeckung unter 65 % aufweisen (n = 21).

Tab. 2 zeigt in hohem Maße, wie stark der erste Zeitpunkt (**Sep**) und hier vor allem der Infrarotkanal vom Grad der Oberflächenrauhigkeit betroffen ist. Ein Einfluß des Helligkeitsgrades des Bodens ist stark abgeschwächt nur im Grünkanal und bei offener Grasbedeckung vorhanden, bei dichter Grasbedeckung dagegen überhaupt nicht. Der Bedeckungsgrad der Gehölzschicht scheint als Einzelfaktor keinen großen Einfluß auf die Sensitivität des Infrarotkanals des ersten Datensatzes in bezug auf den Faktor Oberflächenrauhigkeit zu haben. Der Geschlossenheitsgrad der Grasschicht kann deshalb als primärer Faktor für die Korrelation im Infrarotbereich angesehen werden.

Nach Tab. 2 ist der zweite Zeitpunkt (**Nov**) am wenigsten von der Oberflächenrauhigkeit betroffen. Tendenziell ist aber auch hier der Infrarotkanal mit diesem Faktor korreliert, wobei hier der Bedeckungsgrad mit Gräsern keine Rolle spielt. Ganz anders hingegen verhält es sich mit dem Faktor Bodenhelligkeit, dessen Korrelationskoeffizienten deutlich bei abnehmender Bedeckung des Bodens mit Gräsern steigen. So werden nur zu diesem Zeitpunkt Korrelationen von > 0,6 mit dem Faktor Bodenhelligkeit erreicht, und zwar sowohl im Grün- als auch im Infrarotkanal. Von besonderem Interesse ist im zweiten Datensatz die steigende Korrelation zwischen Oberflächenrauhigkeit und dem Infrarotkanal bei abnehmender Gehölz- und Gehölz-/Grasdichte. Dies zeigt deutlich, daß auch in diesem Datensatz Unterschiede in diesem Faktor von Bedeutung sind - jedoch erst bei deutlich geringeren Gehölzdichten als zum vorigen Zeitpunkt. Die deutliche Steigerung des Korrelationskoeffizienten von 0,14 über 0,44 auf 0,53 bedeutet aber auch, daß beiden Parametern - Gehölzbedeckung und Grasbedeckung - ein Gewicht zukommt.

Zum dritten Zeitpunkt (**Dez**) ist es ebenfalls der Grünkanal, der mit dem Faktor Bodenhelligkeit korreliert ist, und zwar ebenfalls in steigendem Maße bei abnehmender Grasbedeckung. Wie zum ersten Zeitpunkt nehmen die Korrelationen zwischen Rot- und Grünkanal und dem Faktor Oberflächenrauhigkeit bei sinkender Grasbedeckung ab, d. h., die Oberflächenrauhigkeit ist am ehesten noch bei dichten Grassavannen von Relevanz.

Neben Oberflächenhelligkeit und -rauhigkeit wurde auch versucht, die **Bodenfarbe** als quantifizierbaren Faktor zu analysieren. Für alle strukturell definierten Untergruppen wurden die Korrelationen zwischen dem **Rotfärbungsindex** der Munsell-Farben (s. Tab. 1) und den Spektraldaten berechnet. In allen Fällen blieben die Korrelationen mit Werten zwischen -0,2 und 0,25 aber vernachlässigbar niedrig. Lediglich im Falle der gleichzeitig offenen Gehölz- und Grasparzellen ergab sich im Falle des Grünkanals des dritten Zeitpunktes ein Korrelationskoeffizient von -0,49 mit dem Rotfärbungsindex der Böden. Dies

229

Tab. 2 SPEARMAN'scher Rangkorrelationskoeffizient für oberflächenrelevante Parameter bei unterschiedlicher Gehölz/Grasbedeckung

	Bodenhelligkeit						Oberflächenrauigkeit					
	Grasbedeck. > 80 %	Grasbedeck. 65-80 %	Grasbedeck. < 65 %	Gehölzbedeck. > 60 %	Gehölzbedeck. < 40 %	Gehölzbedeck. < 40 % und Grasbedeck. < 65 %	Grasbedeck. > 80 %	Grasbedeck. 65-80 %	Grasbedeck. < 65 %	Gehölzbedeck. > 60 %	Gehölzbedeck. < 40 %	Gehölzbedeck. < 40 % und Grasbedeck. < 65 %
Sep_Grün	0,00	0,44	0,32	0,22	-0,09	0,12	-0,39	-0,05	0,07	-0,10	-0,05	0,03
Sep_Rot	-0,05	0,24	0,26	0,09	-0,25	0,00	-0,38	-0,30	-0,08	-0,24	-0,25	-0,17
Sep_IR	-0,05	0,27	0,14	0,12	0,30	0,32	0,35	0,71	0,67	0,51	0,51	0,60
Nov_Grün	0,16	0,46	0,60	0,31	0,15	0,45	-0,15	-0,03	0,21	-0,11	0,07	0,32
Nov_Rot	0,17	0,41	0,49	0,25	0,00	0,14	0,17	-0,16	-0,00	-0,17	-0,18	0,04
Nov_IR	0,35	0,27	0,69	0,26	0,39	0,29	0,35	0,31	0,33	0,14	0,44	0,53
Dez_Grün	0,30	0,50	0,47	0,44	0,16	0,20	-0,24	0,13	0,01	-0,15	-0,02	-0,02
Dez_Rot	0,28	0,31	0,36	0,31	0,16	0,18	0,50	-0,27	-0,12	-0,27	-0,13	-0,04
Dez_IR	0,39	0,26	0,45	0,32	0,23	0,08	-0,39	0,30	0,02	-0,10	0,15	0,35

IR = Infrarot

bedeutet, daß bei fortschreitender Trockenzeit der Rotfärbung des Bodens ein steigendes Gewicht zukommt.

Die in Tab. 2 aufgezeigten Zusammenhänge lassen demnach folgende Tendenzen erkennen:

Es besteht in Regenzeitaufnahmen ein starker Einfluß der Oberflächenrauhigkeit im infraroten Lichtbereich quer durch alle Vegetationsstrukturen, der aber wenige Wochen nach Ende der Regenzeit (2. Datensatz) deutlich nachläßt. Demgegenüber steigt der Einfluß der Bodenhelligkeit auf das Spektralsignal in allen Lichtbereichen, vor allem aber im grünen Lichtbereich deutlich an, wobei ab dem dritten Zeitpunkt die Färbung der Böden eine gewisse Rolle zu spielen beginnt. Ein Einfluß der Oberflächenrauhigkeit auf das Spektralsignal im Infrarot ist beim Dezember-Datensatz statistisch kaum festzustellen, im November aber in erhöhtem Maße im Falle geringer Gehölzdichten bei lückenhafter Grasschicht.

4.2 Einfluß der Standortvarianten

Neben den physikalischen Eigenschaften der Oberfläche spielt vor allem der Wasserhaushalt der Parzellen eine entscheidende Rolle, da durch ihn die Artenzusammensetzung und damit der Chlorophyllgehalt der Vegetation zu den verschiedenen Zeitpunkten bestimmt wird. Zwar lassen sich nicht jedem Standorttypus bestimmte Pflanzengesellschaften zuweisen, zumal das nur gering reliefierte Gebiet zu relativ homogenen Standortbedingungen führt. Durch das Vorkommen bestimmter Zeigerarten in Kraut- und Gehölzschicht kann aber innerhalb einer Pflanzengesellschaft zwischen feuchteren und trockeneren Standortverhältnissen unterschieden werden.

Um die Zusammenhänge zwischen diesen Standortvarianten und den Spektraldaten zu untersuchen, wurden acht Parzellen der *Terminalia laxiflora*-Gesellschaft analysiert. Diese besitzt zwei Varianten, eine gekennzeichnet durch Arten wie *Acacia sieberiana* und *Nauclea latifolia*, die eher feuchte Standortbedingungen induzieren, und eine, die eher an trockenen Standorten verbreitet ist. Diese Gesellschaft stockt auf ca. vier- bis achtjährigen Brachen und besitzt eine gut entwickelte, von *Terminalia laxiflora* dominierte Strauchschicht, die sich im Gelände deutlich von den anderen Gesellschaften unterscheidet.

Von dieser Gesellschaft werden vier Beispiele der trockenen Untereinheit ausgewählt und mit vier Beispielen der feuchten Untereinheit in einer Probeklassifizierung nach Maximum-Likelihood analysiert. Tab. 3 stellt zunächst die wichtigsten Charakteristika der beiden

Tab. 3 Charakteristika der feuchten und der trockenen Variante der Terminalia-laxiflora-Gesellschaft

Feuchtstandort*

Nr.	Gehölz > 5 m	Gehölz > 5 m	Beschreibung der Krautschicht	Gehölzschicht/Untergrund	Farbe Sep**	Farbe Nov**
Lax/F_1	25 %	2 %	Andropogon pseudapricus, geschlossen (95 %), wenig beweidet		hellrot	dunkelgrün
Lax/F_2	75 %	5 %	Andropogon ascinodis, sehr spärlich (< 40 %)	Vorkommen von Nauclea latifolia in der Gehölzschicht!	hellrot	hellrot
Lax/F_3	50 %	5 %	Andropogon pseudapricus/Tephrosia pedicelata (65 %/35 %), dicht (90 %)		hellrot	dunkelgrün
Lax/F_4	75 %	14 %	Andropogon pseudapricus/Microcloa indica (50 %/50 %), offen (70 %)	Oberboden zu 10 % von Pisolithschutt bedeckt. Hoher Anteil von Acacia sieberiana (15 %)	dunkelgrün	dunkelgrün

Trockenstandort*

Nr.	Gehölz > 5 m	Gehölz > 5 m	Beschreibung der Krautschicht	Gehölzschicht/Untergrund	Farbe Sep**	Farbe Nov**
Lax/Tr_1	60 %	8 %	Andropogon pseudapricus/Microcloa indica (50 %/50 %), offen (70 %), beweidet		hellrot	blaßrotgrünlich
Lax/Tr_2	60 %	4 %	Microcloa indica, offen (70 %), zu 80 % Microcloa indica, zu 20 % Andropogon pseudapricus (beweidet)	Toniger, stark verdichteter Oberboden	dunkelgrün	blaßrot
Lax/Tr_3	25 %	6 %	Schizachyrium exile/Microcloa indica (60 %/40 %), offen (75 %), Schizachyrium exile beweidet	Oberboden sehr hell, sandig, viele vegetationsfreie Stellen,	hellgrün	blaßrot
Lax/Tr_4	40 %	2 %	Schizachyrium exile/Microcloa indica (60 %/40 %), dicht (85 %), Schizachyrium exile, beweidet	Verspülungen mit tonigem Material	hellgrün	blaßrot

Aus: SCHMID, S. (1999)

* nach pflanzensoziologischer Auswertung von Frau Dr. Hahn-Hadjali (SFB 268)
** Kanalkombination 3,2,1, kontrastverstärkt mit Histogram equalizatio

Terminalia laxiflora-Standorttypen dar. Wie die Tabelle zeigt, bestehen durchaus Unterschiede im Bedeckungsgrad der Strauchschicht zwischen den beiden Gruppen. Der feuchtere Typ ist dabei im Durchschnitt dichter. Diese Tatsache, wie auch die unterschiedliche Ausbildung der Krautschicht, ist aber vor allem im Zusammenhang mit dem unterschiedlichen Alter der Brachen zu sehen und weniger den feuchtigkeitsbedingten Einflüssen zuzuschreiben.

Wie komplex die Zusammenhänge zwischen Feuchtigkeitsverhältnissen, Grasart, Beweidung, Gehölzschicht und der vom Sensor aufgenommenen Spektralwerte sind, verdeutlicht die Zuordnung der Farben in Tab. 3 für die oben angeführten Standorte. Zunächst fällt auf, daß es keinen primären Zusammenhang zwischen den Parametern der Gehölzbedeckung und den Farben im Falschfarbenkomposit gibt. Ebensowenig läßt sich der Faktor Grasdichte und Beweidungszustand einfach mit den Spektraldaten korrelieren. Umso erstaunlicher ist hingegen der Zusammenhang zwischen den Standortcharakteristika und den Spektraldaten. Trotz der beträchtlichen Streuung der Gras- und Gehölzbedeckungsparameter innerhalb und zwischen den beiden Klassen ist das Resultat der Probeklassifizierung (Tab. 4) eindeutig, denn sowohl im **September** als auch im **November** ergeben sich relativ geringe Fehlzuweisungen zwischen den beiden Standorttypen.

Tab. 4 Ergebnis der Maximum-Likelihood-Klassifizierung verschiedener Trainingsgebietspolygone von zwei Standortvarianten der Terminalia laxiflora-Gesellschaften

	Referenzpixel			
	Aufnahmen der feuchten Variante		**Aufnahmen der trockenen Variante**	
Rückklassifizierungsgenauigkeit in %	SEP	NOV	SEP	NOV
Als Aufnahmen der feuchten Variante	92,1 %	95,9 %	2,9 %	4,8 %
Als Aufnahmen der trockenen Variante	6,9 %	4,1 %	97,1 %	95,2 %

Die Unterteilung in feuchtere und trockenere Standorte verliert im Laufe der Trockenzeit zwar an Bedeutung, bleibt aber noch nachweisbar.

5 Diskussion

Die Ergebnisse der Korrelationsuntersuchungen und der Untersuchungen der Ähnlichkeitsverhältnisse innerhalb der Terminalia laxiflora-Gesellschaft lassen den Schluß zu, daß besonders den Faktoren Oberflächenrauhigkeit und Standortverhältnisse eine große

Bedeutung bei der Auswertung von Satellitendaten zukommt, besonders wenn diese in der Regenzeit oder kurz danach aufgenommen wurden (COUTERON & SERPANTIE 1995). Hierbei sind die physikalischen Eigenschaften der Oberfläche meist nur bei offener Grasbedeckung und hier vor allem im infraroten Lichtbereich der ersten beiden Datensätze von Bedeutung. Die Standortunterschiede, die sich in Vitalitäts- und Biomasseunterschieden der Vegetation äußern (FOURNIER 1991, 1994), lassen sich hingegen in allen drei Kanälen und zu allen untersuchten Zeitpunkten nachweisen. Dies gilt zumindesten für offene, strauch- und grasdominierte Vegetationstypen wie der diskutierten *Terminalia laxiflora*-Gesellschaft.

Die Trennung von oberflächen- und standortspezifischen Einflüssen ist aber kaum möglich, wie am Beispiel der Farbwechsel von Rot nach Grün in Tab. 2 deutlich wird. Diese markanten Farbwechsel im klassischen Falschfarbenkomposit (Infrarot, Rot, Grün) innerhalb eines Zeitpunktes und zwischen den beiden ersten Zeitpunkten lassen sich auf dem Hintergrund der Ergebnisse folgendermaßen interpretieren: Es gilt die Grundregel, daß im September schwach bedeckte, helle Bodenoberflächen in blassen Grüntönen und unbedeckte, dunkle Bodenoberflächen in dunklen Grüntönen dargestellt werden, wobei die Verdunklung sowohl durch Pisolithschutt als auch durch Nässe hervorgerufen sein kann (COLWELL 1974; FRANKLIN & DUNCAN & TURNER 1993; HUETE & JACKSON & POST 1985). Nimmt die Grasbedeckung zu, so kommt es stark vereinfacht zu folgenden Phänomenen, die für die spektrale Differenzierung verantwortlich sind:

Auf trockeneren Standorten ist sowohl der Horstabstand zwischen den Gräsern größer als auch die vegetative Entwicklung langsamer, was zusammen in einem hohen Anteil sichtbaren Bodens resultiert und sich in der September-Aufnahme in einem grünlichen Farbton niederschlägt. Verstärkt wird diese Dominanz der Bodeninformation durch temporäre Vernässungseffekte, die oft durch eine wasserstauende Plinthitschicht in 30 bis 60 cm Tiefe hervorgerufen werden. Der enge Zusammenhang zwischen der Anwesenheit einer solchen Schicht und der Spektralsignatur einer Fläche im September-Datensatz konnte auf den fraglichen Standorten durch Bohrungen von Herrn Dr. P. Müller-Haude (SFB 268) im Juli 1995 als auch durch Bohrungen unter Leitung von Herrn Prof. Dr. W. Andres (Institut für Physische Geographie, Universität Frankfurt) bestätigt werden. Im Gegensatz hierzu bedecken die enger stehenden und in ihrer Entwicklung fortgeschritteneren Gräser auf den feuchteren und tiefgründigeren Standorten den Boden generell besser und früher ab und erscheinen in der September-Aufnahme dadurch in hellen Rottönen. Durch die bessere Drainage kommt es hier nicht zu anhaltenden oberflächlichen Vernässungen.

Im November-Datensatz, vier Wochen nach Ende der Regenzeit, kommt es zu einer Umkehr der Farben. Auf den tiefgründigeren Standorten dominiert der dunklere Oberboden das Spektralsignal der Gräser, wobei sowohl ein höherer Humusgehalt als auch eine stärkere Durchfeuchtung des Oberbodens prägend wirken können. Es ergeben sich dunkelgrüne Farbentöne im Falschfarbenkomposit des November-Datensatzes, wie sie im September-Datensatz für die staunassen, von einer Plinthitschicht geprägten Standorte typisch sind. Die in der Regenzeit staunassen Standorte sind hingegen vollständig abgetrocknet. Auf den helleren Oberflächen dominiert der Chlorophyllgehalt der Gräser die Farbgebung, vor allem wenn es sich um mehrjährige Arten handelt. Die Farbtöne sind in diesem Fall rötlich.

Ausnahmen wie bei Parzelle Lax_F4 lassen sich durch besonders extreme Standortbedingungen (hier: angrenzend an ein Muldental, sumpfiger Charakter) erklären. Der Versuch, das Faktorengefüge in Einzelkomponenten zu isolieren, um z. B. die reinen Spektraleigenschaften der Böden zu isolieren (ESCADAFAL 1990), muß in einem von einer hohen Grasbiomasse und einer heterogen strukturierten Gehölzschicht geprägten Gebiet scheitern. Dies bestätigt den Ansatz von KUSSEROW (1995), komplexe geoökologische Einheiten und nicht einzelne Pflanzengesellschaften, Relief- oder Bodeneinheiten auszuweisen.

6 Schlußbetrachtungen

Die diskutierten Beispiele machen deutlich, daß der pflanzensoziologisch definierten Zuordnung der Parzellen zu feuchteren oder trockeneren Standortvarianten z. T. eine höhere Bedeutung zukommt als der dominierenden Gehölzart und der absoluten Grasdichte. Dies trifft vor allem für Grassavannen und offene Strauchsavannen zu. Steigt die Gehölz- und insbesondere die Baumdichte an, so verlieren die Standort- und Oberflächenfaktoren aber an Bedeutung.

Die Problematik der standortinduzierten Vitalitäts- und Deckungsunterschiede in der Grasschicht von Strauch- und Baumsavannen führt bei der anschließenden digitalen Klassifizierung dazu, daß physiognomisch ähnliche Parzellen spektral völlig unterschiedlichen Klassen zugewiesen werden, was die Rückklassifizierungsgenauigkeit in erheblichem Maße senkt. Ebenso verhält es sich mit der durch Reliefbedingungen oder Lateritschutt bedingten Verdunkelung des Spektralsignals bei unterschiedlichen Vegetationstypen. Eine Operationalisierung dieses Überlagerungsproblems ist nur durch den multitemporalen Bezug möglich, d. h. durch die Kombination von regenzeitnahen und regenzeitfernen Daten. Dabei geben letztere ein korrekteres Bild von der tatsächlichen Gehölz- und Grasbedeckung, während erstere z. T. erstaunliche Informationen über Oberflächenbeschaffenheit, die Standorteigenschaften und die Vitalität der vorkommenden Vegetation liefern und zudem frei von Brandspuren sind. Aufgrund der extremen Heterogenität der vorkommenden Vegetation als auch deren Standortbedingungen ist allerdings nur eine Klassifizierungsgenauigkeit von ca. 70 % zu erreichen.

Literatur

BOER, D. F. DE (1992): Veaux, vaches et végétation. - 155 S.; Ouagadougou (Ministère de l'Agriculture et de l'Elévage).

BRAUN, M. & HAHN, K. & SCHMID, S. (1996): Analyse des structures agraires et du couvert végétal de la région de Tô en liaison avec des images satellites multidates. - Ber. SFB 268, **7**: 33-47; Frankfurt a. M.

BRAUN, M. & HAHN-HADJALI, K. & MÜLLER-HAUDE, P. (1997): Agrarstruktur und Naturraumpotential in der Provinz Sissili (Burkina Faso). - Ber. SFB 268, **9**: 67-85; Frankfurt a. M.

COLWELL, J. E. (1974): Vegetation canopy reflectance. - Remote Sensing Environment, **3**: 175-183; New York.

COUTERON, P. & SERPANTIE, G. (1995): Cartographie d'un couvert végétal soudano-sahélien à partir d'images SPOT XS. Exemple du Nord-Yatenga (Burkina Faso). - Photo-Interprétation, **1** (1995): 19-24; Paris.

DEVINEAU, J. L. & ZOMBRE, P. N. (1996): Utilisation de l'indice de rougeur de Madeira pour la reconnaissance des sols de la région de Bondoukuy (ouest burkinabé) à partir d'images satellitaires SPOT. - In: ESCADAFAL, R. & MULDERS, M. A. & THIOMBIANO, L. [Hrsg.]: Surveillance des sols dans l'environnement par télédétection et systèmes d'information géographiques - Actes du Symposium international AISS (groupes de travail RS et DM), Ouagadougou du 6 au 10 février 1995: 121-134; Paris (O.R.S.T.O.M.).

ESCADAFAL, R. (1990): Les propriétés spectrales des sols. - In: O.R.S.T.O.M. [Hrsg.]: Journées Télédétection: Images satellite et milieux terrestres en régions arides et tropicales, Bondy du 14 au 17 novembre 1988: 19-39; Paris (O.R.S.T.O.M).

FONTES, J. & GUINKO, S. (1995): Carte de la végétation et de l'occupation du sol du Burkina Faso. Note explicative. - 67 S.; Toulouse (Ministère de la Coopération Française, Projet Campus).

FOURNIER, A. (1991): Phénologie, croissance et production végétales dans quelques savanes d'Afrique de l'Ouest. Variation selon un gradient climatique. - 312 S.; Paris (O.R.S.T.O.M.) (Collection Etudes et Thèses).

FOURNIER, A. (1994): Cycle saisonnier et production nette de la matière végétale herbacée en savannes soudaniennes pâturées. Les jachères de la région de Bondoukuy (Burkina Faso). - Ecologie, **25**: 173-188; Paris.

FRANKLIN, J. & DUNCAN, J. & TURNER, D. L. (1993): Reflectance of vegetation and soil in Chihuahuan desert plant communities from ground radiometer using SPOT wavebands. - Remote Sensing Environment, **46**: 291-304; New York.

HEILMAN, J. L. & BOYD, W. E. (1986): Soil background effects on the spectral response of a three-component rangeland scene. - Remote Sensing Environment, **19**: 127-137; New York.

HUETE, A. R. & TUCKER, C. J. (1991): Investigation of soil influences in AVHRR red and near-infrared vegetation index imagery. - Internat. J. Remote Sensing, **6** (12): 1223-1242; New York.

HUETE, A. R. & JACKSON, R. D. & POST, D. F. (1985): Spectral response of a plant canopy with different soil backgrounds. - Remote Sensing Environment, **17**: 37-53; New York.

KUSSEROW, H. (1995): Einsatz von Fernerkundungsdaten zur Vegetationsklassifizierung im Südsahel Malis. Ein multitemporaler Vergleich zur Erfassung der Dynamik von Trockengehölzen. - Wiss. Schrift.-R. Umweltmonitoring, **1**: 146 S.; Bayreuth.

RAY, T. W. & MURRAY, B. C. (1996): Nonlinear spectral mixing in desert vegetation. - Remote Sensing of Environment, **55**: 59-64; New York.

SCHMID, S. (1992): Evolution du couvert végétal et de l'occupation du sol dans et autours des aires classées de l'Est du Burkina Faso. - Rapport de fin de stage - Cours postgrade sur les pays en voie de développement (NADEL): 102 S.; Zürich (ETH).

SCHMID, S. (1993): Les problèmes de conservation de la nature dans l'Est du Burkina Faso. - Arbre et développement, **6**: 18-22; Ouagadougou.

SCHMID, S. (1999): Untersuchungen zum Informationsgehalt von multitemporalen SPOT-Satellitendaten am Beispiel der Savannen im Süden von Burkina Faso (Westafrika). - Frankfurter geowiss. Arb., Ser. D, **24**: 238 S.; Frankfurt a. M.

WISPELAERE, G. DE & PEYRE DE FABREGUES, B. (1985): Action de recherche méthodologique sur l'évaluation des ressources fourragères par télédétection dans la région du Sud-Tamesna (Niger). - Paris (Maisons Alfort).

Die pleistozänen Terrassen des Mains in der Isenburger Pforte südlich Frankfurt am Main

Arno Semmel, Hofheim am Taunus

mit 1 Abb. und 2 Tab.

1 Einleitung

Das selbständige wissenschaftliche Arbeiten von Wolfgang Andres begann vor mehr als 30 Jahren mit den geomorphologischen Untersuchungen im Limburger Becken und in der Idsteiner Senke. Im Mittelpunkt dieser - der ersten von mir angeregten und betreuten - Dissertation stand die Entwicklung des fluvialen Reliefs, insbesondere die der pleistozänen Terrassen. Es freut mich, zur Festschrift anläßlich des 60. Geburtstags von Wolfgang Andres einen Aufsatz beitragen zu können, der gleichfalls Probleme pleistozäner Terrassengliederung zum Inhalt hat.

Der nachfolgende Text nimmt auf sehr viele Lokalitäten Bezug, deren exakte Topographie aus Maßstabsgründen nicht in einer der üblichen Skizzen darstellbar ist. Das gleiche gilt für die genaue Wiedergabe der Isohypsen und anderer wesentlicher Einzelheiten. Es wird deshalb empfohlen, beim Lesen des Aufsatzes ein Exemplar der TK 25, Blatt 5918 Neu-Isenburg, heranzuziehen oder, falls schon verfügbar, die dritte Auflage des entsprechenden Blattes der GK 25.

Die Bezeichnung "Isenburger Pforte" (SCHOTTLER 1922: 41; WAGNER 1950: 187) umfaßt das tieferliegende Gebiet zwischen dem aus miozänen Kalkgesteinen aufgebauten Sachsenhäuser Berg (NE-Teil der TK 25, Blatt 5918 Neu-Isenburg) und dem Rotliegend-Höhenzug zwischen Sprendlingen und dem Trachyt-Stiel des Hohen Berges zwischen Dietzenbach und Heusenstamm. Die - relative - Niederung der Isenburger Pforte quert die Hochscholle des "Sprendlingen-Vilbeler Horstes" (BÖKE 1976: 231). Der Untergrund der Pforte ist von KLEMM (1901) als aus "altdiluvialem Mainschotter" bestehend kartiert worden. Bereits WAGNER (1950: 188) macht darauf aufmerksam, daß diese zur Kelsterbacher Terrasse gehörenden Schotter durch eine warmzeitliche Tonlage getrennt seien und zu zwei verschiedenen Kaltzeiten ("Günz" und "Mindel") gehörten. SCHEER (1974: 73) trennt t1- von t2-Terrassensedimenten, der Gliederung folgend, die im westlichen Untermain-Gebiet erarbeitet wurde (SEMMEL 1969).

Im östlichen Oberrheingraben, westlich des Sprendlingen-Vilbeler Horstes, war es bei der geologischen Neuaufnahme des Blattes 5917 Kelsterbach möglich, den altpleistozänen Terrassenkomplex (= "Kelsterbacher Terrasse") in mindestens fünf Schotterkörper aufzugliedern, die durch warmzeitliche Tonlagen getrennt sind (SEMMEL 1974: 15ff., 1980: 25ff.). Die geologische Neuaufnahme des Blattes Neu-Isenburg bot Gelegenheit, der Frage nachzugehen, ob sich auch östlich des Oberrheingrabens, im Bereich einer Hochscholle, ebenfalls Anhaltspunkte für eine stärkere Differenzierung des t1-Terrassenkomplexes finden ließen.

Wie bereits im Zusammenhang mit der geologischen Neuaufnahme des Blattes Kelsterbach bemerkt (SEMMEL 1980: 35), unterscheiden sich die verschiedenen pleistozänen Main-Terrassen sedimentpetrographisch kaum, jedenfalls nicht so gut, daß auf dieser Basis eine sichere Abgrenzung im Gelände möglich ist (vgl. auch SCHEER 1974: 73). Einzig in größeren Aufschlüssen gelingt es in der Regel, übereinanderliegende Schotterkörper unterschiedlichen Alters zu trennen. Entsprechende Aufschlüsse wurden indessen während der gesamten Kartiertätigkeit kaum mehr angetroffen. Die wenigen nicht verfüllten ehemaligen Kiesgruben stehen meist unter Naturschutz und sind somit der weiteren geowissenschaftlichen Forschung entzogen.

Selbst die Verfolgung von an der Oberfläche ausgebildeten Terrassengrenzen in Form von Geländekanten gelingt nur selten, da häufiger noch als im Bereich des Blattes Kelsterbach nur ganz allmähliche Anstiege vorliegen, die zudem vielfach durch Flugsand verhüllt sind. Schließlich wurden die Kanten an vielen Stellen sekundär zerschnitten (vgl. auch SCHEER 1974: 72), oder es entstanden durch diese Zerschneidung neue Stufen, die alte Terrassenkanten nur vortäuschen.

Gerade bei Terrassenkanten bleibt aber auch nicht selten die Frage offen, ob zwei verschieden alte Schotterkörper aneinanderstoßen oder ob nur eine jüngere Erosionsterrasse in eine ältere Akkumulation eingeschnitten ist. Diese Frage kann nur dann eindeutig beantwortet werden, wenn sich die verschieden alten Terrassensedimente sedimentologisch unterscheiden lassen. Als Beispiele werden zwei Terrassenfolgen angeführt, die im westlichen Untermain-Gebiet aufgeschlossen sind.

Es handelt sich einmal um die t4/t6-Kante, die westlich des Frankfurter Flughafens von der ICE-Trasse Köln/Frankfurt a. M. geschnitten wird (vgl. GK 25, Bl. 5917 Kelsterbach, 3. Aufl.). Dort liegt der "buntsandsteinfarbene" t6-Kies auf grauen t1-Sanden, keilt jedoch schon ca. 50 m vor dem Anstieg zur t4-Terrasse aus. Es ist also hier eine reine t6-Erosionsterrasse im t1-Sand ausgebildet. An der südlich anschließenden 300 m langen Nordwand der Kiesgrube Mitteldorf liegt im gleichen Niveau unter dem Flugsand überhaupt kein t6-Kies, sondern unmittelbar der graue t1-Sand. Es wechseln also auf engstem Raum Erosions- und Akkumulationsterrasse der gleichen stratigraphischen Stufe. Das läßt sich indessen nur erkennen, weil sedimentologische Unterschiede zwischen den verschieden alten Terrassenakkumulationen bestehen.

Das andere Beispiel ist im alten Dyckerhoff-Steinbruch bei Wiesbaden-Biebrich aufgeschlossen. Auf dem sanften Abfall, der dort von der t2-Terrasse zur t3-Terrasse führt, liegen in der Regel unter dem Löß die grauen kalkhaltigen Sande des "Hauptmosbach" (t1). Nur vereinzelt sind auf diesen braune kalkfreie Kiesnester zu finden, die in der Zeit zwischen der Akkumulation der t2- und der t3-Kiese abgelagert wurden. Diese "Zwischenstadien" ließen sich nicht erkennen, würden Farbe, Kalkgehalt und Körnigkeit den t1-Sanden entsprechen.

Wie schon betont wurde, liegen solche Unterschiede im t1-Komplex leider nicht vor. In der Isenburger Pforte ist jedoch der große Vorteil, daß die relativ hohe Lage der liegenden tertiären Kalke und Mergel ein einwandfreies Erfassen der Pleistozänbasis ermöglicht. Aus deren wechselnder Höhenlage lassen sich verschiedene Terrassenstufen ableiten.

Diesem Verfahren kam die außerordentlich hohe Zahl von Bohrungen im Untersuchungsgebiet zugute. Hier ist vor allem Herrn Geologierat Ziehlke vom Hessischen Landesamt für Bodenforschung zu danken, der mir zahlreiche Bohrungen zugänglich machte und deren Aufnahme ermöglichte, soweit noch Bohrgut vorhanden war. Zu den weiteren Vorteilen gehörte ebenfalls, daß mehrere Schürfe und Kernbohrungen mit freundlicher Genehmigung der Forstbehörden, insbesondere des Forstamtes Neu-Isenburg, ergänzend vorgenommen werden konnten.

2 Der t1-Terrassenkomplex

2.1 t1a-Terrasse

Als älteste pleistozäne Mainsedimente werden hellbraune, teilweise auch fahlrötlichbraune oder rostverfärbte kiesige Sande angesehen, deren Basis bei 150 m NN liegt und die

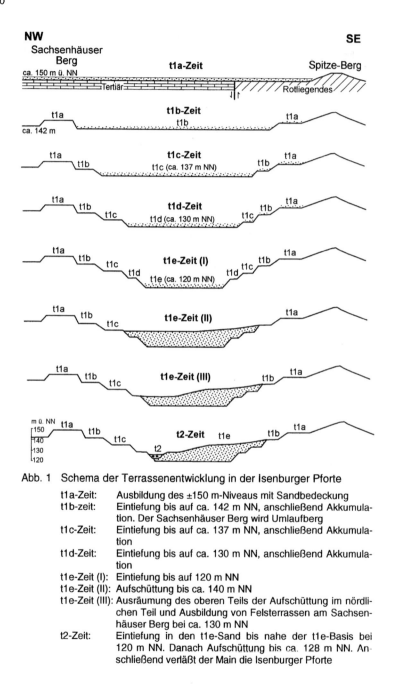

Abb. 1 Schema der Terrassenentwicklung in der Isenburger Pforte

t1a-Zeit: Ausbildung des ±150 m-Niveaus mit Sandbedeckung
t1b-zeit: Eintiefung bis auf ca. 142 m NN, anschließend Akkumulation. Der Sachsenhäuser Berg wird Umlaufberg
t1c-Zeit: Eintiefung bis auf ca. 137 m NN, anschließend Akkumulation
t1d-Zeit: Eintiefung bis auf ca. 130 m NN, anschließend Akkumulation
t1e-Zeit (I): Eintiefung bis auf 120 m NN
t1e-Zeit (II): Aufschüttung bis ca. 140 m NN
t1e-Zeit (III): Ausräumung des oberen Teils der Aufschüttung im nördlichen Teil und Ausbildung von Felsterrassen am Sachsenhäuser Berg bei ca. 130 m NN
t2-Zeit: Eintiefung in den t1e-Sand bis nahe der t1e-Basis bei 120 m NN. Danach Aufschüttung bis ca. 128 m NN. Anschließend verläßt der Main die Isenburger Pforte

neben ungebleichten Buntsandsteingeröllen auch Lydite enthalten. Schwermineralogisch ist die Dominanz von Epidot/Zoisit (30 - 50 %) und von Granat (20 - 30 %) charakteristisch. Der Gehalt an Grüner Hornblende bleibt unter 20 %, der an Staurolith unter 3 % (vgl. Tab. 1). Derartige Substrate sind auf der GK 25 als t1a-Terrasse ausgewiesen.

Die drei derzeit bekannten Vorkommen mit t1a-Sedimenten liegen am Südost- und am Südrand des Hohen Berges sowie östlich der Straße Neu-Isenburg/Götzenhain zwischen Beste Wiesen- und Flittersee-Schneise. Im letzten Fall ist meist nur eine Geröllstreu (Deflationspflaster) über Rotliegendem ausgebildet, in der bis 10 cm lange rote Buntsandsteine und kleinere Lydite vorkommen. Diese Geröllstreu wird, ohne daß eine Geländekante ausgebildet ist, von einem Geröllhorizont abgelöst, in dem die angeführten Mainkomponenten fehlen und statt dessen nur rotrindige, innen frische Gerölle aus dem Rotliegenden zu finden sind (Granite, Amphibolite). Demnach ist hier im wesentlichen eine Erosionsterrasse ausgebildet.

Diese Einschätzung ist insofern von übergeordneter Bedeutung, als solche Erosionsterrassen in genau der gleichen Meereshöhe (150 m) noch an anderen Stellen der Isenburger Pforte anzutreffen sind. Besonders gut ausgeprägte Beispiele findet man südlich Sprendlingen, nordöstlich Gut Neuhof, nördlich des Eberts-Berges und zwischen Spitze-Berg und Hohem Berg. Mit diesen südlichen Randniveaus korrespondieren im Nordwesten der Pforte die Niveaus südlich der Sachsenhäuser Warte und südlich des Goetheturms, hier nicht im Rotliegenden, sondern in miozänen Kalken entwickelt.

Aus diesem Befund darf abgeleitet werden, daß der Sprendlingen-Vilbeler Horst seit dem ältesten Pleistozän in sich tektonisch stabil geblieben ist. Eine solche Folgerung wird von Angaben SCHEERs (1974: 49) und SEIDENSCHWANNs (1993: 71) gestützt, die unabhängig voneinander im linksmainischen beziehungsweise im rechtsmainischen Gebiet älteste Relikte pleistozäner Mainterrassen jeweils in genau 150 m NN fanden.

Für die Alterseinstufung der Reste der t1a-Terrasse ist wesentlich, daß in den darüber folgenden Höhenlagen keine Mainsedimente mehr vorkommen und die bei 170 m NN einsetzenden Verebnungen offensichtlich noch pliozänen Alters sind (vgl. SEMMELMANN 1964; SEIDENSCHWANN 1993: 70f.).

Sichere Hinweise auf einen die Isenburger Pforte durchfließenden pliozänen Main wurden von mir nicht gefunden. Eventuell sind gelbliche tonige Schluffe, die die rostfarbigen t1a-Sande am Südostrand des Hohen Berges (Ecke Lustwiesen-/Loh-Schneise) unterlagern, einem solchen Flußlauf zuzuordnen. Die gelben Schluffe, die drei Meter mächtig sind und deren Liegendes Trachyt bildet, enthalten jedoch neben anderem 46 % Epidot/Zoisit und

Tab. 1   Schwermineralgehalt von Terrassensedimenten in der Isenburger Pforte

Ana-stas	Augit	Epi-dot	Gra-nat	Gr. Hornbl.	Br. Hornbl.	Rutil	Stau-rolith	Tita-nit	Tur-malin	Zir-kon	Lokalität
t1a-Terrasse											
-	-	44	22	12	-	3	3	-	7	10	R 348376 H 554472
2	-	33	23	8	-	7	2	-	3	23	R 348375 H 554472
-	-	28	30	20	-	4	3	-	7	8	R 348361 H 554460
t1b-Terrasse											
-	-	56	4	4	-	6	-	-	22	8	R 348032 H 354350
5	-	55	2	3	-	7	-	-	10	15	R 348338 H 554400
4	-	34	6	7	-	4	-	-	10	31	R 348021 H 554356
3	-	35	3	5	-	10	-	-	10	31	R 348028 H 554356
3	-	41	+	2	-	6	+	-	8	28	R 348027 H 554356
4	-	37	+	6	-	12	-	-	12	30	R 348025 H 554356
9	-	31	8	9	-	3	-	-	7	31	R 348569 H 554118
t1e-Terrasse											
4	-	35	-	4	-	8	6	-	20	23	R 347730 H 554360
6	-	10	-	+	-	2	37	-	33	8	R 347730 H 554360
7	-	8	-	-	-	2	33	-	23	27	R 347775 H 554461
11	-	8	+	3	-	3	17	-	43	15	R 347774 H 554466
4	-	64	8	-	-	6	5	-	10	5	R 348341 H 554516
3	-	38	5	42	1	4	5	-	1	1	R 348341 H 554516
2	-	74	2	10	1	1	3	-	3	3	R 347959 H 554499
-	-	59	4	3	-	3	19	-	4	7	R 347959 H 554499
1	-	72	-	6	-	2	10	-	4	4	R 348202 H 554822
Pliozäner Sand											
8	-	17	-	-	-	-	16	-	39	21	R 347774 H 554516
6	-	5	-	-	-	2	29	-	44	15	R 347774 H 554516

(Korn-% des Schwermineralgehalts in der Feinsandfraktion, Analytiker: Prof. Dr. H. Thiemeyer)

3 % Grüne Hornblende, mithin eine Schwermineralkomponente, die für bereits pleistozänes Alter spricht. Von den t1-Sanden unterscheidet den Schluff das Fehlen von Granat. So gesehen weist die Schwermineralzusammensetzung des gelblichen Schluffes stratigraphisch auf den Übergang zum jüngsten Pliozän hin, dessen graue, schwach humose Sande bereits deutliche Epidot/Zoisitgehalte führen können. Als Beispiel wird auf Tab. 1 verwiesen, wo die Schwermineralgehalte von Proben dargestellt sind, die von einer Trockenbohrung stammen, die 50 m nördlich Pkt. 127,4 am Waldweg zwischen Neu-Isenburg und Sprendlingen abgeteuft wurde (Landesamt-Archiv-Nr. 920). Danach enthalten hier die pollenanalytisch belegten pliozänen Sande schon 17 % Epidot/Zoisit.

Die angeführte Bohrung steht indessen bereits westlich des Sprendlingen-Vilbeler Horstes, mithin im Oberrheingraben, dessen östlichste Randverwerfung zwischen Neu-Isenburg und Sprendlingen etwa den schon von KLEMM (1901) angegebenen Verlauf östlich der heutigen Bundesstraße 3 (alt) nimmt. Abweichend von der Einschätzung BÖKEs (1976: 230), wonach die Bohrung 6 (Archiv-Nr. 491) in der Herrmannstraße in Neu-Isenburg bereits zum Horstbereich gehört, wird hier noch Grabenposition vermutet, weil unter dem Quartär noch 10 m Pliozän und etwas Burdigal liegen.

Ein Versuch, die t1a-Sedimente im Grabenbereich zumindest schwermineralogisch zu identifizieren, brachte keine völlig eindeutigen Ergebnisse. Zwar liegt in dem Brunnen 14 der Wasserwerke Neu-Isenburg nordöstlich Pkt. 124,0 an der Sand-Schneise südwestlich der Stadt zwischen 27 und 32 m unter Flur ein weißgrauer Grobsand mit gebleichten mürben Sandsteinen, der 15 % Epidot/Zoisit und 13 % Granat enthält und somit gewisse Ähnlichkeit mit den Schwermineralgehalten der t1a-Sedimente zeigt, doch hieße es, die Schwermineralogie zu überfordern, wertete man solche Befunde als sichere stratigraphische Kriterien.

In der schon angeführten Bohrung und in benachbarten anderen zwischen Neu-Isenburg und Sprendlingen, also östlich des Brunnens 14, fehlen Sande, die durch ähnliche Schwermineralgehalte gekennzeichnet sind. Vielmehr folgen hier auf den jüngsten pliozänen Sanden sofort Sedimente, die schwermineralogisch jüngeren t1-Bildungen zuzuordnen sind. Allerdings ließe sich dieser Befund so interpretieren, daß die jüngeren t1-Sande hier auf einer höheren Randscholle liegen, auf der die t1a-Sedimente vorher erodiert wurden.

Bemerkenswert ist, daß die mutmaßlichen t1a-Grabensedimente häufig gebleichten mürben Buntsandstein führen und sich dadurch von den t1a-Horstsedimenten unterscheiden, in denen rote Sandsteine vertreten sind. Außerdem wurden von mir keine Lydite in den Grabensedimenten gefunden, die in den Horstsedimenten allerdings auch relativ selten und nur in Durchmessern kleiner 2 cm vorkommen. In den jüngeren Mainsanden sind dagegen Lyditgerölle bis 10 cm Durchmesser häufig.

In diesem Zusammenhang ist noch auf die Frage einzugehen, ob die Lyditgerölle - wie in der Regel auch von mir praktiziert - zur Grenzziehung zwischen plio- und pleistozänen Mainablagerungen verwendbar sind. Bereits KINKELIN (u. a. 1912: 214) hält für möglich, daß kleine Kieselschiefergerölle in pliozänen Sanden bei Frankfurt a. M. auch vom Ostrand des Rheinischen Schiefergebirges stammen können. Manche Autoren (vgl. Übersicht bei ANDERLE 1968: 188; außerdem STREIT 1971: 138) schließen überdies Geröllhorizonte des Buntsandsteins als Liefergebiet nicht aus.

Das Fehlen gröberer Lydite in den pliozänen Sanden wird seit SCHOTTLER (1922: 37; vgl. auch SCHOTTLER & HAUPT 1923: 127) damit erklärt, daß das obere Maingebiet als Herkunftsregion damals noch nach Süden zur Donau entwässert worden sei. BÖKE (1976: 228) beschreibt indessen auch gröbere Lydite ("Grobkies und Schotter") des Pliozäns aus der schon erwähnten Bohrung 491 in Neu-Isenburg. Wegen dieser Unklarheiten sammelte ich Lesesteine aus dem Paläozoikum des Ostrandes des Rheinischen Schiefergebirges (Bl. 5517 Cleeberg und 5518 Butzbach), wo Kieselschiefer im Einzugsgebiet der Wetter anstehen. Die von Herrn Dr. Ehrenberg, Hessisches Landesamt für Bodenforschung, ausgeführten mikroskopischen und chemischen Untersuchungen ergaben keine Unterschiede gegenüber den typischen Main-Lyditen. Lediglich ein Kieselschiefergeröll aus dem Rotliegenden bei Sprendlingen war durch seinen Barytgehalt von den anderen Kieselschiefergeröllen zu unterscheiden.

Am Ende der Ausführungen über die t1a-Terrasse sei noch darauf verwiesen, daß an einigen Stellen auf den 150 m-Niveaus rötliche sandige Kiese liegen, die möglicherweise als lokale Zuflüsse dieser Mainterrasse zu deuten sind. Gleichwohl ist eine Erklärung als nur lokal aufgearbeitetes Rotliegendes nicht auszuschließen (Beispiele westlich BAB-Parkplatz Sprendlingen oder nördlich Kreiskrankenhaus Langen zwischen B 3 und A 661).

2.2 t1b-Terrasse

Nur wenige Meter unterhalb der Basis der t1a-Terrasse setzen hellbraune, manchmal rostfarbige kiesige Sande ein, deren Basis bei ca. 142 m NN liegt. Die Sande können bis 147 m NN heraufreichen. Rote Buntsandstein- und grobe Lyditgerölle sind zahlreich vertreten, so daß der Einfluß des Mains klarer wird als bei den t1a-Sanden. Von diesen unterscheiden sich die t1b-Sande schwermineralogisch durch einen deutlich niedrigeren

Granatgehalt und das totale Fehlen von Staurolith (Tab. 1). Der kristalline Spessart als Liefergebiet des Staurolith war zur t1b-Zeit offensichtlich ausgefallen.

Bei dieser Folgerung ist zu beachten, daß die Entnahmestellen der Proben sämtlich am Südrand der Pforte liegen. Nur hier waren während der Kartierung für die Probennahme geeignete Vorkommen zugänglich (Wegeinschnitt zum Steinbruch am Hohen Berg, auf dessen Osthang sowie nördlich des t1a-Vorkommens an der Straße Neu-Isenburg/Götzenhain).

Bei dem letztgenannten Vorkommen konnte mit einem Baggerschurf der Übergang von der t1a- zur t1b-Terrasse aufgeschlossen werden. Auf dem Hang zwischen beiden liegt unter einem Meter Flugsand eine bis zwei Meter mächtige Fließerde aus Rotliegendmaterial, in dem Gerölle der t1a-Terrasse eingeregelt sind (Buntsandstein, Lydite). Die Ausbildung der Fließerde entspricht den Merkmalen periglazialer amorpher Schuttdecken (SEMMEL 1985: 10), die im weitgehend vegetationsfreien Gelände entstehen. Somit ergibt sich hier ein erster Anhaltspunkt für den kaltzeitlichen Charakter der fluvialen Akkumulation der t1b-Sande.

Geringmächtige und schlecht zugängliche Ablagerungen der t1b-Terrasse liegen am Nordosthang des Steinbergs (Dietzenbach-Steinberg) und am Ostrand der Lerchesbergsiedlung am Sachsenhäuser Berg. Beide Vorkommen sind bereits von KLEMM (1901) als "du" kartiert worden. Während der Neuaufnahme waren nur in kurzfristig offenen Kanalisationsgräben in dem ansonsten stark anthropogen gestörten Gelände die kiesigen Sande zu beobachten.

Außerhalb der Isenburger Pforte liegt t1b-Sand am Nordhang des Sachsenhäuser Berges im südlichen Teil des Südfriedhofes und in der alten Tongrube auf dem Hügel östlich Dietzenbach. Das letztgenannte Vorkommen stufte KLEMM (1901) zwar ins Pliozän ein, jedoch bezieht sich das wohl mehr auf die liegenden Tone und Lehme, die damals abgebaut wurden.

Zur t1b-Terrasse gehören schließlich gut ausgebildete Erosionsterrassen in ca. 142 m NN, die fast durchgehend den Sachsenhäuser Berg inklusive Lerchesberg umziehen und zeigen, daß die t1a-Niveaus auf diesem Berg bereits zur t1b-Zeit allseitig vom Main umflossen wurden. Selbst im Rotliegenden am Hohen Berg und östlich von Sprendlingen sind korrespondierende Niveaus zu finden, wodurch klar wird, daß die Isenburger Pforte im Sinne von SCHOTTLER (1922: 41) erstmals zu dieser Zeit in Funktion war.

2.3 t1c- und t1d-Terrassen

Unterhalb der Oberfläche der t1b-Terrasse fällt das Gelände im südlichen Teil der Isenburger Pforte kontinuierlich von ca. 145 auf tiefer als 140 m NN ab. Abweichend von dieser ungestuften Oberfläche sind an der Basis der Sande deutliche Höhenunterschiede in den Bohrungen zu erkennen. Bei den t1c-Sedimenten beträgt die Sandmächtigkeit 2 bis 4 m, bei den t1d-Sanden bis ca. 10 m. Recht gut verfolgbar ist das zwischen dem Hohen Berg und Sprendlingen sowie südöstlich des Hohen Berges. Deshalb wurde auch nur hier die Trennung zwischen der (geringmächtigen) t1c- zur (mächtigeren) t1d-Terrassse vorgenommen. Leider ergab die Schwermineralanalyse keine hinreichende Grundlage für eine Abgrenzung der Sedimentkörper. Die Schwermineralzusammensetzung entspricht weitgehend der der nächstjüngeren, der t1e-Terrasse. Daß an der Oberfläche durchgehend keine Terrassenkante ausgebildet ist, liegt wohl daran, daß eben diese t1e-Terrasse zumindest in ihren höchsten (ca. 140 m NN) Teilen als Erosionsterrasse gebildet wurde und dadurch ehemalige Kanten verschwanden.

Die Basis der t1c-Terrasse läßt sich als Felsterrasse in ca. 137 m NN in den miozänen Kalken des Sachsenhäuser Berges gut verfolgen. Zwischen dem Hohen Berg und Sprendlingen gehören zu ihr Niveaus im Rotliegenden, teilweise mit aufgearbeitetem roten Sand aus dem Untergrund und eingemischten Maingeröllen dünn bedeckt. Zur Basis der t1d-Terrasse könnten Erosionsniveaus in ca. 130 m NN zu stellen sein, die vor allem am Südabfall des Sachsenhäuser Berges gut zu erkennen sind. Hier ist indessen eine Verwechselung mit Erosionsniveaus der t1e-Terrasse nicht immer sicher auszuschließen (vgl. weiter unten).

2.4 t1e-Terrasse

Die t1e-Terrasse hat als jüngste Stufe des t1-Terrassenkomplexes zwar die größte flächenhafte Ausdehnung, läßt sich aber meist nur mit Hilfe ihrer Basis (120 m NN) gegenüber den älteren Terrassen abgrenzen. Ihre heutige Oberfläche wird als Erosionsterrasse gedeutet, die bis ca. 140 m NN hoch reicht und - wie schon betont - dabei die Grenzen der t1c- und t1d-Terrasse schneidet. Die Trennung von diesen Terrassen ist wegen des Fehlens hinreichender petrographischer Unterschiede nur anhand von Bohrgut nicht möglich.

Für große Teile der t1e-Sedimente sind überhaupt Eigenschaften typisch, wie sie allgemein für t1-Sande aus den Bereichen westlich und östlich der Isenburger Pforte beschrieben wurden (SEMMEL 1969: 54ff., 1980: 28f.). Die überwiegend grauen und gelblichgrauen, jedoch manchmal auch bräunlichen kiesigen Sande enthalten vor allem Gerölle von rotem Sandstein, grauen Quarziten und Quarzen. Zahlenmäßig deutlich geringer sind Lydite sowie kleine, sehr gut gerundete grünliche Quarzite vertreten. Lokal kommen kristalline Komponenten aus dem Kristallinen Odenwald und Hahenkammquarzit hinzu. Bemerkenswert sind weiterhin vereinzelt braune Hornsteine und grüngraue Feinsandsteine. Da nur Material aus Bohrungen zur Verfügung stand, sind genauere quantitative Angaben nicht sinnvoll. Bei SCHEER (1974: 166) werden die in zwei verschiedenen Kiesgruben gewonnenen Ergebnisse quantitativer petrographischer Schotteranalyse wiedergegeben.

Schwermineralogisch zeichnen sich die t1e-Sedimente durch starke Schwankungen der verschiedenen Komponenten aus. Wie bereits SCHEER (1974: 56) betont, wechselt der Staurolithgehalt je nach Lage zum Spessart, dem Liefergebiet. Abweichend von diesem Befund weisen aber selbst dicht benachbarte Sedimente sehr unterschiedliche Anteile an Staurolith auf. So enthalten beispielsweise Lagen gleicher Tiefe in den hinsichtlich der Schichtenfolge sehr ähnlich aufgebauten Bohrungen 169 und 1137 zwischen Neu-Isenburg und Sprendlingen 6 bzw. 33 % Staurolith (Tab. 1). Weitere Beispiele zu dieser Frage sind in den Erläuterungen zur zweiten Auflage der GK 25, Bl. 5918 Neu-Isenburg zu finden (in Druckvorb.).

Entscheidend für die Abgrenzung der t1d-Terrasse ist die konstante absolute Höhe ihrer Basis, die nahezu tischeben vom Südabfall des Sachsenhäuser Berges bis zur Linie Hoher Berg/Sprendlingen in ca. 120 m NN durchzieht und dabei vom Tertiär im Norden bis auf das Rotliegende im Süden übergreift (Abb. 1). Nur im Bereich des Oberrheingrabens im Westen und der Hanau-Seligenstädter Senke im Osten sinkt ihre Basis ab, wobei nicht auszuschließen ist, daß sie hier von älteren t1-Sedimenten unterlagert wird.

Innerhalb der Isenburger Pforte zeigen die bereits von KLEMM (1901) angeführten Bohrungen die t1e-Basis bei ca. 120 m NN an. Diese Höhenlage setzt mit der Bohrung 467 (Archiv-Nr. HLfB) am jüdischen Friedhof nördlich Heusenstamm ein und zieht über Gravenbruch (120 m in der Bohrung 917) bis zum Zentrum der Altstadt von Neu-Isenburg (118 m in der Bohrung 914). Ebenso eindrucksvoll ist die Höhenkonstanz der t1e-Basis im Süden der Isenburger Pforte, wo am südwestlichen Stadtrand von Heusenstamm 118 m NN zu registrieren sind (Bohrung 1052), nordöstlich des Hohen Berges 122 m (Bohrung 249), nördlich des Hohen Berges 119 m (Forschungsbohrung), westlich der Bundesstraße 459 in der Bohrung 8 wiederum 122 m, östlich des Neu-Isenburger Waldfriedhofes 120 m (Forschungsbohrung), im nördlichen Industriegebiet von Sprendlingen 118 m (Bohrung 879) und im Südteil von Sprendlingen 122 m (Bohrung 54 bei KLEMM 1901). Die angeführten Beispiele lassen sich durch zahlreiche weitere Bohrungen aus dem Archiv des

Hessischen Landesamtes für Bodenforschung ergänzen, die sämtlich ähnliche Höhenlagen der t1e-Basis widerspiegeln.

In den ca. 30 Bohrungen, die von mir selbst aufgenommen werden konnten, und die in dem vorstehend umrissenen Areal liegen, ist jeweils die t1e-Basis im Rotliegenden, in oligozänen oder miozänen Gesteinen ausgebildet. Pliozäne Sedimente - wie schon WAGNER (1950: 187) betont - fehlen und somit auch Belege dafür, daß im Bereich der Isenburger Pforte ein präquartärer Main unter 150 m NN eingeschnitten war. Zugleich wird erneut die tektonische Stabilität während des Quartärs in diesem Gebiet bestätigt, phasenhafte Eigenbewegungen des Sprendlingen-Vilbeler Horstes, wie sie WAGNER (1950: 188) annimmt, lassen sich nicht bestätigen. Dagegen bleibt unbestritten, daß nordöstlich der Isenburger Pforte in Höhe des heutigen Mainspiegels pliozäne Sedimente vorkommen (u. a. SEIDENSCHWANN et al. 1995).

Im Gegensatz zur Terrassenbasis zeigt die Oberfläche der t1e-Terrasse im Nord/Süd-Querschnitt einen kontinuierlichen Anstieg, der von 130 m NN südlich des Monte Scherbelino bis über 140 m NN am Nordrand des Hohen Berges reicht. Parallel dazu steigt die Sandmächtigkeit von 10 auf 20 m an. Diese Differenzierung ist wohl nur so zu erklären, daß zunächst die t1e-Sande mit einer Mächtigkeit von mindestens 20 m aufgeschüttet wurden, ganz ähnlich, wie es SEIDENSCHWANN (1993: 78) für das rechtsmainische Gebiet zwischen Frankfurt a. M. und Maintal annimmt. Die Einschätzung, dieser Vorgang sei mit der seit langem bekannten Verschüttung des Mittelmaintals zu verbinden, trifft sehr wahrscheinlich zu.

Später räumte der Main die Sande mit nach Norden zunehmender Tendenz bis auf 130 m NN - entprechend 10 m Mächtigkeit - wieder aus. Dabei griff die Erosion am Südhang des Sachsenhäuser Berges auf die miozänen Kalke über und bildete deutliche Erosionsterrassen aus. Korrespondierende Niveaus sind auch nördlich des Südfriedhofes am Nordabfall des Sachsenhäuser Berges anzutreffen. Zu diesen Erosionsterrassen gehören - außerhalb der Isenburger Pforte - gleichfalls der Bieberer Berg und das Kalkplateau westlich Obertshausen, das also noch außerhalb der Hanau-Seligenstädter Senke liegt und sich während des Quartärs tektonisch ähnlich verhalten hat wie der Sprendlingen-Vilbeler Horst.

Der recht gleichmäßige Abfall der t1e-Oberfläche von Süden nach Norden deutet auf eine relativ kontinuierliche Tiefenerosion des Mains bei gleichzeitiger Nordwanderung hin. Nur bei ca. 137 m NN setzt ein etwas stärkerer Abfall ein, etwa westlich des Hohen Berges und westlich der Seibertswiese.

Die Aufschüttung der t1e-Sande erfolgte nicht kontinuierlich. In den meisten Bohrungen zeigen Blocklagen Differenzierungen an. Ähnliche Bilder vermittelt auch der derzeit einzige länger zugängliche Aufschluß in den t1e-Sanden. Er liegt außerhalb der Isenburger Pforte westlich Nieder-Roden (Kiesgrube Schüttler). Dort kommen an der Basis von 3,5 m mächtigen hellen t1e-Sanden scharfkantige Driftblöcke aus rotem Buntsandstein mit Kantenlängen bis 0,5 m vor. Solche Blöcke werden allgemein als Zeugen kaltzeitlicher Klimabedingungen gedeutet.

Unter der Blocklage folgt eine 1,2 m mächtige stark humose Tonlage, deren Pollengehalt nur Nadelwaldbestand dokumentiert (Tab. 2). Es liegt mithin nur ein Interstadial und keine echte Warmzeit mit Eichenmischwald vor. Nicht völlig auszuschließen ist, daß hier nur die Schichten des kühleren Teils einer Warmzeit erhalten blieben.

Tab. 2 Pollengehalte (%) einer Tonlage in t1-Sanden
(Kiesgrube Schüttler, 1,5 km westlich Dudenhofen)

Tiefe in cm	Pinus	Picea	Abies	Betula	Ulmus	Tilia
0 - 10	70,2	13,8	1,3	13,4	1,3	-
10 - 30	67,6	25,9	2,0	3,0	1,5	-
30 - 33	79,0	16,0	-	2,0	2,0	1,0
33 - 50	68,0	28,4	1,0	0,9	0,9	0,8
50 - 65	----------------------pollenleer----------------------					
65 - 80	70,2	26,4	2,4	-	-	-

Analytiker: Dr. M. Hottenrott, Hess. Landesamt f. Bodenforschung

Das Liegende der Tonlinse bildet wiederum heller t1e-Sand, so daß eine ähnliche Schichtfolge gegeben ist wie im "t1-Bereich" (alte undifferenzierte Bezeichnungsweise) des Profils in der ehemaligen Kiesgrube Bauer nördlich Sprendlingen. Dort sind innerhalb der betreffenden Sande sogar mehrere Tonlagen zu finden (SCHEER 1974: 53).

Diese Kiesgrube ist darüber hinaus für die stratigraphische Einstufung der t1e-Sande wichtig. Laut SCHEER (1974: 57f.) läßt sich die basale Tonlage, unter der pliozäner Sand folgt, aufgrund von Pollenresten, die in ihr gefunden wurden, "...in das ältere Quartär einstufen". Neben Pinus und Picea kommen Ulmus, Quercus, Castanea, Tsuga, Corylus, cf. Pterocarya und cf. Sciadopitys vor. FROMM (1978: 7f.) fand bei seinen paläomagnetischen Untersuchungen im gesamten Profil nur normale Feldrichtung und ordnete deshalb die komplette Schichtenfolge der Brunhes-Epoche zu. Damit wird ein Alter von jünger als ca. 800 000 Jahren wahrscheinlich. Ähnliche Meßergebnisse legt FROMM (1978: 7) auch aus der ehemaligen Kiesgrube "Am Gehspitz" vor, die ca. 2 km weiter westlich liegt. Hier waren zunächst (SEMMEL & FROMM 1976: 24) nur reverse Werte gemessen worden, die offensichtlich der Korrektur bedurften.

Mit dieser Korrektur ergibt sich eine vage Möglichkeit der genaueren stratigraphischen Zuordnung der t1e-Sande. Die obere Tonlage in der Gehspitzgrube läßt sich pollenanalytisch wegen ihres Gehaltes an *Eucommia* in eines der beiden älteren Cromer-Interglaziale einstufen (Untersuchungen durch Frau Dr. I. Borger, Leverkusen). Wegen der normalen Magnetisierung kann es sich nach bisherigem Kenntnisstand nur um das Interglazial Cromer II handeln. Obwohl der gesamten, in dieser Weise basierten Stratigraphie noch viele Unwägbarkeiten eigen sind, erscheint es dennoch aufgrund der vorhergehenden Überlegungen nicht abwegig, dem größten Teil der t1e-Sande ein Alter zwischen 600 000 und 800 000 Jahren zuzubilligen.

Die beiden erwähnten Kiesgruben gehören bereits zum Oberrheingraben, die t1e-Basis liegt tiefer als im Horstbereich, die Oberfläche der Terrasse bleibt dagegen in der gleichen Höhe (hier ca. 130 m NN). Daraus ist abzuleiten, daß während der Akkumulation der t1e-Sande im östlichsten Grabenteil die Absenkung noch andauerte, nach Ausbildung der heutigen t1e-Oberfläche jedoch sich nicht fortsetzte. Erst weiter westlich, also grabeneinwärts, dauerte die Absenkung weiter an (vgl. dazu SEMMEL 1987: 21).

Der Befund, daß die t1e-Terrasse ohne Probleme vom Horst- in den Grabenbereich verfolgt werden kann, darf nicht den Eindruck entstehen lassen, daß eine ähnlich gute Verknüpfung der älteren t1-Terrassen möglich ist. Zwar stimmt die Zahl der ausgegliederten t1-Terrassen auf dem Horst und im Graben vorzüglich überein, aber die Wahrscheinlichkeit, daß dies eher zufällig so ist, bleibt groß. In beiden Gebieten können Terrassen total ausfallen oder nicht gefunden worden sein und deshalb unerkennbare oder unerkannte Lücken vorliegen.

3 t2-Terrasse

An vielen Stellen zwischen Neu-Isenburg und Heusenstamm läßt sich beobachten, daß in die tiefsten Teile der t1e-Oberfläche (130 m NN) noch ein Niveau eingeschnitten ist, das drei bis vier Meter darunter liegt. SCHEER (1974: 73) parallelisiert es mit der t2-Terrasse, die von mir (SEMMEL 1969, 1980) im westlichen Untermain-Gebiet sowie von SEIDENSCHWANN (1993) und RENFTEL (1998) auch zwischen Frankfurt a. M. und Hanau auskartiert wurde.

Der sehr geringe Höhenunterschied zwischen den Oberflächen der t1e- und der t2-Terrasse ist oft gar nicht oder nur als ganz sanfter Anstieg im Gelände wahrzunehmen. An keiner Stelle war die Terrassengrenze während der Neuaufnahme von Blatt Neu-Isenburg aufgeschlossen. Seit längerem gut zu beobachten ist sie in der Ziegeleigrube Marktheidenfeld im Mittelmaintal (SEMMEL 1996: 136), wo die Oberfläche der t2-Terrasse nur zwei bis drei Meter tiefer liegt als die der t1-Terrasse, ähnlich wie es SEIDENSCHWANN (1993: 78) für das Gebiet um Frankfurt a. M. darstellt. In der Isenburger Pforte gilt die Feststellung von SCHEER (1974: 73), daß die Kante, die beide Terrassen trennt, entweder sehr flach ist oder infolge späterer Zerschneidung völlig fehlt. Außerdem lehnt sich auch hier häufig der Flugsand an die Kanten und macht sie unkenntlich.

Ein Kriterium, das in der Regel in den vielen Kiesgruben auf Blatt Hochheim bei der Kartierung meist eine sichere Abtrennung der t2- von den t1-Sedimenten erlaubte, ist die fahlrötlichbraune Farbe der ersteren, wohingegen die letzteren sich durch mehr graue Tönungen auszeichnen. Diese sind vermutlich darauf zurückzuführen, daß sie im - durch synsedimentäre Absenkung begünstigten - mächtigeren Aufschüttungsbereich länger dem reduzierenden Einfluß des Grundwassers ausgesetzt waren, dem die farbgebenden Hämatithüllen der Quarzkörner zum Opfer fielen (vgl. dazu SEMMEL 1974: 14). Wie bereits früher ausgeführt (SEMMEL 1969: 63, 1980: 31), ist eine solche Trennung nicht möglich, wenn in den t1-Sedimenten rostfarbene oder bräunlich gefärbte Partien vorkommen. Ebenso können in den t2-Ablagerungen auch graue Partien vertreten sein (SCHEER 1974: 75).

Petrographisch, selbst schwermineralogisch, gibt es zwischen den t1- und den t2-Ablagerungen keinen signifikanten Unterschied. Dieser Befund basiert nicht nur auf eigenen Untersuchungen, sondern darüber hinaus auf Angaben verschiedener Autoren, insbesondere auf SCHEER (1974: 75 sowie Tab. 1 und 2). Einzig in Aufschlüssen ist im allgemeinen problemlos mit Hilfe der zumindest stellenweise ausgebildeten basalen Groblage der t2-Kiese eine Trennung möglich, weil sich an die Groblage die angeführten Farbunterschiede halten. Schwieriger ist es, in punktuellen Aufschlüssen, z. B. Windwürfen, zu entscheiden, ob t1- oder t2-Sedimente vorliegen, so etwa bei den zahlreichen Windwürfen am Mörderbrunnen nördlich Neu-Isenburg, dessen Quelle an der Basis von Mainkiesen über oligozänen Mergeln austritt.

Die angeführten Probleme zeigten sich auch deutlich in zwei Forschungsbohrungen, die auf den unterschiedlichen Terrassenniveaus an der Ecke Heusenstammer Straße/Sprendlinger Weg nördlich Gravenbruch angesetzt wurden. Beide Bohrungen lieferten bräunlichen kiesigen Sand, der nur unter dem t1-Niveau durch eine Blocklage untergliedert wird. Die Basis der Mainsande liegt unter der t2-Terrasse nur einen Meter tiefer (ca. 117 m NN) als unter der t1-Terrasse, so daß auf diese Weise der Nachweis zweier verschiedener Terrassenkörper gleichfalls nicht überzeugend gelingt. Immerhin fällt auf, daß die Quartärbasis hier etwa die gleiche Tiefe aufweist wie die t2-Basis in der Kiesgrube Bauer südlich Neu-Isenburg (vgl. SCHEER 1974: 53), die bereits im Oberrheingraben liegt. Wenn in der angeführten Bohrung tatsächlich nur t2-Material ansteht, dann ließe sich aus diesem Umstand ableiten, daß seit der Einschneidung der t2-Terrassenbasis an der östlichsten Randverwerfung keine nennenswerten Vertikalbewegungen mehr stattfanden.

Indessen wird der spekulative Charakter solcher Annahmen noch erhöht durch die Tatsache, daß die Höhenlage der t2-Basis offensichtlich stärkeren Schwankungen unterworfen ist, die mehr als fünf Meter erreichen können. Das ließe sich als Folge von Rinnenbildung interpretieren.

Anzeichen für eine tektonische Verstellung der t2-Basis sind wohl in der gravierenden Differenz der Quartärbasis (hier sehr wahrscheinlich der t2-Basis entsprechend) in den Bohrungen 911 (ca. 104 m NN) am Rathaus Neu-Isenburg und in der ca. 600 m weiter östlich gelegenen Bohrung 914 (ca. 120 m NN) zu sehen. Eine kleine Geländekante westlich des Plateaus bei 122,7 m (nördlich Neu-Isenburg) könnte als Hinweis darauf gedeutet werden, daß die Bewegungen hier im Übergang zum Oberrheingraben bis nach der Ablagerung der t2-Kiese angehalten haben.

Unabhängig von eventuellen tektonischen Einflüssen dacht die Oberfläche der t2-Terrasse sowohl nach Westen als auch nach Osten ab. Darin äußert sich postsedimentäre Abtragung, denn gleichsinnig mit der absoluten Höhe verringert sich die Kiesmächtigkeit. Im Bereich des Monte Scherbelino beträgt sie ca. acht Meter, westlich davon in der Bohrung 914 in Neu-Isenburg nur noch fünf Meter, im Osten in der Bohrung 467 nördlich Heusenstamm sogar nur noch 2,5 m. Im letzten Fall ist allerdings zusätzlich in Betracht zu ziehen, daß der Main hier am Ende der "t2-Zeit" nicht mehr durch die Isenburger Pforte floß, sondern seinen Weg mehr nördlich in Richtung heutiges Offenbach durch die "Pforte von Tempelsee" nahm, hatte er doch in dem tektonischen Sattel zwischen Sachsenhäuser und Bieberer Berg bereits das morphologisch härtere Miozän zerschnitten und das weichere Oligozän erreicht. In dieses konnte er sich viel leichter eintiefen. Damit wird eine andere Ursache des Trockenfallens der Isenburger Pforte angenommen als es von anderen Autoren geschah. SCHOTTLER (1922: 41f.) zog z. B. dafür eine Anzapfung durch die Kinzig in Betracht, WAGNER (1950: 187) eine Hebung des Sprendlinger Horstes und SEIDENSCHWANN (1987: 125) eine Abdrängung des Mains durch den Schwemmfächer der Rodau. Solche Vorgänge mögen später das Trockenfallen der Pforte von Tempelsee zur Folge gehabt haben.

Hinsichtlich des Alters der t2-Terrasse wurden keine neuen Gesichtspunkte gewonnen. Die bereits erwähnte Forschungsbohrung an der Ecke Heusenstammer Straße/Sprendlinger Weg wurde auch in der Hoffnung abgeteuft, eine humose Tonlage zwecks Pollengewinnung anzutreffen, zumal unmittelbar daneben die Bohrung 27 von KLEMM (1901) liegt, aus der eine solche Tonschicht beschrieben wird. WAGNER (1950: 187) interpretierte diese Tonlagen als Bildungen des Günz-Mindel-Interglazials. Wie jedoch das aus der Kiesgrube Schüttler bei Nieder-Roden angeführte Beispiel zeigt, hat nicht jede humose Tonlage interglazialen Charakter.

SEIDENSCHWANN (1993: 79) stuft die t2-Terrasse auf der GK 25, Blatt 5818 Frankfurt am Main Ost, als in die fünft- oder sechstletzte Kaltzeit gehörend ein. Sie wird hier als "mittelpleistozäne" Bildung von den "altpleistozänen" t1-Terrassen getrennt, wobei diese stratigraphischen Bezeichnungen nur lokale Bedeutung im Sinne von SEMMEL (1974: 12) haben.

4 Schlußbetrachtung

Als ein wesentliches Ergebnis der geologischen Neuaufnahme des Blattes Neu-Isenburg läßt sich festhalten, daß in der Isenburger Pforte mindestens sechs verschiedene Main-Terrassen erhalten geblieben sind. Sie lassen sich allerdings nur mit Hilfe der verschiedenen absoluten Höhen ihrer jeweiligen Basis trennen. Aus diesem Grund ist auch eine sichere Parallelisierung mit der abgesunkenen Terrassenabfolge im westlich anschliessenden Oberrheingraben nicht möglich, in der - wohl zufällig - die gleiche Zahl von t1-Terrassenstufen ermittelt wurde.

Mit großer Wahrscheinlichkeit darf angenommem werden, daß ursprünglich eine größere Zahl von altpleistozänen Terrassen ausgebildet war. Weshalb nur Reste bestimmter Stufen erhalten blieben, wäre allenfalls spekulativ zu erörtern. Es sei in diesem Zusammenhang auf die Diskussion der Terrassengliederung im Mittelrheintal verwiesen (SEMMEL 1996: 76ff.).

Zur Frage, unter welchen Klimabedingungen die Sedimente der Terrassen abgelagert wurden, läßt sich anführen, daß im Falle der t1b-Terrasse die Verknüpfung mit Solifluktionsschutt sicher ist. Außerdem kommen in allen Sedimenten, mit Ausnahme der t1a-Sande, Buntsandstein-Driftblöcke vor, die in der Regel als Kaltklimazeugen gelten.

Sichere paläontologische Belege für interglaziale Klimabedingungen sind in den - relativ geringmächtigen - Tonlagen der Terrassensedimente nicht gefunden worden, vielmehr nur Pollengehalte einer interstadialen Nadelwaldflora. Hierin zeigen sich deutliche Unterschiede zu den Verhältnissen im westlich anschließenden Oberrheingraben, in dem meist mächtigere Schichten humosen Tons mit interglazialer Flora angetroffen wurden.

Die Isenburger Pforte entstand durch die Zerschneidung der ältestpleistozänen t1a-Terrasse. Während der Bildung der mittelpleistozänen t2-Terrasse verließ der Main die Isenburger Pforte wieder, weil er offensichtich im Horstbereich südwestlich Bieber die harten miozänen Kalke durchschnitten hatte und sich nunmehr schneller in die weichen oligozänen Mergel eintiefen konnte. Deshalb liegt hier die t2-Basis ca. drei Meter tiefer als im westlicheren Pfortenbereich, wo unter den fluvialen Sedimenten noch Reste von miozänen Kalken anstehen. Das Abfallen der heutigen Oberfläche der t2-Terrasse sowohl nach Osten als nach Westen wird als Folge postsedimentärer Abtragung erklärt.

Der Bereich der Isenburger Pforte ist in sich im gesamten Quartär tektonisch stabil geblieben. Tektonische Einflüsse von außerhalb, die auch die Ursache für die bekannten mächtigeren Aufschüttungen im gesamten Untermain- und Mittelmain-Gebiet sein dürften, führten wohl ebenfalls zu der außergewöhnlich mächtigen Akkumulation der t1e-Terrasse. Vor allem im nördlichen Pfortenbereich wurde ein großer Teil dieser Aufschüttung vom Main noch während der "t1e-Zeit" jedoch wieder ausgeräumt.

Literatur

ANDERLE, H. - J. (1968): Die Mächtigkeiten der sandig-kiesigen Sedimente des Quartärs im nördlichen Oberrhein-Graben und der östlichen Untermain-Ebene. - Notizbl. hess. L.-Amt Bodenforsch., **96**: 185-196; Wiesbaden.

BÖKE, E. (1976): Schichtenausbildung und Lagerungsverhältnisse am Ostrande des nördlichen Oberrheingrabens bei Neu-Isenburg (Hessen). - Geol. Jb. Hessen, **104**: 225-231; Wiesbaden.

GOLWER, A. (1968): Paläogeographie des Hanauer Beckens im Oligozän und Miozän. - Notizbl. Hess. L.-Amt Bodenforsch., **96**: 157-184; Wiesbaden.

FROMM, K. (1978): Magnetostratigraphische Bestimmungen im Rhein-Main-Gebiet.- Ber. niedersächs. L.-Amt Bodenforschung, Archiv-Nr. 79 921: 13 S., Hannover. - [Unveröff.].

KINKELIN, F. (1912): Tiefe und ungefähre Ausbreitung des Oberpliocänsees in der Wetterau und im unteren Maintal bis zum Rhein. - Abh. senckenberg. naturforsch. Ges., **31**: 201-238; Frankfurt a. M.

KLEMM, G. (1901): Erläuterungen zur Geologischen Karte des Großherzogtums Hessen im Maßstabe von 1 : 25 000, Blätter Kelsterbach und Neu-Isenburg. - 76 S.; Darmstadt.

RENFTEL, L. - O.: Erläuterungen zur Geologischen Karte von Hessen 1 : 25 000, Blatt Nr. 5819 Hanau; Wiesbaden. - [In Druckvorb.].

SCHEER, H. - D. (1974): Pleistozäne Entwicklung der östlichen Untermainebene. - Diss. Univ. Frankfurt: 173 S.; Frankfurt a. M.

SCHOTTLER, W. (1922): Erläuterungen zur Geologischen Karte von Hessen im Maßstabe 1 : 25 000, Blatt 5919 Seligenstadt. - 92 S.; Darmstadt.

SCHOTTLER, W. & HAUPT, O. (1923): Der Untergrund der Mainebene zwischen Aschaffenburg und Offenbach. - Notizbl. Ver. Erdkde., **V**: 52-148; Darmstadt.

SEIDENSCHWANN, G. (1987): Die mittel- und jungquartäre Flußgeschichte von Main und Kinzig im Hanauer Raum. - Jber. Wetterauische Ges. Gesamte Naturkde., **138/139**: 95-131; Hanau.

SEIDENSCHWANN, G. (1993): C. Quartär. - In: KÜMMERLE, E. & SEIDENSCHWANN, G.: Erl. Geol. Kte. Hessen 1 : 25 000, Bl. 5818 Frankfurt a. M. Ost: 69-110; Wiesbaden.

SEIDENSCHWANN, G. & GRIES, H. & THIEMEYER, H. (1995): Die fluvialen Sedimente in Baugruben der Wohnanlage Ebertstraße, Mühlheim/Main. - Jber. Wetterauische Ges. Gesamte Naturkde., **146/147**: 71-86; Hanau.

SEMMEL, A. (1969): D. Quartär. - In: KÜMMERLE, E. & SEMMEL, A.: Erl. Geol. Kte. Hessen 1 : 25 000, Bl. 5916 Hochheim a. M.: 51-99; Wiesbaden.

SEMMEL, A. (1974): Der Stand der Eiszeitforschung im Rhein-Main-Gebiet. - Rhein-Main. Forsch., **78**: 9-56; Frankfurt a. M.

SEMMEL, A. (1980): B. Quartär. - In: GOLWER, A. & SEMMEL, A.: Erl. Geol. Kte. Hessen 1 : 25 000, Bl. 5917 Kelsterbach: 25-49; Wiesbaden.

SEMMEL, A. (1985): Periglazialmorphologie. - Ertr. Forsch., **231**: 116 S.; Darmstadt.

SEMMEL, A. (1987): Bodenbewegungen im Rhein-Main-Gebiet: Ursachen und Auswirkungen. - Forsch. Frankfurt, **2/3**: 18-24; Frankfurt a. M.

SEMMEL, A. (1996): Geomorphologie der Bundesrepublik Deutschland. - 5. Aufl., Erdkundl. Wissen, **30**: 199 S.; Stuttgart.

SEMMEL, A. & FROMM, K. (1976): Ergebnisse paläomagnetischer Untersuchungen an quartären Sedimenten des Rhein-Main-Gebiets. - Eiszeitalter u. Gegenwart, **27**: 18-25; Öhringen.

SEMMELMANN, F. R. (1964): Beiträge zur Geomorphologie des Messeler Hügellandes. - Diss. Univ. Frankfurt: 114 S.; Frankfurt a. M.

STREIT, R. (1971): Oberpliozän. - Geol. Kte. Bayern 1 : 25 000, Erl. Bl. 6020 Aschaffenburg: 135-150; München.

WAGNER, W. (1950): Diluviale Tektonik im Senkungsgebiet des nördlichen Rheintalgrabens und an seinen Rändern. - Notizbl. hess. L.-Amt Bodenforsch., **81**: 164-194; Wiesbaden.

Informationssysteme zur Integration von Paläodaten

Jürgen Wunderlich, Frankfurt am Main

mit 3 Abb. und 1 Tab.

1 Einleitung

Die Rekonstruktion klimatischer und ökologischer Veränderungen in der Vergangenheit ist ein wesentlicher Aspekt der in den letzten Jahren erheblich forcierten Forschungen zum "Globalen Wandel". Eine große Zahl von Forschungsprojekten und -programmen wurde initiiert, um Ursachen und Auswirkungen der z. T. sehr abrupten und räumlich stark differierenden Umweltveränderungen zu untersuchen. Hinweise finden sich in natürlichen Archiven, wie dem Inlandeis, marinen Sedimenten oder terrestrischen Ablagerungen. An der Auswertung dieser Archive sind eine Vielzahl unterschiedlicher Disziplinen mit ihren spezifischen Untersuchungsmethoden beteiligt. Die daraus resultierenden Einzelergebnisse spiegeln sich in einer kaum mehr zu überblickenden Flut von Publikationen wider.

Was jedoch in den meisten Fällen fehlt, ist die Integration der in den individuellen Projekten gewonnenen Daten und eine Ableitung von Synopsen auf unterschiedlichen räumlichen Ebenen. Hierfür sind zunächst umfassende, meist sehr zeitintensive Literaturrecherchen nötig. Unmittelbare Vergleiche der aus den Publikationen gewonnenen Informationen sind aber vielfach nicht ohne weiteres möglich, da sich die angewandten Methoden, die verwendeten Symbolschlüssel oder die Dokumentation der Ergebnisse in Tabellen, Karten und Diagrammen häufig unterscheiden. In vielen Fällen sind zudem die Basisdaten, die komplexen Interpretationen zugrunde liegen, nicht oder nur in Auszügen publiziert. Dadurch werden Neuberechnungen und weitergehende Auswertungen zur Schaffung einer einheitlichen Datengrundlage unmöglich.

Es ist daher anzustreben, daß die oft mit hohem technischen und finanziellen Aufwand erhobenen Basisdaten in allgemein zugänglichen Informationssystemen in konsistenter Form langfristig gespeichert werden. Nur so lassen sie sich auch für andere Fragestellungen effektiv in Wert setzen. Angesichts der Heterogenität paläoökologischer Daten stellt der Aufbau derartiger Informationssysteme eine große Herausforderung dar, die nur in eigens darauf ausgerichteten Projekten, in denen Datenbankspezialisten und Fachwissenschaftler eng zusammenarbeiten, zu bewältigen ist.

Auch in dem von Wolfgang Andres koordinierten Schwerpunktprogramm der Deutschen Forschungsgemeinschaft "Wandel der Geo-Biosphäre während der letzten 15 000 Jahre" (ANDRES 1994, 1998) werden die anfallenden Daten in ein Informationssystem integriert, um die Auswertung der Ergebnisse zu unterstützen. An diesem konkreten Beispiel sollen im folgenden die Anforderungen an ein derartiges Informationssystem sowie die Möglichkeiten seiner Nutzung aufgezeigt und diskutiert werden.

2 Datenbanken und Informationssysteme in der Paläoforschung

Komplexe numerische Modelle werden heute eingesetzt, um die Auswirkungen globaler Umweltveränderungen zu simulieren und zu prognostizieren. Sie können nur dann zuverlässige Ergebnisse produzieren, wenn den Berechnungen eine umfangreiche, räumlich möglichst dichte Datenbasis zugrunde liegt. Die Eignung der Modelle läßt sich daran messen, inwieweit sie in der Lage sind, Zustände und Veränderungen in der Vergangenheit zu modellieren. Dazu müssen die einstigen klimawirksamen Prozesse und ihre Wechselwirkungen jedoch verstanden werden. Für den Zeitraum vom Maximum der letztglazialen Vereisung bis heute liegen bereits mehr oder weniger vollständige Zeitreihen unterschiedlicher indikativer Parameter aus verschiedenen Archiven, wie dem Inlandeis Grönlands und der Antarktis, marinen Sedimenten und laminierten Seesedimenten, vor. Aber auch fluviale Sedimente oder Moorbildungen enthalten wichtige Informationen, selbst wenn die zeitliche Auflösung, mit der sich Umweltveränderungen in diesen terrestrischen Archiven abbilden, nicht an die laminierter Sedimente heranreicht. Um die Auswirkung überregionaler und weltweiter Veränderungen auf die räumlich stark differenzierten terrestrischen Ökosysteme zu erfassen, ist es notwendig, daß alle relevanten Daten in geeigneter Weise bereitgestellt und zueinander in Beziehung gesetzt werden.

Wie in einem internationalen Forschungsprogramm durch die weitgehend standardisierte Form der Präsentation ein direkter Vergleich der Resultate mehrerer Projektgruppen ermöglicht werden kann, wurde von BERGLUND et al. (1996) demonstriert. Der Sammelband enthält eine Zusammenstellung der Ergebnisse paläoökologischer und paläohydrologischer Studien, die im Rahmen des "International Geological Correlation Programme (IGCP) 158" durchgeführt wurden. Etwa 95 regionale Synthesen aus Arbeitsgebieten in 21 europäischen Ländern werden in sogenannten "Event Stratigraphies" graphisch dargestellt. Palynologische Befunde sowie Informationen über Bodenentwicklung, Paläoklima, Hydrologie und fluviale Morphodynamik sind dabei entlang einer Zeitachse aufgetragen. Da diese Diagramme jedoch ausschließlich in analoger Form vorliegen, ist beispielsweise die Ableitung einer Synthese auf kontinentaler Ebene noch immer sehr aufwendig, weshalb sie im IGCP 158 unterbleibt. Bezüglich solcher großräumiger Synthesen verweist BERGLUND (1996: XVI) auf zukünftigen Forschungsbedarf: "These have to be done in the future, on the basis of uniform palaeoecological data, available through databases".

Die Voraussetzungen hierfür wurden mit dem Aufbau von Datenbanken bzw. Datenzentren geschaffen, die es ermöglichen, der wissenschaftlichen Gemeinschaft die Fülle der weltweit erhobenen, publizierten und ggf. unpublizierten Paläodaten möglichst schnell und in konsistenter Form für weitergehende Untersuchungen und Auswertungen bereitzustellen. Beispiele hierfür sind das World Data Center-A (WDC-A) in Boulder/Colorado (WEBB et al. 1994), die speziell für die Verwaltung von Pollendaten konzipierte European Pollen Database (EPD) in Arles/Frankreich (BEAULIEU 1996), die Internationale Palaeoklima-Datenbank (PKDB) in Hohenheim (LENTNER 1998) mit den Ergebnissen der Auswertung paläoklimatologisch relevanter Literatur oder das Informationssystem PANGAEA (Network for Geological and Environmental Data; DIEPENBROEK et al. 1996), das am Alfred-Wegener-Institut (AWI), Bremerhaven, zunächst für marine Daten entwickelt wurde.

Das WDC-A archiviert und verbreitet Daten unterschiedlichster Kategorien, wie z. B. Pollen- und botanische Makrorestdaten, Baumringdaten, Korallendaten, Eiskerndaten, Ergebnisse von Analysen an marinen Sedimenten, historische Klimaindizes, Seespiegeldaten und Modellierungsergebnisse globaler Zirkulationsmodelle. Ein Großteil dieser Paläodaten wurde im Rahmen des Kernprojektes PAGES (Past Global Changes) des Internationalen Geosphären Biosphären Programms (IGBP) erhoben (ANDERSON 1995). Die einzelnen Datensätze werden nach Vorgaben von Fachwissenschaftlern in gängigen Datenformaten als eigenständige Dateien abgelegt. Diese Dateien, die via Internet (URL: http://www.ngdc.noaa.gov/paleo/paleo.html) abrufbar sind, enthalten neben den analytischen Daten sogenannte Metadaten mit Informationen über Bearbeiter, Lokalitäten, Methoden usw. Zudem vermittelt das WDC-A den Zugang zu räumlich verteilten relationalen Datenbanken.

Eine solche relationale Datenbank, auf die der Zugriff über das WDC-A erfolgen kann, ist die EPD. In dieses Informationssystem sollen Pollenprofile aus ganz Europa eingespeist werden und damit für weitere Auswertung zur Verfügung stehen. Das relationale Datenbanksystem ermöglicht gezielte Abfragen nach unterschiedlichsten Kriterien (Raum, Zeit, Taxa etc.). Auf diese Weise lassen sich Datensätze mit einem vertretbaren Aufwand extrahieren und im Rahmen weiterführender Studien, beispielsweise Klimarekonstruktionen auf der Basis von Pollendaten, wie sie MOCK & BARTLEIN (1995), OVERPECK et al. (1992) oder WEBB et al. (1993) für Nordamerika und GUILOT et al. (1993) oder HUNTLEY & PRENTICE (1988) für Europa durchgeführt haben und wie sie von LITT (1998) vorgesehen sind, auswerten. Die Effizienz eines solchen Informationssystems hängt jedoch in hohem Maße von der Menge der eingegebenen Daten aus unterschiedlichen Regionen ab. Leider ist die Bereitschaft der Wissenschaftler, ihre Ergebnisse einem internationalen Informationssystem anzuvertrauen, noch immer relativ gering. Dies spiegelt sich u. a. darin wider, daß nur ca. 20% der Referenzlokalitäten des IGCP158 in der EPD repräsentiert sind (BEAULIEU 1996). Pollenprofile aus Deutschland sind ebenfalls nur in sehr geringer Zahl vertreten, was seine Ursache darin hat, daß diese z. T. in der PKDB abgelegt wurden.

Während das WDC-A vor allem dafür ausgelegt ist, Paläodaten zu archivieren und an die wissenschaftliche Gemeinschaft zu verteilen, aufgrund der file-orientierten Struktur aber keine komplexen raum-, zeit- und sachbezogene Abfragen unterstützt, bieten die über das WDC-A zugänglichen relationalen Datenbanken diese Möglichkeiten. Allerdings sind diese Systeme speziell auf bestimmte Fragestellungen ausgerichtet und ermöglichen somit keine fachübergreifenden Datenrecherchen. Dies leistet hingegen das Informationssystem PANGAEA. Den Kern dieses Systems bildet ebenfalls eine relationale Datenbank, in der Paläodaten raumbezogen abgelegt werden. Die flexibel gehaltene Struktur des Systems ermöglicht, daß nicht nur Daten, die aus der Bearbeitung mariner Bohrkerne resultieren, sondern auch solche, die aus terrestrischen und anderen Archiven gewonnen wurden, aufgenommen werden können. Somit sind disziplinübergreifende Abfragen und damit vielfältige Vergleiche von Ergebnissen unterschiedlicher Analysen möglich. Aus diesem Grund werden die Daten, die in dem Schwerpunktprogramm "Wandel der Geo-Biosphäre während der letzten 15 000 Jahre" anfallen, in das Informationssystem PANGAEA integriert (WUNDERLICH & HOSELMANN 1998). Bevor jedoch näher auf die Eigenschaften und Möglichkeiten von PANGAEA eingegangen wird, soll zunächst das Augenmerk darauf gerichtet werden, welche Datentypen bei der Bearbeitung terrestrischer Archive anfallen.

3 Datentypen und Datenqualität bei paläoökologischen Untersuchungen

Bei paläoökologischen Untersuchungen anfallende Daten lassen sich generell in drei Grundtypen differenzieren. Es handelt sich zum einen um geometrische Daten und zum anderen um Sach- oder Attributdaten, die an die geometrischen Daten gekoppelt sind, sowie um die sogenannten Metadaten.

Die geometrischen Daten umfassen:

- **Punktdaten**, z. B. Bohrpunkte, Probennahmepunkte in Bohrungen und Aufschlüssen oder archäologische Fundpunkte,

- **Liniendaten**, z. B. Flußläufe, Grenzlinien,

- **vertikale Flächendaten**, z. B. ausgliederbare Schichten bzw. Horizonte in Aufschlußprofilen oder in aus Bohrungen rekonstruierten geologischen Profilen,

- **horizontale Flächendaten**, z. B. Höhenschichten, Bodeneinheiten, geologische Einheiten sowie

- **Raumkörper**, z. B. Sedimentschichten oder Kolluvien.

Diese Datentypen werden vor allem durch ihre Koordinaten, einschließlich Tiefenangaben bezogen auf Geländeoberfläche oder Meeresspiegel, beschrieben. An diese geometrischen Daten sind Attribute gekoppelt. Sie sind das Ergebnis von Geländeansprachen und verschiedenen Analysen. Es lassen sich wiederum mehrere Typen unterscheiden, nämlich

- **Primär-** oder **Rohdaten**, worunter reine Meßwerte, Zählergebnisse usw. zu verstehen sind,

- **Sekundärdaten**, die aus den Primärdaten abgeleitet werden und z. B. Prozentwerte oder kalibrierte ^{14}C-Alter umfassen sowie

- **Tertiärdaten**, bei denen es sich um Ergebnisse weitergehender Interpretationen der Primär und Sekundärdaten handelt, die nach Einbeziehung anderer Quellen, der Verknüpfung mit Flächendaten oder Modellierungen beispielsweise in Form von thematischen Karten vorliegen können.

Die **Metadaten** dienen u. a. der näheren Beschreibung der Geometrie- und Sachdaten und sind daher eng an diese gekoppelt. Sie kennzeichnen zum einen den Untersuchungsraum, zum anderen enthalten sie Angaben zum jeweiligen Projekt, zu den Bearbeitern, zu relevanten Publikationen sowie darüber, ob es sich um publizierte oder unpublizierte Daten handelt. Letzteres ist ein entscheidendes Kriterium für die Zuweisung von Zugriffsrechten. Des weiteren enthalten die Metadaten Informationen über verwendete Geräte, Analysemethoden, statistische Verfahren, Programme zur Kalibrierung von ^{14}C-Daten usw. Ferner müssen Angaben zu Maßeinheiten und Symbolschlüsseln als Metadaten abgelegt werden. Fotos oder Skizzen zur Dokumentation können die beschreibenden Daten noch ergänzen (vgl. FEDERAL GEOGRAPHIC DATA COMMITTEE 1994; KIESEL 1994; STROBL 1994).

Die Vielfalt der Daten und Datentypen, die im Rahmen paläoökologischer Untersuchungen anfallen, wird durch die Zusammenstellung in Tab. 1 verdeutlicht. Es sind Typen von Primär- und Sekundärdaten aufgeführt, die in einem Projekt erhoben wurden, welches vom Verfasser gemeinsam mit Wolfgang Andres im Rahmen des o. a. Schwerpunktprogramms durchführt wurde (ANDRES 1998; WUNDERLICH 1998). Dabei stand die Rekonstruktion der spätglazialen und holozänen Landschaftsentwicklung im Bereich der Hessischen Senke im Mittelpunkt des Interesses. Untersucht wurden vor allem fluviale Ablagerungen, Torfe, Mudden und Kolluvien. Bei den angewandten Untersuchungsmethoden handelt es sich um eine Auswahl aus dem wesentlich größeren Spektrum, das für die Auswertung natürlicher Archive zur Verfügung steht (vgl. BERGLUND 1986). Entsprechend ließen sich auch die aufgeführten Datentypen durch weitere ergänzen.

Aus Tab. 1 ist ersichtlich, daß die erhobenen Daten hinsichtlich ihrer Geometrie überwiegend als Punktdaten vorliegen. Auch wenn sie aus Aufschlüssen stammen, werden sie als solche behandelt. Allerdings werden die Aufschlußprofile bzw. aus Bohrungen abgeleitete geologische Profile zusätzlich digitalisiert und als Vektorgraphik abgelegt.

Bei den Sachdaten läßt sich eine Unterscheidung in sogenannte "harte Daten", d. h. Meßwerte, Zählergebnisse von Pollen- und Makrorestanalysen, physikalische Altersbestimmungen etc. und in "weiche bzw. unscharfe Daten" vornehmen. Letztere umfassen beschreibende und qualitative Angaben, wie "stark - mittel - schwach" bzw. "kein Nachweis - selten - häufig - sehr häufig", oder geben Auskunft über bestimmte Merkmale (Farbe, Laminierung, Konkretionen, Vorkommen von Laacher See Tephra etc.). In die Kategorie "weiche Daten" fallen auch Merkmalsklassen, wie sie in der Bodenkundlichen Kartieranleitung (AG BODEN 1994) und im Symbolschlüssel Geologie (PREUSS et al. 1991) vor allem für Feldansprachen definiert sind, sowie Kulturepochen und Chronozonen, die aus archäologischen bzw. biologischen Befunden abgeleitet werden. Abfragen nach "weichen Daten", deren Einbeziehung in statistische Auswertungen sowie ihre graphische Umsetzung sind jedoch schwierig. Zudem lassen sie sich hinsichtlich ihrer Qualität schwerer beurteilen als die "harten Daten". Dennoch besitzen sie vielfach einen hohen Informationswert z. B. als Klimaindikatoren oder für die Chronostratigraphie und sind daher unbedingt zu berücksichtigen.

Aber selbst Meßwerte und Zählergebnisse, also "harte Daten", können mehr oder weniger große Unschärfen aufweisen. Diese sind u. a. auf methodische Fehler zurückzuführen, wel-

Tab. 1   Auswahl von Methoden zur Untersuchung terrestrischer Archive und dabei anfallende Daten

Analysen	Probennahme	Probenmächtigkeit/ Probenmenge	Raumbezug	Primärdaten Ergebnis/Maßeinheit	Sekundär- und Tertiärdaten
Sediment/ Boden	Bohrungen, (z. B. Rammkernsonde, Sondierstange, Handbohrer) Aufschlüsse (Einzelproben, Großproben, Blumenkastenprofile)	5 - 50 cm/wenige cm^3 bis mehrere 10er Liter; für Einzelanalysen Teilmengen	Punktdatum	Bodenart (Korngrößenklassen), Schwerminerale, $CaCO_3$, C_{org}/Mengenangaben, Prozent Merkmalsklassen nach Bodenk. Kartieranleitung ($CaCO_3$, Humus etc.)/ Bezeichnung (Klartext) Farbe/Munsell Merkmale (laminiert, oxidiert, LST)/Bezeichnung (Klartext) u. a.	z. B. Prozentwerte aus Zählergebnissen Horizontbezeichnung (bodentypologisch) Bodentypenkarte
Pollen	Bohrungen (s.o.), Aufschlüsse (s.o.)	"Punkt"/0,3 cm^3	Punktdatum	Arten bzw. Pollentypen/ Zählergebnisse	Prozentangaben, z. T. mit unterschiedlicher Berechnungsgrundlage ökologische Zeigerwerte Bio-/Chronozonen
botanische Großreste	Bohrungen (s.o.), Aufschlüsse (s.o.)	ca. 5 - 50 cm/wenige cm^3 bis mehrere 10er Liter	Punktdatum	Taxa, sonstige Reste/ Zählergebnisse oder relative Angaben (vorhanden/ nicht vorhanden/selten etc.	
zoologische Großreste	Bohrungen (s.o.), Aufschlüsse (s.o.)	ca. 5 - 50 cm/wenige cm^3 bis mehrere 10er Liter	Punktdatum	Taxa, sonstige Reste/ Zählergebnisse oder relative Angaben s. o.	
Isotopengeochemie	Bohrungen (Rammkernsonde)	ca. 2,5 cm/70 cm^3	Punktdatum	Isotopenverhältnisse/ Promille	
Magnetische Suszeptibilität	Bohrungen (Rammkernsonde)	komplette Kerne	Punktdatum	Suszeptibilität/Tesla	
Physikalische Datierungen: ^{14}C-konv. ^{14}C-AMS OSL	Bohrungen, Aufschlüsse (Einzelproben, Großproben, Blumenkastenprofile)	^{14}C-konv.: ca. 5g und mehr (je nach C-Gehalt) ^{14}C-AMS: min. 1mg C (z. B. 2 mg Samen = ausgelesenes Material!) OSL: Stechzylinder	Punktdatum	^{14}C-konv.: Alter/Jahre BP (mit Fehlerangabe) ^{14}C-AMS: Alter/Jahre BP (mit Fehlerangabe) OSL: Alter/Kalenderjahre vor heute (mit Fehler angabe)	kalibrierte Alter Sedimentationsraten
Archäologie	Grabung, Begehung, Bohrung, Aufschluß	variabel	Punktdatum, Flächen	Fundgut/Mengenangabe, Beschreibung	Kulturepoche, Ausdehnung des Siedlungsplatzes

che sich in vielen Fällen quantifizieren lassen. So handelt es sich beispielsweise bei den konventionellen ^{14}C-Daten um Größen, die aus der Anzahl der gemessenen radioaktiven Zerfälle von ^{14}C berechnet werden und deren Fehlerwahrscheinlichkeit in hohem Maße von der Menge an Kohlenstoff, dem Alter der Probe und der Zähldauer abhängt. Mit statistischen Methoden läßt sich die Fehlerwahrscheinlichkeit quantifizieren. Dabei werden allerdings Fehler, die durch Kontamination der Proben bedingt sind, nicht berücksichtigt. Bei Pollenanalysen hängt die Qualität der Ergebnisse u. a. von der Erfahrung der Bearbeiter, von der Gesamtheit der ausgezählten Pollen, aber auch von Selektionsprozessen (z. B.

Zersetzungsauslese) ab. Dies gilt in gleicher Weise für botanische und zoologische Großrestanalysen. Die oftmals geringe Dichte an auswertbarem Material macht große Probenmengen erforderlich, um die Wahrscheinlichkeit, indikative Arten zu entdecken, zu erhöhen.

Aber nicht nur die Probengröße, sondern auch die Art der Probennahme können die Qualität der Daten beeinflussen. Bei der Beprobung von Bohrkernen und Aufschlüssen ist es entscheidend, ob die Proben horizontweise oder in festen Abständen, ohne Rücksicht auf Schichtgrenzen, entnommen wurden. Letzteres kann bei großen Probenvolumina dazu führen, daß mehrere Schichten zusammengefaßt werden, d. h., es werden Mischproben bearbeitet, was es unmöglich macht, die Resultate der an dem Material durchgeführten Analysen (z. B. Altersbestimmungen) einzelnen Schichten eindeutig zuzuordnen.

Die Unschärfen der Primärdaten können sich bei der Ableitung von Sekundär- und Tertiärdaten akkumulieren. Werden beispielsweise auf der Basis von ^{14}C-Datierungen, die an Vegetationsresten aus großvolumigen Proben vorgenommen wurden, Sedimentationsraten ermittelt, dann sind dabei sowohl die Fehlerwahrscheinlichkeiten der Altersbestimmungen als auch die Schwankungsbereiche, die sich aus der Probengröße ergeben, zu berücksichtigen. Angesichts der Vielzahl von Faktoren, die Einfluß auf die Datenqualität haben, sollten die Metadaten Angaben enthalten, mit deren Hilfe die Herkunft der Daten nachzuvollziehen ist. Auch wenn damit nicht alle Fehlerquellen erfaßt werden, sind die Anwender so in der Lage, die Datenqualität selbst zu bewerten. Ein weitergehender Schritt wäre es, der Dateneingabe ein Review- oder Publikationssystem vorzuschalten, wie es von DIEPENBROEK & REINKE (1995) propagiert wird. Allerdings ist dies derzeit, nicht zuletzt aufgrund des dafür notwendigen personellen Aufwandes, kaum zu realisieren.

4 Das Informationssystem PANGAEA

PANGAEA ist ein Informationssystem, das speziell für die Verarbeitung von Daten, die bei Untersuchungen im Rahmen der Paläoklima- und Umweltforschung anfallen, entwickelt wurde. Es ist vor allem dafür ausgelegt, punkthafte Primär- und Sekundärdaten zu speichern. Somit läßt sich der überwiegende Teil der in Tab. 1 aufgeführten Datentypen, einschließlich der sehr wichtigen Metadaten, in das System integrieren. Alle Daten werden auf einem zentralen Server am Alfred-Wegener-Institut in Bremerhaven vorgehalten. Mit diesem zentralen Server sind externe Client-Server an den jeweiligen Projektstandorten verbunden. Auf diesen Servern werden die beschreibenden Metadaten vorgehalten und permanent aktualisiert, wohingegen die analytischen Daten nur auf dem zentralen Server beim AWI liegen. Der Datentransfer zwischen zentralem und Client-Server erfolgt über das

Internet. Darüber hinaus existiert eine Schnittstelle, die über das World Wide Web (WWW) den Zugang zu den Daten für jedermann ermöglicht (URL: http://www.pangaea.de).

Das Datenmodell des Informationssystems ist hierarchisch strukturiert, so daß es den wissenschaftlichen Forschungsprozeß abbildet, wie er bei Projekten im marinen Bereich üblich ist. Das Modell läßt sich aber auch auf andere Bereiche übertragen. Die Felder in Abb. 1 entsprechen Tabellen, zwischen denen über bestimmte Datenfelder Relationen bestehen (relationale Datenbank). Abgesehen von der Tabelle "Data" nehmen alle anderen Tabellen die frei verfügbaren Metadaten auf.

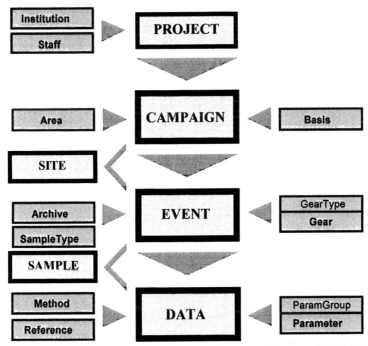

Abb. 1 Schematische Darstellung des Datenmodells von PANGAEA (Network for Geological and Environmental Data)

Die oberste Datenebene enthält Angaben zu Projekten, in deren Rahmen die Daten erhoben werden, sowie zu den daran beteiligten Instituten bzw. Institutionen und Wissenschaftlern. In der darunter liegenden Ebene werden Teilprojekte oder Kampagnen charakterisiert, die in mehr oder weniger ausgedehnten Gebieten ("Areas") durchgeführt werden. In diesen Gebieten können sich die Untersuchungen auf mehrere "Sites" (Seen, Lokalitäten, an denen mehrere Bohrungen durchgeführt werden, Pipelinegräben, Aufschlüsse mit mehreren Einzelprofilen etc.) erstrecken. Eine einzelne Bohrung oder eine Sediment- bzw. Horizontabfolge in einem Abschnitt einer Profilwand wird als "Event" bezeichnet. Sie wird durch geographische Koordinaten räumlich exakt festgelegt. Gekoppelt an ein Event ist das Entnahmegerät ("Gear", z. B. Bohrer oder Rammkernsonde).

Die Event-Bezeichnung und die Entnahmetiefe kennzeichnen eindeutig eine Probe, an der bestimmte Analysen durchgeführt werden. Aus diesen resultieren die eigentlichen Daten (Meßwerte, Symbole, Text), die für verschiedene "Parameter" ermittelt werden. Jede Korngrößenklasse, bei paläobotanischen Untersuchungen jede identifizierte Pflanzenart, alle erfaßten Elemente und Verbindungen bei geochemischen Analysen oder aber die Kennzeichnung der Lithologie stellen eigene Parameter dar. Die Namen der Parameter, spezifische Abkürzungen, eindeutige ID-Nummern sowie die jeweils verwendeten Maßeinheiten werden in einer beliebig erweiterbaren Tabelle geführt. Bislang wurden mehr als 5500 Parameter in PANGAEA definiert.

An jeden Datensatz, der für einen bestimmten Parameter eingegeben wird, sind Angaben zur Untersuchungsmethode geknüpft. Beispielsweise kann der Parameter "organische Substanz" auf unterschiedliche Weise ermittelt werden, was i. d. R. zu durchaus differierenden Ergebnissen führt. Zur Beurteilung der Datenqualität und für die Vergleichbarkeit mit anderen Messungen ist die gewählte Methode ein entscheidendes Kriterium. Bei "weichen Daten" wie Merkmalsklassen, Bodenart oder Lithologie gibt die Methode Aufschluß über den verwendeten Symbolschlüssel. So können unter dem Parameter "Lithology, Composition" die Lithologie nach dem Symbolschlüssel Geologie (PREUSS et al. 1991) oder Bodenarten nach der Bodenkundlichen Kartieranleitung (AG BODEN 1994) eingegeben werden. Andere Schlüssel werden in PANGAEA nicht zugelassen, da dies zu Inkonsistenzen und bei Abfragen zu erheblichen Schwierigkeiten führen würde. Allerdings stellt die Festlegung auf bestimmte Symbolschlüssel besonders bei interdisziplinären und internationalen Projekten ein sehr großes Problem dar, denn die beteiligten Gruppen verwenden häufig unterschiedliche, z. T. individuelle Schlüssel. Bei der Dateneingabe in ein Informationssystem muß dann eine mehr oder weniger aufwendige Anpassung der Daten an die zugelassenen Schlüssel erfolgen.

Mit den einzelnen Datensätzen sind ferner Informationen verknüpft, die zum einen Auskunft über die Bearbeiter (Principle Investigator) und zum anderen über die Quellen geben, in denen die Daten oder daraus resultierende Ergebnisse publiziert wurden (References). Erst nach ihrer Veröffentlichung sind die Daten frei zugänglich. Zuvor kann lediglich der Bearbeiter darauf zugreifen. Er hat allerdings die Möglichkeit, Zugriffsrechte an Dritte zu vergeben oder die unpublizierten Daten freizugeben. Auf diese Weise ist ein hohes Maß an Datensicherheit gewährleistet. Eine solch konsequente Regelung der Zugriffsrechte ist erforderlich, um die Akzeptanz eines Informationssystems zu verbessern, denn die Angst vor Datenmißbrauch hält noch immer viele Wissenschaftler davon ab, vor allem unveröffentlichte Daten in ein derartiges System einzuspeisen.

Über die Client-Server sowie über das World Wide Web kann man nun auf allen Ebenen des Datenmodells (Event, Data etc.) in das Informationssystem einsteigen und Retrieval (Abfragen) nach verschiedenen Auswahlkriterien, die beliebig zu kombinieren sind, durchführen. Als Suchkriterien sind z. B. Projekte, Bearbeiter, Methoden, Regionen, Datensatzbezeichnungen oder Alter geeignet (Abb. 2). Das Ergebnis einer Recherche gibt dann Auskunft darüber, welche Daten die eingegebenen Bedingungen erfüllen. Sind die Daten bereits freigegeben, können Sie unmittelbar eingesehen werden. Sie lassen sich dann in Form von Tabellen ausgeben. Zudem werden Werkzeuge bereitgestellt, die eine räumliche Darstellung in unterschiedlichen Maßstäben (PanMap) sowie die Umsetzung in Diagramme ermöglichen (PanPlot). Eine gängige Darstellungsform sind Diagramme, in denen die abgerufenen Ergebnisse tiefenbezogen dargestellt werden (Abb. 3).

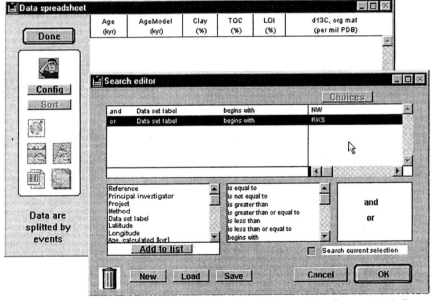

Abb. 2 Datenabfrage in PANGAEA: Nach dem Konfigurieren einer Parametertabelle zur Aufnahme der gewünschten Daten (Data spreadsheet) werden mit dem "Search editor" Auswahlkriterien festgelegt.

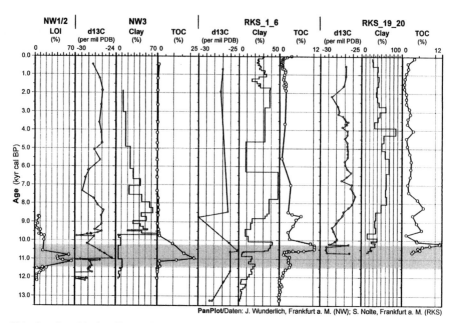

Abb. 3 Graphische Darstellung von Ergebnissen der Datenabfrage aus Abb. 2 mit dem Programm PanPlot

Es handelt sich um Bohr- bzw. Aufschlußdaten aus den Auen der Ohm (NW) und der Wetter (RKS). Die Tiefenangaben wurden mit Hilfe von Altersmodellen, die auf kalibrierten ^{14}C-Daten basieren, in Alter konvertiert. Auf diese Weise sind nicht nur Zusammenhänge zwischen den einzelnen Parametern - in diesem Fall $\delta^{13}C$, Tongehalt und organischer Kohlenstoff (TOC) bzw. organische Substanz (LOI = Glühverlust) -, sondern auch synchrone bzw. unterschiedliche Entwicklungen in den Untersuchungsgebieten zu erkennen. Grau unterlegt ist der Zeitraum des Präboreals.

Ein besonderes Merkmal von PANGAEA ist zudem, daß sich auf der Basis absoluter und relativer Altersbestimmungen Altersmodelle entwickeln lassen, die neben der tiefenbezogenen auch eine altersbezogene Darstellung zulassen. Dabei werden die für einen Bohrkern oder ein Aufschlußprofil vorliegenden Datierungsergebnisse der jeweiligen Tiefe zugeordnet. Für alle anderen Tiefen, aus denen Daten vorliegen, werden die entsprechenden Alter durch Interpolation ermittelt und als Parameter "Age Model" abgelegt. Unter Berücksichtigung dieser Werte ist das Programm PanPlot in der Lage, alle Ergebnisse, die für das Profil vorliegen, entlang einer Zeitachse darzustellen (Abb. 3). Nur so lassen sich die Befunde aus unterschiedlichen Archiven sinnvoll zueinander in Beziehung setzen. Aber selbst Abfolgen, die aus ein und demselben Archiv aus unmittelbar benachbarten Bohrungen vorliegen und tiefenbezogen dargestellt werden, lassen sich nur schwer vergleichen, wenn beispielsweise eine der Bohrungen die Füllung einer Paläorinne im Rinnentiefsten und die andere am Rand der Rinne erfaßt. Das gleiche gilt für Bohrprofile, die im proximalen bzw. distalen Bereich eines Sees gewonnen wurden. Die Erstellung von Altersmodellen setzt zum einen voraus, daß Datierungsergebnisse in ausreichendem Umfang vorliegen. Zum anderen ist darauf zu achten, daß die Sedimentabfolgen nicht durch Hiaten gestört sind, da diese von dem Programm nicht erkannt werden und somit bei der Interpolation der Alter Fehler auftreten können.

5 Fazit

Der Vorteil des Informationssystems PANGAEA gegenüber den fachspezifischen Informationssystemen und den Datensammlungen großer Datenzentren ist darin zu sehen, daß in einem System Ergebnisse verschiedenster Analysen, die an Material aus unterschiedlichen, weltweit verbreiteten natürlichen Archiven durchgeführt wurden, in konsistenter Form vorgehalten werden. Die Kapazität von PANGAEA ist ausreichend, um die enorme Datenflut, die aus einer Vielzahl interdisziplinär angelegter Forschungsprogramme resultiert, langfristig zu speichern. Jedoch gehen die Möglichkeiten des Informationssystems weit über die der reinen Datenkonservierung und -bereitstellung hinaus. Die integrierten Retrieval-Werkzeuge gestatten, Daten aus Untersuchungen im marinen Bereich (z. B. ODP), auf dem grönländischen oder antarktischen Inlandeis (z. B. GRIP, GISP II, VOSTOK) und im terrestrischen Bereich (z. B. Schwerpunktprogramm "Wandel der Geo-Biosphäre während der letzten 15 000 Jahre") nicht nur tiefen-, sondern auch zeitbezogen zueinander in Beziehung zu setzen.

Die synoptische Auswertung von Daten mit Hilfe des Informationssystems PANGAEA kann u. a. zur Klärung der Frage beitragen, ob bzw. wie sich die letztkaltzeitlichen Klimaschwankungen, die in grönländischen Eisbohrkernen in den sogenannten Dansgaard-Oeschger-Zyklen erkennbar sind, auf die terrestrischen Ökosysteme auswirkten. Darüber hinaus läßt sich auf diese Weise feststellen, inwieweit sich die Heinrich-Events, die in marinen Bohrkernen Schmelzwasser-Ereignisse dokumentieren, mit den im Inlandeis nachgewiesenen Zyklen synchronisieren lassen. Erst durch derartige milieuübergreifende Betrachtungen sind mögliche Ursachen abrupter und kurzfristiger Klimaschwankungen, wie sie besonders für den Übergang vom Pleistozän zum Holozän charakteristisch waren, sowie das Ausmaß der damit einhergehenden Umweltveränderungen zu erfassen.

Literatur

AG BODEN (1994): Bodenkundliche Kartieranleitung. - 4. Aufl.: 392 S.; Hannover.

ANDERSON, D. M. [Hrsg.] (1995): Global paleoenvironmental data. A report from the workshop sponsored by Past Global Changes (PAGES), August 1993. - PAGES Workshop Report Series, **95-2**: 121 S.; Bern.

ANDRES, W. (1994): Changes in the Geo-Biosphere during last 15 000 years: Continental sediments as evidence of changing enviromental conditions. - IGBP-Informationsbrief, **16**: 1-2; Berlin.

ANDRES, W. (1998): Terrestrische Sedimente als Zeugen natürlicher und anthropogener Umweltveränderungen seit der letzten Eiszeit. - In: DIKAU, R. & HEINRITZ, G. & WIESSNER, R. [Hrsg.]: Global Change - Konsequenzen für die Umwelt. - 51. Dt. Geogr.-Tag Bonn 1997, **3**: 118-133; Stuttgart.

BEAULIEU, J. L. (1996): Foreword. - In: BERGLUND, B. E. & BIRKS, H. J. B. & RALSKA-JASIEWICZOWA, M. & WRIGHT, H. E. [Hrsg.]: Palaeoecological events during the last 15000 years. Regional syntheses of palaeoecological studies of lakes and mires in Europe: XIX-XX; Chichester.

BERGLUND, B. E. (1996): Preface. - In: BERGLUND, B. E. & BIRKS, H. J. B. & RALSKA-JASIEWICZOWA, M. & WRIGHT, H. E. [Hrsg.]: Palaeoecological events during the last 15 000 years. Regional syntheses of palaeoecological studies of lakes and mires in Europe: XV-XVIII; Chichester.

BERGLUND, B. E. [Hrsg.] (1986): Handbook of holocene palaeoecology and palaeohydrology. - 869 S.; Chichester.

BERGLUND, B. E. & BIRKS, H. J. B. & RALSKA-JASIEWICZOWA, M. & WRIGHT, H. E. [Hrsg.] (1996): Palaeoecological events during the last 15 000 years. Regional syntheses of palaeoecological studies of lakes and mires in Europe. - 764 S.; Chichester.

DIEPENBROEK, M. & GROBE, H. & REINKE, M. (1996): Sepan - Sediment and paleoclimate data network. The information system for the paleosciences. - In: LAUTENSCHLAGER, M. & REINKE, M. [Hrsg.]: Climate and Environmental Database Systems: 147-159; Dordrecht.

DIEPENBROEK, M. & REINKE, M. (1995): Publishing scientific data - a strategy for the integration of heterogeneous and dynamic data environments. - IGBP-Informationsbrief, **19**: 7-9; Berlin.

FEDERAL GEOGRAPHIC DATA COMMITTEE (1994): Data standards - content standards for digital geospatial metadata. <URL: http://fgdc.er.usgs.gov/fgdc.html>

GUILOT, J. & HARRISON, S. P. & PRENTICE, I. C. (1993): Reconstruction of Holocene precipitation patterns in Europe using pollen and lake-level data. - Quaternary Research, **40**: 139-149; New York.

HUNTLEY, B. & PRENTICE, I. C. (1988): July temperatures in Europe from pollen data, 6000 years before present. - Science, **241**: 687-690; Washington D.C.

KIESEL, J. (1994): Zur Rolle Geographischer Informationssysteme bei der Landschaftsmodellierung. - In: WENKEL, K. O. & SCHULTZ, A. & LUTZE, G. [Hrsg.]: Beiträge des Workshops Landschaftsmodellierung am 12. November 1993 in Eberswalde. - ZALF-Ber. **13**: 39-58; Müncheberg.

LENTNER, I. (1998): PKDB - the International Paleoclimate Database. - PAGES News Internat. Paleocience Community, **6-2**: 7; Bern

LITT, T. (1998): Probleme bei der Bestimmung botanisch-klimatologischer Transferfunktionen zur Paläoklimarekonstruktion im Jungquartär. - In: FELDMANN, L. & BENDA, L. & LOOK, E. - R. [Hrsg.]: DEUQUA 1998: Kurzfassung der Vorträge und Poster: 41; Hannover.

MOCK, C. J. & BARTLEIN, P. J. (1995): Spatial Variability of Late-Quaternary Paleoclimates in the Western United States. - Quaternary Research, **44**: 425-433; New York.

OVERPECK, J. T. & WEBB, R. S. & WEBB III, T. (1992): Mapping eastern North American vegetation change of the past 18 ka: No-analogs and the future. - Geology, **20**: 1071-1074; Boulder/Colorado.

PREUSS, H. & VINKEN, R. & VOSS, H. - H. (1991): Symbolschlüssel Geologie. - 328 S.; Hannover.

STROBL, J. (1994): Grundzüge der Metadatenorganisation für GIS. - Online Papers AGIT 95, Geogr. Inst. Univ. Salzburg, <URL: http://www.sbg.ac.at/geo/agit/online 95.htm>

WEBB, R. S. & ANDERSON, D. M. & OVERPECK, J. T. (1994): Archiving data at the World Data Center-A for Paleoclimatology. - Paleoceanography, **9**: 391-393; Washington D.C.

WEBB, R. S. & ANDERSON, K. H. & WEBB III, T. (1993): Pollen Response-Surface Estimates of Late-Quaternary Changes in the Moisture Balance of the Northeastern United States. - Quaternary Research, **40**: 213-227; New York.

WUNDERLICH, J. (1998): Palökologische Untersuchungen zur spätglazialen und holozänen Entwicklung im Bereich der Hessischen Senke - ein Beitrag zur internationalen Global Change-Forschung. Habil.-Schr. FB Geogr. Philipps-Univ. Marburg; 206 S.; Marburg. - [Marburger Geogr. Schr., in Vorb.].

WUNDERLICH, J. & HOSELMANN, CH. (1998): Ein Informationssystem zur Integration von Paläodaten aus terrestrischen Archiven. - In: FELDMANN, L. & BENDA, L. & LOOK, E. - R. [Hrsg.]: DEUQUA 1998: Kurzfassung der Vorträge und Poster: 66; Hannover.

Anschriften der Autoren

AMBOS, Robert, Dr.: Fachbereich Geowissenschaften der Johannes Gutenberg-Universität, Geographisches Institut, Becherweg 21, D-55128 Mainz

BRÜCKNER, Helmut, Prof. Dr.: Fachbereich Geographie, Philipps-Universität, Deutschhausstr. 10, D-35037 Marburg/Lahn

DITTMANN, Andreas, Dr.: Geographische Institute der Rheinischen Friedrich-Wilhelms-Universität Bonn, Meckenheimer Allee 166, D-53115 Bonn

DONGUS, Hansjörg, em. Prof. Dr.: Franz-Joseph-Spiegler-Str. 73, D-88239 Wangen/Allgäu

EHLERS, Eckehard, Prof. Dr.: Geographische Institute der Rheinischen Friedrich-Wilhelms-Universität Bonn, Meckenheimer Allee 166, D-53115 Bonn

GRUNERT, Jörg, Prof. Dr.: Fachbereich Geowissenschaften der Johannes Gutenberg-Universität, Geographisches Institut, Becherweg 21, D-55128 Mainz

KANDLER, Otto, Prof. Dr.: Fachbereich Geowissenschaften der Johannes Gutenberg-Universität, Geographisches Institut, Becherweg 21, D-55128 Mainz

MAHANEY, William C., Prof., Dir.: Geomorphology and Pedology Laboratory York University, Atkinson College, 4700 Keele St., North York, Ontario, Canada L4J 1J4

MERTINS, Günter, Prof. Dr.: Fachbereich Geographie der Philipps-Universität, Deutschhausstr. 10, D-35037 Marburg/Lahn

METZ, Bernhard, Prof. Dr.: Institut für Physische Geographie der Albort-Ludwigs-Universität, Werderring 4, D-79085 Freiburg i. Br.

MÜLLER-HAUDE, Peter, Dr.: Institut für Physische Geographie der Johann Wolfgang Goethe-Universität, Senckenberganlage 36, D-60325 Frankfurt am Main

PREUSS, Johannes, Prof. Dr.: Fachbereich Geowissenschaften der Johannes Gutenberg-Universität, Geographisches Institut, Becherweg 21, D-55128 Mainz

RIES, Johannes B., Dr.: Institut für Physische Geographie, Johann Wolfgang Goethe-Universität, Senckenberganlage 36, D-60325 Frankfurt am Main

RITTWEGER, Holger, Dr.: Lindenstr. 8, D-65620 Waldbrunn/Westerwald

SCHMID, Stefan, Dr.: Institut für Physische Geographie, Johann Wolfgang Goethe-Universität, Senckenberganlage 36, D-60325 Frankfurt am Main

SEMMEL, Arno, Prof. Dr. Dr. h. c.: Theodor-Körner-Str. 6, D-Hofheim am Taunus

WUNDERLICH, Jürgen, PD Dr.: Institut für Physische Geographie, Johann Wolfgang Goethe-Universität, Senckenberganlage 36, D-60325 Frankfurt am Main

Schriftenverzeichnis von Wolfgang Andres

ANDRES, W. (1966): Butzbach - Geographisch-landeskundliche Stadtkurzbeschreibung. - Ber. dt. Landeskde., **37** (2): 192-193; Bad-Godesberg.

ANDRES, W. (1966): Idstein - Geographisch-landeskundliche Stadtkurzbeschreibung. - Ber. dt. Landeskde., **37** (2): 266-267; Bad Godesberg.

ANDRES, W. (1967): Morphologische Untersuchungen im Limburger Becken und in der Idsteiner Senke. - Rhein-Main. Forsch., **61**: 88 S.; Frankfurt a. M.

ANDRES, W. (1967): Reichelsheim i. d. Wetterau. - Geographisch-landeskundliche Stadtkurzbeschreibung. - Ber. dt. Landeskde., **38** (1): 19; Bad-Godesberg.

ANDRES, W. (1968): Beobachtungen zur Gliederung eines Würmlößprofiles und zur spätwürmzeitlichen und holozänen Hangüberformung bei Marienborn (Rheinhessen). - Mainzer naturwiss. Archiv, **7**: 131-140; Mainz.

ANDRES, W. (1969): Über vulkanisches Material unterschiedlichen Alters im Löß Rheinhessens. - Mainzer naturwiss. Archiv, **8**: 134-139; Mainz.

ANDRES, W. (1970): Alter Rheinlauf bei Eich - Rheinhessisches Tafel- und Hügelland - Porphyrit-Steinbruch bei Kirn - Kalksteinbruch bei Mainz-Weisenau - Tongrube bei Kärlich - Grube Amalienhöhe. - In: SPERLING, W. & STRUNK, E. [Hrsg.]: Luftbildatlas Rheinland-Pfalz: 28-29, 30-31, 46-47, 50-51, 56-57, 126-127; Neumünster.

ANDRES, W. (1972): Sedimentologische und morphoskopische Untersuchungen eines Fundprofils aus den pleistozänen Mosbacher Sanden bei Wiesbaden-Biebrich. - Mainzer naturwiss. Archiv, **10**: 101-112; Mainz.

ANDRES, W. (1972): Kalksteinbruch und Zementwerk Weisenau. - In: MAY, H. D. & BÜCHNER, H. J. [Hrsg.]: Mainz im Luftbild. Eine Stadtgeographie: 85 S.; Mainz.

ANDRES, W. (1972): Beobachtungen zur jungquartären Formungsdynamik am Südrand des Anti-Atlas (Marokko). - Z. Geomorph., N. F., Suppl., **14**: 66-80; Berlin, Stuttgart.

ANDRES, W. (1972): Kalksteinbruch Diez - Sobernheim. - In: SPERLING, W. & STRUNK, E. [Hrsg.]: Neuer Luftbildatlas Rheinland-Pfalz: 88-89, 110-111; Neumünster.

ANDRES, W. (1973): Sur les processus morphodynamiques au pied sud de l'Anti-Atlas. - 3. Colloque de Géographie Maghrébine, Sept. 1973: 15 S.; Rabat.

ANDRES, W. (1973): Rheinhessen. - In: LVA Rheinland-Pfalz [Hrsg.]: Topographischer Atlas Rheinland-Pfalz: 164-165; Neumünster.

ANDRES, W. (1973): Bericht über die Durchführung und die Ergebnisse eines Geländepraktikums für Fortgeschrittene. - Mitt. Hochschulgeographen, **2**: 21-25; Münster.

ANDRES, W. & BIBUS, E. & SEMMEL, A. (1974): Tertiäre Formenelemente in der Idsteiner Senke und im Eppsteiner Horst. - Z. Geomorph., N. F., **18**: 339-349; Berlin, Stuttgart.

ANDRES, W. (1975): Bericht über die Exkursion zur Stratigraphie des fluvialen Pleistozäns im Untermain-Gebiet. - Eiszeitalter u. Gegenwart, **25**: 216-218; Öhringen.

ANDRES, W. (1977): Studien zur jungquartären Reliefentwicklung des südwestlichen Anti-Atlas und seines saharischen Vorlandes (Marokko). - Mainzer Geogr. Stud., **9**: 161 S.; Mainz.

ANDRES, W. (1977): Hangrutschungen im Zellertal (Südrheinhessen) und die Ursachen ihrer Zunahme im 20. Jahrhundert. - In: Mainz und der Rhein-Main-Nahe-Raum. Festschr. 41. Dt. Geogr.-Tag, Mainz 1977 - Mainzer Geogr. Stud., **11**: 267-276; Mainz.

ANDRES, W. (1980): On the paleoclimatic significance of erosion and deposition in Arid Regions. - Z. Geomorph., N. F., Suppl., **36**: 113-122; Berlin, Stuttgart.

ANDRES, W. (1982): Hoggar and Tassili. - Das westliche Zentralmassiv der Sahara. - Geogr. Rdsch., **34** (6): 269-274; Braunschweig.

ANDRES, W. (1982): Das Tuffvorkommen im Kiesbachtal auf Blatt Schaumburg und seine Beziehungen zu den quartären Hauptterrassen-Niveaus der Lahn. - Mainzer geowiss. Mitt., **11**: 7-14; Mainz.

ANDRES, W. & KANDLER, O. & PREUSS, J. (1983): Geomorphologische Karte 1:25 000 der Bundesrepublik Deutschland, GMK 25, Blatt 11, 6013 Bingen. - Berlin.

ANDRES, W. & PREUSS, J. (1983): Erläuterungen zur Geomorphologischen Karte 1:25 000 der Bundesrepublik Deutschland, GMK 25, Blatt 11, 6013 Bingen. - 69 S.; Berlin.

KUPFAHL, H. - G. & ANDRES, W. (1983): Die geologische und geomorphologische Entwicklung des Burgwaldes. - Allg. Forstzeitschr., **35**: 876-879; München - [Sonderheft Burgwald].

ANDRES, W. & SEWERING, H. (1983): The Lower Pleistocene Terraces of the Lahn River between Diez (Limburg Basin) and Laurenburg (Lower Lahn). - In: FUCHS, K. & GEHLEN, K. VON & MÄLZER, H. & MURAWSKI, H. & SEMMEL, A. [Hrsg.]: Plateau Uplift: 93-97; Berlin, Heidelberg.

ANDRES, W. & BARSCH, D. & STÄBLEIN, G. (1983): Geomorphologische Karte - Ein Arbeitsmittel der Geoökologie. GMK 25, Blatt 11, 6013 Bingen als Beispiel. - Geogr. Rdsch., **35** (5): 248-249; Braunschweig.

ANDRES, W. & GREULICH, P. (1986): Standortbedingte Unterschiede in der Immissions-Schadensentwicklung. Ergebnisse einer pedologischen und geländeklimatologischen Standortanalyse. - Marburger Geogr. Schr., **100**: 63-74; Marburg.

ANDRES, W. & WUNDERLICH, J. (1986): Untersuchungen zur Paläogeographie des westlichen Nildeltas im Holozän. - Marburger Geogr. Schr., **100**: 117-131; Marburg.

ANDRES, W. (1987): Geomorphodynamik und Reliefentwicklung in der nördlichen Eastern Desert (Ägypten) in den letzten 30 000 Jahren. - Tag.-Ber. u. wiss. Abh. 45. Dt. Geogr.-Tag, Berlin: 183-188; Stuttgart.

ANDRES, W. (1988): Island - Geographische Exkursion zu Gletschern und Vulkanen. - Jb. Marburger Geogr. Ges. 1987: 8-11; Marburg.

ANDRES, W. (1988): Die Formenentwicklung im Bereich des Limburger Beckens und des westlichen Hintertaunus im Tertiär und Quartär (mit einem Beitrag von A. Semmel). - Jber. u. Mitt. Oberrhein. Geol. Ver., N. F.: 75-86; Stuttgart.

ANDRES, W. & RADTKE, U., unter Mitarb. MANGINI, A. (1988): Quartäre Strandterrassen an der Küste des Gebel Zeit (Golf von Suez/Ägypten). - Erdkde., **42**: 7-16; Bonn.

ANDRES, W. (1989): Das Nildelta - jahrtausendalte Besiedlung im Spiegel der Lanschaftsentwicklung. - Jb. Marburger Geogr. Ges. 1988: 38-42; Marburg.

ANDRES, W. (1989): The Central German Uplands. In: AHNERT, F. [Hrsg.]: Landforms and landform evolution in West Germany. - Catena, Suppl., **15**: 25-44; Cremlingen.

ANDRES, W. & BIBUS, E. & PREUSS, J. & SCHNÜTGEN, A. (1989): Middle Rhine Valley and Lower Rhine Basin. - 2nd Int. Conf. on Geomorphology, field trip C4. - Geoökoforum, **1**: 123-144; Darmstadt.

ANDRES, W. (1990): Landschaft und Landschaftswandel in der Zentralsahara. - Jb. Marburger Geogr. Ges. 1989: 38-40; Marburg.

ANDRES, W. (1990): Schon 4000 Jahre vor Christus siedelten Menschen im Nildelta - Forschungen zur Entstehung einer geschichtsträchtigen Flußlandschaft. - Oberhess. Presse, 'Forschung Marburg', 7. April 1990: 15; Marburg.

ANDRES, W. (1990): Review of 'The Atlas System of Morocco. Studies on ist Geodynamic Evolution'. - Mundus, **26**: 326-329; Stuttgart.

MAHANEY, W. C. & ANDRES, W. (1991): Glacially-crushed quartz grains in loess as indicators of long-distance transport from major European ice centers during the Pleistocene, Boreas, **20**: 231-239; Oslo.

WUNDERLICH, J. & ANDRES, W. (1991): Late Pleistocene and Holocene Evolution of the Western Nile Delta and Implications for its Future Development. - In: BRÜCKNER, H. & RADTKE, U. [Hrsg.]: Von der Nordsee bis zum Indischen Ozean. - Erdkundl. Wiss., **105**: 105-120; Stuttgart.

ANDRES, W. & WUNDERLICH, J. (1991): Late Pleistocene and Holocene Evolution of the Eastern Nile Delta and Comparisons with the Western Delta. - In: BRÜCKNER, H. & RADTKE, U. [Hrsg.]: Von der Nordsee bis zum Indischen Ozean. - Erdkundl. Wiss., **105**: 121-130; Stuttgart.

ANDRES, W. & WUNDERLICH, J. (1992): Environmental Conditions for Early Settlement at Minshat Abu Omar, Eastern Nile Delta, Egypt. - In: BRINK, E. C. M. VAN DEN [Hrsg.]: The Nile delta in transition; 4th.-3rd. millennium BC. - Proc. Sem. Cairo 1990: 157-166; Amsterdam.

ANDRES, W. (1992): Environmental changes and consequences for early settlement in the Nile Delta. - 27th Int. Geogr. Congress, Abstracts: 23-24; Washington.

MAHANEY, W. C. & ANDRES, W. & BARENDREGT, R. (1993): Quaternary paleosol stratigraphy and paleomagnetic record near Dreihausen, Central Germany. - Catena, **20**: 161-177; Cremlingen.

GAIDA, R. & RADTKE, U. & BECK, G. & SAUER, K. - H. & ANDRES, W. (1993): Geochemisch-pedologische Detailanalyse eines Wuppersedimentes bei Leichlingen (Bergisches Land, Rheinland) unter besonderer Berücksichtigung der Bindungsformen der Schwermetalle. - Düsseldorfer Geogr. Schr., **31**: 169-201; Düsseldorf.

ANDRES, W. & OESCHGER, H. & PATZELT, G. & SCHÖNWIESE, C. - D. & WINIGER, M. (1993): Klima im Wandel. - In: Geographie u. Umwelt. Tag.-Ber. u. wiss. Abh. 48. Dt. Geogr.-Tag, Basel 1991: 85-96; Stuttgart.

ANDRES, W. (1994): Changes in the Geo-Biosphere during the last 15 000 years. Continental sediments as evidence of changing environmental conditions. - IGBP Informationsbrief, **16**: 1-2; Berlin.

ANDRES, W. (1994): H. Dongus 65 Jahre - Beiträge zur Landeskunde Südwestdeutschlands. - Ber. dt. Landeskde., **68** (1): 25-32; Trier.

ANDRES, W. & BALLOUCHE, A. & MÜLLER-HAUDE, P. (1996): Contribution des sédiments de la Mare d'Oursi à la connaissance de l'évolution paléoécologique du Sahel du Burkina Faso. - Ber. SFB 268, **7**: 5-15; Frankfurt a. M.

MAHANEY, W. C. & ANDRES, W. (1996): Scanning electron microscopy of quartz sand from the north-central Saharan desert of Algeria. - Z. Geomorph., N. F., Suppl., **103**: 179-192; Berlin, Stuttgart.

ANDRES, W. & WUNDERLICH, J. & RITTWEGER, H. & NOLTE, S. & HOUBEN, P. & BERGER, C. (1997): Late glacial and Holocene environmental change in the Hessian depression. - In: FELIX-HENNINGSEN, P. & BRONGER, A. [Hrsg.]: International working meeting of ISSS-Commission V and INQUA-Commission on Paleopedology Rauischholzhausen - Book of abstracts: 10-11; Gießen.

ALBERT, K. - D. & ANDRES, W. & LANG, A. (1997): Paleodunes in NE Burkina Faso; pedo- and morphogenesis in a chronological framework provided by luminescence dating. - Z. Geomorph., N. F., **41** (2): 167-182; Berlin, Stuttgart.

ANDRES, W. (1998): Terrestrische Sedimente als Zeugen natürlicher und anthropogener Umweltveränderungen seit der letzten Eiszeit. - In: Global-Change - Konsequenzen für die Umwelt. Tag.-Ber. u. wiss. Abh. 51. Dt. Geogr.-Tag, Bonn 1997, **3**: 118-133; Stuttgart.

FRANKFURTER GEOWISSENSCHAFTLICHE ARBEITEN

Herausgegeben vom Fachbereich Geowissenschaften
Johann Wolfgang Goethe-Universität Frankfurt am Main

Serie A: Geologie - Paläontologie

Band 1 MERKEL, D. (1982): Untersuchungen zur Bildung planarer Gefüge im Kohlengebirge an ausgewählten Beispielen. - 144 S., 53 Abb.; Frankfurt a. M.
DM 10,--

Band 2 WILLEMS, H. (1982): Stratigraphie und Tektonik im Bereich der Antiklinale von Boixols-Coll de Nargó - ein Beitrag zur Geologie der Decke von Montsech (zentrale Südpyrenäen, Nordost-Spanien). - 336 S., 90 Abb., 8 Tab., 19 Taf., 2 Beil.; Frankfurt a. M.
DM 30,--

Band 3 BRAUER, R. (1983): Das Präneogen im Raum Molaoi-Talanta/SE-Lakonien (Peloponnes, Griechenland). - 284 S., 122 Abb.; Frankfurt a. M.
DM 16.--

Band 4 GUNDLACH, T. (1987): Bruchhafte Verformung von Sedimenten während der Taphrogenese - Maßstabsmodelle und rechnergestützte Simulation mit Hilfe der FEM (Finite Element Method). - 131 S., 70 Abb., 4 Tab.; Frankfurt a. M.
DM 10,--

Band 5 KUHL, H.-P. (1987): Experimente zur Grabentektonik und ihr Vergleich mit natürlichen Gräben (mit einem historischen Beitrag). - 208 S., 88 Abb., 2 Tab.; Frankfurt a. M.
DM 13,--

Band 6 FLÖTTMANN, T. (1988): Strukturentwicklung, P-T-Pfade und Deformationsprozesse im zentralschwarzwälder Gneiskomplex. - 206 S., 47 Abb., 4 Tab.; Frankfurt a. M.
DM 21,--

Band 7 STOCK, P. (1989): Zur antithetischen Rotation der Schieferung in Scherbandgefügen - ein kinematisches Deformationsmodell mit Beispielen aus der südlichen Gurktaler Decke (Ostalpen). - 155 S., 39 Abb., 3 Tab.; Frankfurt a. M.
DM 13,--

Band 8 ZULAUF, G. (1990): Spät- bis postvariszische Deformationen und Spannungsfelder in der nördlichen Oberpfalz (Bayern) unter besonderer Berücksichtigung der KTB-Vorbohrung. - 285 S., 56 Abb.; Frankfurt a. M.
DM 20,--

Band 9 BREYER, R. (1991): Das Coniac der nördlichen Provence ('Provence rhodanienne') - Stratigraphie, Rudistenfazies und geodynamische Entwicklung. - 337 S., 112 Abb., 7 Tab.; Frankfurt a. M.
DM 25,90

Band 10 ELSNER, R. (1991): Geologische Untersuchungen im Grenzbereich Ostalpin-Penninikum am Tauern-Südostrand zwischen Katschberg und Spittal a. d. Drau (Kärnten, Österreich). - 239 S., 61 Abb.; Frankfurt a. M.
DM 24,90

Band 11 TSK IV (1992): 4. Symposium Tektonik - Strukturgeologie - Kristallingeologie. - 319 S., 105 Abb., 5 Tab.; Frankfurt a. M.
DM 14,90

Band 12 SCHMIDT, H. (1992): Mikrobohrspuren ausgewählter Faziesbereiche der tethyalen und germanischen Trias (Beschreibung, Vergleich und bathymetrische Interpretation). - 228 S., 45 Abb., 9 Tab.,11 Taf.; Frankfurt a. M.
DM 21,90

Band 13 ZINKE, J. (1996): Mikrorißuntersuchungen an KTB-Bohrkernen - Beziehungen zu den elastischen Gesteinsparametern. - 195 S., 88 Abb., 14 Taf.; Frankfurt a. M.
DM 23,--

Band 14 DREHER, S. (1996): Totalfeldmessungen des Erdmagnetfeldes im Vorderen Vogelsberg und ihre Interpretation im Hinblick auf Förderzonen der tertiären Vulkanite und den Schollenbau der Basaltbasis. - 194 S., 59 Abb.; Frankfurt a. M.
DM 19,--

Band 15 SPANNER, B. (1997): Die oberproterozoische Krustengenese im südlichen Ribeira-Gürtel (SE-Brasilien): Beziehung zwischen synorogenem Magmatismus und regionaler Deformation. - 132 S., 57 Abb., 7 Tab., Frankfurt a. M.
DM 25,--

Band 16 BÜTTNER, S. (1997): Die spätvariszische Krustenentwicklung in der südlichen Böhmischen Masse: Metamorphose, Krustenkinematik und Plutonismus. - 208 S., 68 Abb., 32 Tab., Frankfurt a. M.
DM 25,--

Band 17 BLUMÖR, T. (1998): Die Phyllit-Quarzit-Serie SE-Lakoniens (Peleponnes, Griechenland): Hochdruckmetamorphite in einem orogenen Keil. - 187 S., 137 Abb., 4 Tab.; Frankfurt a. M.
DM 35,--

Bestellungen zu richten an:

Geologisch-Paläontologisches Institut der Johann Wolfgang Goethe-Universität, Postfach 11 19 32, D-60054 Frankfurt am Main

FRANKFURTER GEOWISSENSCHAFTLICHE ARBEITEN

Herausgegeben vom Fachbereich Geowissenschaften
Johann Wolfgang Goethe-Universität Frankfurt am Main

Serie B: Meteorologie und Geophysik

Band 1 BIRRONG, W. & SCHÖNWIESE, C.-D. (1987): Statistisch-klimatologische Untersuchungen botanischer Zeitreihen Europas. - 80 S., 26 Abb., 5 Tab.; Frankfurt a. M.
DM 7,-- (vergriffen)

Band 2 SCHÖNWIESE, C.-D. (1990): Grundlagen und neue Aspekte der Klimatologie. - 2. Aufl., 130 S., 55 Abb., 11 Tab.; Frankfurt a. M.
DM 10,-- (vergriffen)

Band 3 SCHÖNWIESE, C.-D. (1992): Das Problem menschlicher Eingriffe in das Globalklima ("Treibhauseffekt") in aktueller Übersicht. - 2. Aufl., 142 S., 65 Abb., 13 Tab.; Frankfurt a. M.
DM 8,-- (vergriffen)

Band 4 ZANG, A. (1991): Theoretische Aspekte der Mikrorißbildung in Gesteinen. - 209 S., 82 Abb., 9 Tab.; Frankfurt a. M.
DM 19,--

Band 5 RAPP, J. & SCHÖNWIESE, C.-D. (1996): Atlas der Niederschlags- und Temperaturtrends in Deutschland 1891-1990. - 2., korr. Aufl., 255 S., 32 Abb., 12 Tab., 129 Ktn.; Frankfurt a. M.
DM 14,--

Band 6 DENHARD, M. (1998): Zeitreihenanalyse der Dynamik komplexer Systeme und der Wirkung externer Antriebsmechanismen am Beispiel des Klimasystems. - 169 S., 78 Abb., 1 Tab.; Frankfurt a. M.
DM 25,--

Bestellungen zu richten an:

Institut für Meteorologie und Geophysik der Johann Wolfgang Goethe-Universität, Postfach 11 19 32, D-60054 Frankfurt am Main

FRANKFURTER GEOWISSENSCHAFTLICHE ARBEITEN

Herausgegeben vom Fachbereich Geowissenschaften
Johann Wolfgang Goethe-Universität Frankfurt am Main

Serie C: Mineralogie

Band 1 SCHNEIDER, G. (1984): Zur Mineralogie und Lagerstättenbildung der Mangan- und Eisenerzvorkommen des Urucum-Distriktes (Mato Grosso do Sul, Brasilien). - 205 S., 99 Abb., 9 Tab.; Frankfurt a. M.
DM 12,--

Band 2 GESSLER, R. (1984): Schwefel-Isotopenfraktionierung in wäßrigen Systemen. - 141 S., 35 Abb.; Frankfurt a. M.
DM 9,50

Band 3 SCHRECK, P. C. (1984): Geochemische Klassifikation und Petrogenese der Manganerze des Urucum-Distriktes bei Corumbá (Mato Grosso do Sul, Brasilien). - 206 S., 29 Abb., 20 Tab.; Frankfurt a. M.
DM 13,50

Band 4 MARTENS, R. M. (1985): Kalorimetrische Untersuchung der kinetischen Parameter im Glastransformations-Bereich bei Gläsern im System Diopsid-Anorthit-Albit und bei einem NBS-710-Standardglas. - 177 S., 39 Abb.; Frankfurt a. M.
DM 15,--

Band 5 ZEREINI, F. (1985): Sedimentpetrographie und Chemismus der Gesteine in der Phosphoritstufe (Maastricht, Oberkreide) der Phosphat-Lagerstätte von Ruseifa/Jordanien mit besonderer Berücksichtigung ihrer Uranführung. - 116 S., 11 Abb., 5 Taf., 27 Tab., 36 Anl.; Frankfurt a. M.
DM 16,--

Band 6 ZEREINI, F. (1987): Geochemie und Petrographie der metamorphen Gesteine vom Vesleknatten (Tverrfjell/Mittelnorwegen) mit besonderer Berücksichtigung ihrer Erzminerale. - 197 S., 48 Abb., 9 Taf., 26 Tab., 27 Anl.; Frankfurt a. M.
DM 15,--

Band 7 TRILLER, E. (19879): Zur Geochemie und Spurenanalytik des Wolframs unter besonderer Berücksichtigung seines Verhaltens in einem südostnorwegischen Pegmatoid. - 173 S., 25 Abb., 2 Taf., 20 Tab.; Frankfurt a. M.
DM 12,--

Band 8 GÜNTER, C. (1988): Entwicklung und Vergleich zweier Multielementanalysenverfahren an Kohlenaschen- und Bodenproben mittels Röntgenfluoreszenzanalyse. - 124 S., 38 Abb., 37 Tab., 1 Anl.; Frankfurt a. M.
DM 13,--

Band 9 SCHMITT, G. E. (1989): Mikroskopische und chemische Untersuchungen an Primärmineralen in Serpentiniten NE-Bayerns. - 130 S., 39 Abb., 11 Tab.; Frankfurt a. M.
DM 14,--

Band 10 PETSCHICK, R. (1989): Zur Wärmegeschichte im Kalkalpin Bayerns und Nordtirols (Inkohlung und Illit-Kristallinität). - 259 S., 75 Abb., 12 Tab., 3 Taf.; Frankfurt a. M.
DM 16,--

Band 11 RÖHR, C. (1990): Die Genese der Leptinite und Paragneise zwischen Nordrach und Gengenbach im mittleren Schwarzwald. - 159 S., 54 Abb., 15 Tab.; Frankfurt a. M.
DM 15,--

Band 12 YE, Y. (1992): Zur Geochemie und Petrographie der unterkarbonischen Schwarzschieferserie in Odershausen, Kellerwald, Deutschland. - 206 S., 58 Abb., 15 Tab., 5 Taf.; Frankfurt a. M.
DM 19,--

Band 13 KLEIN, S. (1993): Archäometallurgische Untersuchungen an frühmittelalterlichen Buntmetallfunden aus dem Raum Höxter/Corvey. - 203 S., 28 Abb., 14 Tab., 12 Taf., 13 Anl.; Frankfurt a. M.
DM 33,--

Band 14 FERREIRO MÄHLMANN, R. (1994): Zur Bestimmung von Diagenesehöhe und beginnender Metamorphose - Temperaturgeschichte und Tektogenese des Austroalpins und Südpenninikums in Voralberg und Mittelbünden. - 498 S., 118 Abb., 18 Tab., 2 Anl.; Frankfurt a. M.
DM 25,--

Band 15 WEGSTEIN, M. M. (1996): Vergleichende chemische und technische Untersuchungen an frühneuzeitlichen Glashüttenfunden Nordhessens und Südniedersachsens. - 236 S., 40 Abb., 18 Tab., 11 Anl.; Frankfurt a. M.
DM 22,--

Bestellungen zu richten an:

Institut für Geochemie, Petrologie u. Lagerstättenkunde der J. W. Goethe-Universität, Postfach 111932, D-60054 Frankfurt am Main

FRANKFURTER GEOWISSENSCHAFTLICHE ARBEITEN

Herausgegeben vom Fachbereich Geowissenschaften
Johann Wolfgang Goethe-Universität Frankfurt am Main

Serie D: Physische Geographie

Band 1 BIBUS, E. (1980): Zur Relief-, Boden- und Sedimententwicklung am unteren Mittelrhein. - 296 S., 50 Abb., 8 Tab.; Frankfurt a. M.
DM 25,--

Band 2 SEMMEL, A. (1991): Landschaftsnutzung unter geowissenschaftlichen Aspekten in Mitteleuropa. - 3.,verb. Aufl., 67 S., 11 Abb.; Frankfurt a. M.
DM 10,--

Band 3 SABEL, K. J. (1982): Ursachen und Auswirkungen bodengeographischer Grenzen in der Wetterau (Hessen). - 116 S., 19 Abb., 8 Tab., 6 Prof.; Frankfurt a. M.
DM 11,50 (vergriffen)

Band 4 FRIED, G. (1984): Gestein, Relief und Boden im Buntsandstein-Odenwald. - 201 S., 57 Abb., 11 Tab.; Frankfurt a. M.
DM 15,-- (vergriffen)

Band 5 VEIT, H. & VEIT, H. (1985): Relief, Gestein und Boden im Gebiet von "Conceiçao dos Correias" (S-Brasilien). - 98 S., 18 Abb., 10 Tab., 1 Karte; Frankfurt a. M.
DM 17,--

Band 6 SEMMEL, A. (1989): Angewandte konventionelle Geomorphologie. Beispiele aus Mitteleuropa und Afrika. - 2. Aufl., 116 S., 57 Abb.; Frankfurt a. M.
DM 13,--

Band 7 SABEL, K.-J. & FISCHER, E. (1992): Boden- und vegetationsgeographische Untersuchungen im Westerwald. - 2. Aufl., 268 S., 19 Abb., 50 Tab.; Frankfurt a. M.
DM 18,--

Band 8 EMMERICH, K.-H. (1988): Relief, Böden und Vegetation in Zentral- und Nordwest-Basilien unter besonderer Berücksichtigung der känozoischen Landschaftsentwicklung. - 218 S., 81 Abb., 9 Tab., 34 Bodenprofile; Frankfurt a. M.
DM 13,--

Band 9 HEINRICH, J. (1989): Geoökologische Ursachen luftbildtektonisch kartierter Gefügespuren (Photolineationen) im Festgestein. - 203 S., 51 Abb., 18 Tab.; Frankfurt a. M.
DM 13,--

Band 10 BÄR, W.-F. & FUCHS, F. & NAGEL, G. [Hrsg.] (1989): Beiträge zum Thema Relief, Boden und Gestein - Arno Semmel zum 60. Geburtstag gewidmet von seinen Schülern. - 256 S., 64 Abb., 7 Tab., 2 Phot.; Frankfurt a. M.
DM 16,-- (vergriffen)

Band 11 NIERSTE-KLAUSMANN, G. (1990): Gestein, Relief, Böden und Bodenerosion im Mittellauf des Oued Mina (Oran-Atlas, Algerien). - 163 S., 17 Abb., 13 Tab.; Frankfurt a. M.
DM 12,--

Band 12 GREINERT, U. (1992): Bodenerosion und ihre Abhängigkeit von Relief und Boden in den Campos Cerrados, Beispielsgebiet Bundesdistrikt Brasilia. - 259 S., 20 Abb., 15 Tab., 24 Fot., 1 Beil., Frankfurt a. M.
DM 18,--

Band 13 FAUST, D. (1991): Die Böden der Monts Kabyè (N-Togo) - Eigenschaften, Genese und Aspekte ihrer agrarischen Nutzung. - 174 S., 33 Abb., 25 Tab., 1 Beil.; Frankfurt a. M.
DM 14,--

Band 14 BAUER, A. W. (1993): Bodenerosion in den Waldgebieten des östlichen Taunus in historischer und heutiger Zeit - Ausmaß, Ursachen und geoökologische Auswirkungen. - 194 S., 45 Abb.; Frankfurt a. M.
DM 14,--

Band 15 MOLDENHAUER, K.-M. (1993): Quantitative Untersuchungen zu aktuellen fluvial-morphody-namischen Prozessen in bewaldeten Kleineinzugsgebieten von Odenwald und Taunus. - 307 S., 108 Abb., 66 Tab.; Frankfurt a. M.
DM 18,--

Band 16 SEMMEL, A. (1996): Karteninterpretation aus geoökologischer Sicht - erläutert an Beispielen der Topographischen Karte 1 : 25 000. - 2. Aufl., 85 S.; Frankfurt a. M.
DM 13,--

Band 17 HEINRICH, J. & THIEMEYER, H. [Hrsg.] (1994): Geomorphologisch-bodengeographische Arbeiten in Nord- und Westafrika. - 97 S., 28 Abb., 12 Tab.; Frankfurt a. M.
DM 13,--

Band 18 SWOBODA, J. (1994): Geoökologische Grundlagen der Bodennutzung und deren Auswirkung auf die Bodenerosion im Grundgebirgsbereich Nord-Benins - ein Beitrag zur Landnutzungsplanung. - 119 S., 17 Abb., 26 Tab., 2 Kt.; Frankfurt a. M.
DM 18,--

Band 19 MÜLLER-HAUDE, P. (1995): Landschaftsökologische Grundlagen der Bodennutzung in Gobnangou (SE-Burkina Faso, Westafrika). - 170 S., 65 Abb., 2 Tab., 1 Beil.; Frankfurt a. M.
DM 14,--

Band 20 SEMMEL, A. [Hrsg.] (1996): Pleistozäne und holozäne Böden aus Lößsubstraten am Nordrand der Oberrheinischen Tiefebene - Exkursionsführer zur 15. Tagung des Arbeitskreises Paläopedologie der Deutschen Bodenkundlichen Gesellschaft vom 16. - 18. 5. 1996 in Hofheim am Taunus. - 144 S., 25 Abb., 20 Tab.; Frankfurt a. M.
DM 16,--

Band 21 FRIEDRICH, K. (1996): Digitale Reliefgliederungsverfahren zur Ableitung bodenkundlich relevanter Flächeneinheiten. - 258 S., 49 Abb., 13 Tab., 20 Kt.; Frankfurt a. M.
DM 22,--

Band 22 WELTNER, K. (1996): Die Böden im Nationalpark Doi Inthanon (Nordthailand) als Indikatoren der Landschaftsgenese und Landnutzungseignung. - 259 S., 40 Abb., 13 Tab., 10 Fot., 1 Beil.; Frankfurt a. M.
DM 18,--

Band 23 KIRSCH, H. (1998): Untersuchungen zur jungquartären Boden- und Reliefentwicklung im Bergland Nordthailands am Beispiel des Einzugsgebiets des Nam Mae Chan in der Provinz Chiang Rai. - 303 S., 53 Abb., 55 Tab., 57 Fot.; Frankfurt a. M. DM 27,--

Band 24 SCHMID, S. (1999): Untersuchungen zum Informationsgehalt von multitemporalen SPOT-Satellitendaten am Beispiel der Savannen im Süden von Burkina Faso (Westafrika). - 238 S., 30 Tab., 8 Fotos, 6 Taf.; Frankfurt a. M.
DM 28,--

Band 25 DITTMANN, A. & WUNDERLICH, J. [Hrsg.] (1999): Geomorphologie und Paläoökologie - Festschrift für Wolfgang Andres zum 60. Geburtstag. - 278 S., 48 Abb., 12 Tab.; 31 Fotos; Frankfurt a. M.
DM 25,--

Bestellungen zu richten an:

Institut für Physische Geographie der Johann Wolfgang Goethe-Universität, Postfach 11 19 32, D-60054 Frankfurt am Main